DUDEN

mahlen oder malen?

DUDEN-TASCHENBÜCHER
Praxisnahe Helfer zu vielen Themen

Band 1:
Komma, Punkt und alle anderen Satzzeichen

Band 2:
Wie sagt man noch?

Band 3:
Die Regeln der deutschen Rechtschreibung

Band 4:
Lexikon der Vornamen

Band 5:
Satz- und Korrekturanweisungen

Band 6:
Wann schreibt man groß, wann schreibt man klein?

Band 7:
Wie schreibt man gutes Deutsch?

Band 8:
Wie sagt man in Österreich?

Band 9:
Wie gebraucht man Fremdwörter richtig?

Band 10:
Wie sagt der Arzt?

Band 11:
Wörterbuch der Abkürzungen

Band 13:
mahlen oder malen? Gleichklingende, aber verschieden geschriebene Wörter

Band 14:
Fehlerfreies Deutsch Grammatische Schwierigkeiten verständlich erklärt

Band 15:
Wie sagt man anderswo? Landschaftliche Unterschiede im deutschen Wortgebrauch

Band 17:
Leicht verwechselbare Wörter

Band 18:
Wie schreibt man im Büro?

Band 19:
Wie diktiert man im Büro?

Band 20:
Wie formuliert man im Büro?

Band 21:
Wie verfaßt man wissenschaftliche Arbeiten?

DUDEN

mahlen oder malen?

**Gleichklingende,
aber verschieden geschriebene
Wörter**

von Wolfgang Mentrup

Bibliographisches Institut Mannheim/Wien/Zürich
Dudenverlag

Das Wort DUDEN ist für Bücher
aller Art für das Bibliographische Institut
als Warenzeichen geschützt

Alle Rechte vorbehalten
Nachdruck, auch auszugsweise, verboten
© Bibliographisches Institut, Mannheim 1971
Druck: Zechnersche Buchdruckerei, Speyer
Bindearbeit: Pilger-Druckerei GmbH, Speyer
Printed in Germany
ISBN 3-411-01143-2

VORWORT

Wer erinnert sich nicht an die scherzhafte Aufgabe, die beiden Sätze *Der Müller mahlt. Der Maler malt.* in einen Satz zusammenzufassen und niederzuschreiben?

Wer gerät nicht ins Stocken, wenn er die Form *er gibt* (oder: *er giebt?*) schreiben will und ihm einfällt, daß *ergiebig* doch mit **ie** geschrieben wird?

Wie in den Vorbemerkungen dargelegt wird, entstehen rechtschreibliche Schwierigkeiten dieser Art dadurch, daß im Deutschen derselbe Laut oft durch verschiedene Buchstaben oder Buchstabengruppen schriftlich wiedergegeben wird. Dies führt im äußersten Fall zu Wörtern, die gleich ausgesprochen, aber verschieden geschrieben werden wie etwa *malen* und *mahlen, Fieber – Fiber, Alb – Alp.*

Diese gleichklingenden, aber verschieden geschriebenen Wörter (die Homophone) sind Gegenstand dieses Buches.

Neben Wörtern in der Grundform, d.h. etwa im Infinitiv (*malen – mahlen*) oder im Nominativ Singular (*Fieber – Fiber*), sind auch Deklinationsformen wie *die Aale* (= Plural von: *der Aal*) *– die Ahle* und Konjugationsformen wie *er ist* (zu: *sein*) *– er ißt* (zu: *essen*) berücksichtigt worden, denn gebeugte Formen bereiten nicht weniger rechtschreibliche Schwierigkeiten als ungebeugte Wörter.

Neben allgemein gebrauchten Wörtern sind mitunter auch Wörter aufgenommen worden, die landschaftlich, fachsprachlich oder selten verwendet werden, sowie Vornamen und wichtige geographische Namen, sofern dazu eine Gruppe gleichklingender Wörter besteht. Einige Gruppen enthalten Wörter mit gleichgesprochenen Wortteilen, so z.B. Wörter auf *-and* oder *-ant.*

Die jeweils lautgleichen Wörter wie etwa *mahlen – malen, Fieber – Fiber* werden als Gruppe jeweils in einem Artikel behandelt und einzeln erläutert. Die Erläuterungen sind semantischer Art (Bedeutungsangaben), etymologischer Art (Angaben zur Herkunft, zur Wortfamilie) und/oder grammatischer Art (Angaben von Beugungsformen u.ä.). Diese Angaben

Vorwort

haben den Sinn, das einzelne Wort „vorzustellen" und von den anderen Wörtern der Gruppe abzuheben sowie Beziehungen zwischen den Wörtern aufzuzeigen. Häufig sind zusätzlich kurze Beispielsätze angeführt.

Am Schluß eines jeden Artikels steht ein Verweis, der zu der Stelle in den Vorbemerkungen hinführt, an welcher der betreffende Laut behandelt wird und bestimmte Hilfsregeln angegeben werden.

Alle im Hauptteil erläuterten Wörter, Wortformen und Namen sind am Schluß des Buches in einem Wortregister zusammengestellt. Der Verweis bezieht sich auf den Artikel, in dem das jeweilige Wort behandelt wird.

Mannheim, im September 1971

        Der Wissenschaftliche Rat der Dudenredaktion

Inhaltsverzeichnis

	Seite
Vorbemerkungen	9
Buchstaben und Laute	9
Aussprache und Rechtschreibung	9
Langgesprochene Selbstlaute (Vokale) (R 1)	11
Doppellaute (Diphthonge) (R 2)	12
Kurzgesprochenes a (R 3)	13
Kurzgesprochenes ä (R 4)	13
Mitlautverdopplung nach kurzem Selbstlaut (Vokal) (R 5 – R 6)	14
Mitlaute (Konsonanten) im Auslaut (R 7 – R 8)	15
Mitlaut + h (R 9)	17
Der F-Laut, der K-Laut usw. (R 10 – R 15)	17
Die Wortgruppen	19
Verzeichnis der gebrauchten Fachausdrücke	159
Literaturverzeichnis	161
Wortregister	165

VORBEMERKUNGEN

Buchstaben und Laute

Das geschriebene Wort besteht aus Buchstaben. Es gibt im Deutschen 26 Buchstaben, die zusammen das Alphabet bilden. Hinzu kommen die Zeichen ä, ö, ü und das ß.

Das gesprochene Wort besteht aus Lauten. Man unterscheidet Selbstlaute (Vokale) und Mitlaute (Konsonanten). Bei den Selbstlauten unterscheidet man einfache Selbstlaute (*a, e, i, o, u*; die Umlaute *ä, ö, ü*) und Zwie- oder Doppellaute oder Diphthonge (*au, eu, ei*). Alle anderen Laute heißen Mitlaute (*b, d, g, p, t, k* usw.). Man unterscheidet stimmhafte und stimmlose Mitlaute. Die stimmhaften Mitlaute werden weich ausgesprochen, so z.B. das *b* in *Ball*, das *d* in *dort*, das *g* in *Glas*, das *s* in *Hase*. Die stimmlosen Mitlaute werden hart (scharf) ausgesprochen, so z.B. das *p* in *Platz*, das *t* in *Tor*, das *k* in *Klasse*, das *ß* in *Haß*.

Aussprache und Rechtschreibung

In vielen Fällen entspricht die Schreibung der Wörter der Aussprache. So ist bei richtiger Aussprache klar, daß das *weiche d* in *dort* durch den Buchstaben **d**, daß aber das *harte t* in *Tor* durch den Buchstaben **t** schriftlich wiedergegeben wird.

In vielen anderen Fällen entspricht die Schreibung eines Wortes jedoch nicht der Aussprache. So ist selbst bei richtiger Aussprache nicht zu hören, daß *Kalb* und *Alp* am Ende mit verschiedenen Buchstaben geschrieben werden; beide Wörter klingen am Ende gleich.

Die deutsche Rechtschreibung ist keine lautgetreue Schreibung.

Erstens:

Mit demselben Buchstaben oder mit derselben Buchstabengruppe wird häufig nicht nur e i n Laut schriftlich wiedergegeben, sondern es werden damit verschiedene Laute dargestellt. Wenn man etwa die

Vorbemerkungen

Wörter *glauben, lieben, schnauben, stauben* und die Wörter *ab, er glaubt, er liebt, er schnaubt, es staubt* ausspricht, dann ist deutlich zu hören, daß die Wörter der ersten Gruppe mit *weichem b*, die der zweiten Gruppe mit *hartem p* gesprochen werden. Alle Wörter werden aber mit demselben Buchstaben **b** geschrieben:

	B-Laut (weiches b) z.B. in glauben
der Buchstabe b	
	P-Laut (hartes p) z.B. in er glaubt

Im äußersten Fall führt dies zu Wörtern, die gleich geschrieben, aber verschieden ausgesprochen werden (Homographe):

rasten („eine Pause machen") – sie rasten (zu: rasen „schnell fahren");
der Schoß (auf dem Schoß sitzen) – der Schoß („junger Trieb").

Daraus ergibt sich, daß die Forderung „Sprich, wie du richtig schreibst!" keine allgemeine Gültigkeit hat, denn nicht immer wird das, was gleich geschrieben wird, auch gleich ausgesprochen.

Zweitens:
Derselbe Laut wird häufig nicht nur durch einen Buchstaben oder durch eine Buchstabengruppe dargestellt, sondern durch verschiedene Buchstaben oder Buchstabengruppen.

Wenn man etwa die Wörter *ab, er glaubt, er liebt, er robbt, er schrubbt, das Haupt, er piept, es klappt, schlapp* ausspricht, dann ist deutlich zu hören, daß sie alle mit *hartem p* gesprochen werden; doch wird der *P-Laut* durch verschiedene Buchstaben oder Buchstabengruppen schriftlich wiedergegeben:

	b z.B. in er liebt
	bb z.B. in er robbt
P-Laut (hartes p)	p z.B. in er piept
	pp z.B. in es klappt

Im äußersten Fall führt dies zu Wörtern, die gleich ausgesprochen, aber verschieden geschrieben werden (Homophone):

malen – mahlen, her – hehr – Heer, Fieber – Fiber, Moor – Mohr, Ur – Uhr, anstrengen – ansträngen, Alb – Alp, Trift – er trifft, Backe – Bakken, er ist – er ißt usw.

Daraus folgt, daß die Forderung „Schreibe, wie du richtig sprichst!"
keine allgemeine Gültigkeit hat, denn häufig wird das, was gleich
ausgesprochen wird, verschieden geschrieben.

Die gleichklingenden, aber verschieden geschriebenen Wörter, die
Homophone, sind Gegenstand dieses Buches. Es erhebt sich die
Frage:
Welche Laute werden durch verschiedene Buchstaben[gruppen]
schriftlich wiedergegeben, so daß gleichklingende Wörter entstehen,
die verschieden geschrieben werden?

Langgesprochene Selbstlaute (Vokale) R 1

Langgesprochene Selbstlaute (Vokale) werden in verschiedenster
Weise schriftlich wiedergegeben,
durch den entsprechenden einfachen Buchstaben:

> malen, Wagen, Märe, her, Fiber, Mine, Stil, Dole, Bote, Fön, Ur, pulen,
> Bluse, Rute, für usw.

durch einen einfachen Buchstaben + **h**:

> mahlen, Mähre, hehr, Bohle, Dohle, Föhn, Uhr, führen usw.

durch doppeltes **a**, **e** oder **o**:

> Waage, Heer, Boot usw.

durch **e** [+ **h**] nach **i**:

> Fieber, Miene, Pier, Stiel; befiel − befiehl, du verliehst − verliest usw.

In Fremdwörtern und Namen finden sich darüber hinaus weitere
Buchstaben[gruppen] für langgesprochene Selbstlaute:

> *(langes i:)* Peer; *(langes o:)* Bowle; *(langes ö:)* Oerlinghausen; *(langes u:)*
> Blues, Route, Pool; *(langes ü:)* Mythe usw.

Hilfsregel:
Wenn die Schreibung eines Wortes mit langgesprochenem Vokal
zweifelhaft ist, dann ist es oft nützlich, mit Wörtern aus derselben
Wortfamilie zu vergleichen. Dies gilt vor allem für Ableitungen und
Zusammensetzungen:

> Wenn man weiß, daß *nämlich* eine Ableitung von *Name* ist, das ohne h ge-
> schrieben wird, wird man *nämlich* nicht mit h schreiben.

Vorbemerkungen

Wenn es heißt, *sein Nachname ist Müller* und *die Nachnahme bei der Post*, so genügt ein Vergleich mit den Wörtern *der Name* und *nehmen*, um die Wörter richtig zu schreiben.

Bei gebeugten Formen ist ein Vergleich mit der einfachen Wortform in der Regel hilfreich:

Wenn man weiß, daß *er nähme* eine Form des Verbs *nehmen* ist, dann wird man auch die Form mit h schreiben.

Entsprechend: *er befiehlt es*, zu: *befehlen*.

Bei einigen Wörtern ist ein solcher Vergleich jedoch irreführend, weil die verwandten Wörter anders geschrieben werden:

wider – wieder, Fön – Föhn, der Baum blühte – die Blüte, ja – bejahen usw.

R 2 Doppellaute (Diphthonge)

Auch die Doppellaute (der *Eu-Laut*, der *Ei-Laut* und der *Au-Laut*) werden in verschiedener Weise schriftlich wiedergegeben, so daß gleichklingende Wörter mit verschiedener Schreibung entstehen. Sie werden dargestellt
durch **eu** oder **äu** (*Eu-Laut*):

verbleuen – bläuen, greulich – gräulich, Leute – läuten, schneuzen – großschnäuzig usw.

durch **ai** oder **ei** (*Ei-Laut*):

Bei – Bai, Hein – Hain, Laib – Leib, Saite – Seite, Waise – Weise usw.

Gelegentlich enthalten die Wörter mit **ei** noch ein **h**:

(er prophezeit, prophezeien –) er verzeiht, verzeihen, er leiht – leihen usw.

In Fremdwörtern und Namen finden sich weitere Buchstaben[gruppen] für die Doppellaute:

(*Au-Laut:*) Browning (– braun), foul (– faul);
(*Eu-Laut:*) Boiler (– Beule), Troyer (– treu);
(*Ei-Laut:*) bye-bye, Rheydt, Freyja – Freyburg (– frei) usw.

Hilfsregel:
Bei vielen Wörtern mit **eu** oder **äu** ist ein Vergleich mit einem verwandten Wort oder mit einer anderen Form nützlich, weil in vielen Fällen das **äu** als Umlaut von **au** zu erklären ist:

bläuen – blau, gräulich – grau, läuten – laut usw.

Bei einigen Wörtern ist jedoch auf die Schreibung mit **eu** besonders zu achten, weil man — veranlaßt durch [mutmaßliche] Verwandte — ein **äu** erwartet:

verbleuen (nicht zu: blau), schneuzen, aber: die Schnauze, großschnäuzig.

Allgemein gesehen ist oft ein Vergleich mit verwandten Wörtern nützlich:

Leiche – Leichnam, Laich – laichen, Leib – sich entleiben, Laib – Doppellaibchen (aber: leiben) usw.

Kurzgesprochenes a   R 3

In einigen englischen Wörtern wird das *kurze a*, der *kurze A-Laut*, mit dem Buchstaben **u** wiedergegeben: Cup (– Kap).

Kurzgesprochenes ä   R 4

Das *kurze ä*, der *kurze Ä-Laut*, wird mit dem Buchstaben **ä** oder **e** wiedergegeben:

Bällchen – Bellchen, Fälle – fälle, fällt – Feld, sängen – sengen, Ställe – Stelle usw.

In Fremdwörtern findet sich auch **a**:

campen (– Kämpe) usw.

Hilfsregel:
In vielen Wörtern wird ein **ä** geschrieben, wenn ein verwandtes Wort oder eine andere Form des Wortes ein **a** hat, weil **ä** oft als Umlaut von **a** erklärt werden kann. Deshalb ist in vielen Fällen der Vergleich mit einem Wort derselben Wortfamilie oder mit einer anderen Wortform nützlich:

Bällchen – Ball, fällt – fallen, sängen – sangen, Ställe – Stall, wenn sie schwämmen – sie schwammen usw.

Bei einigen Wörtern ist jedoch auf die Schreibung mit **e** besonders zu achten, weil man — veranlaßt durch [mutmaßliche] Verwandte — ein **ä** erwartet:

belemmert (nicht zu: das Lamm, die Lämmer); behende, aber: die Hand, die Hände; die Blesse, aber: die Blässe; die Eltern, aber: älter usw.

Vorbemerkungen

R 5 Mitlautverdopplung nach kurzem Selbstlaut (Vokal)

Wenn in einem Wort auf einen kurzgesprochenen [betonten] Selbstlaut (Vokal) ein einfacher Mitlaut (Konsonant) folgt, dann wird dieser im Deutschen durch einen doppelten Buchstaben wiedergegeben. Statt **kk** wird **ck**, statt **zz tz** geschrieben.

Nach einem langen Selbstlaut (Vokal) und nach einem Doppellaut (Diphthong) wird nicht verdoppelt:

schaffen, ballen, hemmen, Backe, bannen, stoppen, dürr, hassen, hetzen usw.

Diese Verdopplung unterbleibt, wenn einem kurzen [betonten] Selbstlaut verschiedene Mitlaute folgen, die zum [erweiterten] Stamm, zum Kern des Wortes gehören:

Schaft, bald, Hemd, Band, dürsten, Hast usw.

Davon sind gebeugte Formen von Wörtern zu unterscheiden, deren einfache Form mit doppeltem Mitlaut geschrieben wird. Dieser bleibt auch in den gebeugten Formen, die kurz sind, erhalten. Die Endung **t** oder **st** tritt nur in einigen Formen dieser Wörter auf und gehört nicht zum Stamm:

er schaff-t (zu: schaffen), er ball-t die Faust (zu: ballen), er hemm-t die Entwicklung (zu: hemmen), er bann-t die Gefahr (zu: bannen), der dürr-ste Zweig (zu: dürr), er haßt ihn (zu: hassen).

Hilfsregel:
Um festzustellen, ob Mitlaute zum Stamm, zum Kern eines Wortes gehören, ist es oft nützlich, zu beugen, mit der einfachen Form oder mit Wörtern aus derselben Wortfamilie zu vergleichen:

Dadurch wird z.B. deutlich, daß das t in *er schafft* ein Beugungszeichen ist, das nur in bestimmten Formen des Verbs *schaffen* auftritt, während das t in *der Schaft* zum Stamm, zum Kern des Wortes gehört (*die Schäfte*), so daß hier die Verdopplung des f unterbleibt.

R 6 Die Verdopplung unterbleibt

bei bestimmten einsilbigen Wörtern wie etwa *in, bis* sowie in einigen alten Wortformen wie *Herberge, Damwild, Singrün* u.a.

in bestimmten Fremdwörtern und Namen:

Café (aber: Kaffee), Rentier (aber: Rennpferd), Hetman (aber: Mann); Dolmetscher, Dolmar (aber: Dollberg); Lek (aber: Leck), Mob – Mop, numerieren (aber: Nummer), stop (aber: Stopp), Wilhelm (aber: Wille) usw.

In Fremdwörtern und Namen findet sich hingegen gelegentlich **kk** statt **ck, tz** statt zu erwartendem **z** und doppelter Mitlaut nach Zwielaut (Diphthong):

Bakken (aber: Backe), Hertz (aber: Herz), Kneipp (aber: Kneipe) usw.

Vgl. auch *der Henkel*, aber: *Henkell* (Warenzeichen).

Zum doppelten Mitlaut im Auslaut vgl. R 7 f.

Mitlaute (Konsonanten) im Auslaut — R 7

Wenn die stimmlosen Mitlaute *p, t, k, ß* im Auslaut stehen, d.h. dem Selbstlaut ihrer Silbe folgen, dann werden sie durch verschiedene Buchstaben[gruppen] schriftlich wiedergegeben:

	b	z.B. in Alb, Mob
P-Laut	bb	z.B. in er schrubbt
hartes (stimmloses) p	p	z.B. in Alp, Mop
	pp	z.B. in er stoppt
	d	z.B. in Grad
T-Laut	dt	z.B. in Stadt
hartes (stimmloses) t	t	z.B. in Grat
	tt	z.B. in Werkstatt
	g	z.B. in Werg, Log
K-Laut	gg	z.B. in loggte
hartes (stimmloses) k	k	z.B. in Werk, Lok
	ck	z.B. in Stück, lock, lockte
	s	z.B. in Grus, reist
scharfes (stimmloses) ß	ß	z.B. in Gruß, reißt

(R 7) B e a c h t e :

Wörter, die im Auslaut auf **-ig** oder **-ich** enden, klingen am Ende gleich; es wird *ch* gesprochen:

artig, durstig, Essig, Pfennig, usw.;

ärgerlich, bläulich, Bottich, Pfirsich usw.

Hilfsregel:
Wenn man, etwa durch Veränderung der betreffenden Wörter, dafür sorgt, daß der fragliche Mitlaut (z.B. das *harte p* in *glaubt*) am Anfang einer neuen Silbe steht (z.B. in *glauben*), dann zeigt die Aussprache an, wie der Laut geschrieben wird; so wird *glauben* mit *weichem b* gesprochen und mit **b** geschrieben; entsprechend wird der *harte P-Laut* im Auslaut (*er glaubt*) mit **b** schriftlich wiedergegeben.

Bei gebeugten Formen ist es nützlich, mit der einfachen oder einer anderen Form zu vergleichen:

sie schrubbt – schrubben (*weiches b*; Mitlautverdopplung nach kurzem Selbstlaut, vgl. R 5). er stoppt – stoppen (*hartes p*; Mitlautverdopplung nach kurzem Selbstlaut, vgl. R 5), er reist – reisen (*weiches s*), er reißt – reißen (*scharfes ß*), er läßt – lassen (*scharfes ß*, in der einfachen Form durch ss dargestellt; zur Mitlautverdopplung vgl. R 5), er aß – sie aßen (*scharfes ß*), er jagt – sie jagten (*hartes t*) [aber: die Jagd – die Jagden (*weiches d*)] usw.

Bei Formen wie *er jagt* zeigt der Vergleich mit der einfachen Form *jagen,* daß das **t** eine Endung ist, die nur in bestimmten Formen gebraucht wird. Bei *Jagd* hingegen gehört das **d** zum Wort.

Bei einem ungebeugten Wort ist es nützlich, mit einer gebeugten Form zu vergleichen:

der Grad – die Grade (*weiches d*), der Grat – die Grate (*hartes t*), Werg – des Werges (*weiches g*), Werk – des Werkes (*hartes k*), der Grus – die Gruse (*weiches s*), der Gruß – die Grüße (*scharfes ß*), die Jagd – die Jagden (*weiches d*) [aber: er jagt – sie jagten (*hartes t*)], tot – die toten Soldaten (*hartes t*); der Tod – des Todes (*weiches d*), artig – artiges Verbeugung (*weiches g*), bläulich – bläuliches Licht (*ch*) usw.

Oft ist es auch nützlich, mit Wörtern aus derselben Familie zu vergleichen:

Weisheit – weise (*weiches s*), der Stopp – stoppen (*hartes p*, Mitlautverdopplung nach kurzem Selbstlaut, vgl. R 5) usw.

Bei bestimmten Wörtern und Namen läßt sich die Schreibung auf diese Weise nicht feststellen:

seid – seit, bis, das – daß, Mob – Mop, Haard – Haardt usw.

B e a c h t e : R 8

Bestimmte Beugungsformen einiger Verben werden mit **dt** geschrieben; das **dt** bleibt auch in Ableitungen erhalten:

wenden – er hat gewandt – die Gewandtheit; senden – er hat gesandt – die Gesandtschaft usw.

Zu unterscheiden sind auch *Stadt* und *Statt* und ihre Zusammensetzungen, Ableitungen wie *beredt* und *Beredsamkeit*, Namen wie *Haard* und *Haardt* usw.

Mitlaut + h R 9

Der *R-Laut* und der *T-Laut* werden in bestimmten Wörtern besonders aus dem Griechischen und in einigen Namen durch **rh** beziehungsweise **th** wiedergegeben. Deutsche Wörter werden nicht [mehr] mit **rh** oder **th** geschrieben (vgl. R 15):

Rhus (– Ruß), (rein –) – Rhein, Rheda, Zither (– zittern), Mythe, (Rute –) Ruth, (Betel –) Bethel

Der F-Laut, der K-Laut u.a.

Der *F-Laut* wird durch die Buchstaben **f** oder **v** wiedergegeben. Vor R 10 allem in Wörtern aus dem Griechischen findet sich zudem die Schreibung mit **ph** (vgl. R 15):

fordern – vorderen, fiel – viel, Ferse – Verse, Hafen – Bremerhaven, Phantasie – Fantasia.

Vorbemerkungen

R 11 Der *K-Laut* wird in einigen Fremdwörtern und Namen durch c wiedergegeben (vgl. R 15):

Café (− Kaffee), Caravan (− Karawane), campen (− Kämpe), Cup (− Kap), Camera obscura (− Kamera) usw.

R 12 Der *W-Laut* wird in einigen Fremdwörtern und Namen durch v wiedergegeben (vgl. R 15):

Caravan (− Karawane), vage (− Waage), Volt (− wollt), Vera (− Wera) usw.

R 13 Der *X-Laut* wird in einigen Wörtern durch chs oder durch x wiedergegeben (vgl. R 15):

Achsel − Achse − axial, Buchse − Buxe, Luchs − Lux, sechs − Sex usw.

R 14 Der *Z-Laut* wird in einigen Fremdwörtern und Namen durch c wiedergegeben (vgl. R 15):

Acidität (− Azid).

Meist deutsche Wörter mit **d, t, l** oder **n + s** werden so ausgesprochen, als ob sie ein **z** enthielten:

falls (− Falz), Pils (− Pilz), du standst (− du stanzt), Gans (− ganz) usw.

Hilfsregel:
In diesen Fällen ist es oft nützlich, zu beugen, mit einer anderen Form oder mit einem verwandten Wort zu vergleichen:

Pils − Pilsen (*weiches s*), Pilz − Pilze (*Z-Laut*), du standst − er stand (st = Beugungsendung), er balzt − balzen (*Z-Laut*), du ballst − ballen (st = Beugungsendung) usw.

R 15 *Hilfsregel:*
Bei vielen der in R 10 - R 14 genannten Fällen ist auf die Herkunft, auf den Grad der Eindeutschung sowie mitunter auf die fachsprachlich festgelegte Schreibung zu achten.

DIE WORTGRUPPEN

In den vorstehenden Abschnitten ist gezeigt worden, welche Laute durch verschiedene Buchstaben[gruppen] schriftlich wiedergegeben werden, so daß gleichklingende Wörter entstehen, die verschieden geschrieben werden (Homophone).

In den einzelnen Abschnitten sind einige Hilfsregeln genannt worden, mit denen man in vielen Fällen die Schreibung eines Wortes bestimmen kann.

Diese Hilfsregeln laufen im allgemeinen darauf hinaus, ein Wort, die Form eines Wortes mit einer anderen Form zu vergleichen, etwa mit einer gebeugten Form oder mit der einfachen Form. Zum anderen erweist es sich oft als nützlich, ein Wort mit Wörtern aus derselben Wortfamilie zu vergleichen. In den folgenden Artikeln sind entsprechende Formen sowie Wörter derselben Wortfamilie als Material für die Anwendung der Hilfsregeln angeführt.

Die genannten Hilfsregeln sind jedoch nur bedingt anwendbar, weil es Fälle gibt, in denen ein solcher Vergleich nicht möglich ist, nichts einbringt oder gar in die Irre führt.

Es gibt kein geschlossenes System von Regeln, mit dessen Hilfe man die Schreibung jedes Wortes bestimmen könnte.

Aus diesem Grunde sind im folgenden Hauptteil die Wörter, die jeweils eine Homophonengruppe bilden, ausführlich dargestellt, um das einzelne Wort möglichst genau vorzustellen und so von den anderen Wörtern der Gruppe abzuheben.

Jede Gruppe hat eine Überschrift, die aus wichtigen Wörtern der Gruppe besteht. Die Artikel sind alphabetisch nach dem ersten Wort der Überschrift angeordnet und durchnumeriert.

A

1 Aale – Ahle

a) Die Form *die Aale* ist der Plural des Substantivs *der Aal*, des Namens eines schlangenförmigen Fisches. Das Verkleinerungswort lautet *das Älchen* „kleiner Aal". Eine Ableitung ist das Verb *sich aalen (aalte, geaalt)*, das umgangssprachlich in der Bedeutung „sich wohlig strecken, sich behaglich ausgestreckt ausruhen" gebraucht wird. Die abwertend verwendete Zusammensetzung *aalglatt* hat die Bedeutung „nicht oder schwer zu fassen, allzu gewandt". Ob der nur in germanischen Sprachen nachgewiesene Name des Aals mit der sehr alten Bezeichnung der Ahle (vgl. b) etymologisch verwandt ist, ist unsicher:
Er hat mehrere Aale gefangen. Ich aale mich in der Sonne. Er ist ein aalglatter Mensch.

b) Das Substantiv *die Ahle* (Plural: *die Ahlen*) bezeichnet ein spitzes Werkzeug, das zum Einstechen von Löchern in Leder, Pappe u.ä. verwendet wird. Andere fachsprachliche Bezeichnungen für dieses Werkzeug, die jeweils in bestimmten Landschaften gebraucht werden, sind *der Priem, der Ort* und *die Säule*. Die Bezeichnung für das Werkzeug ist sehr alt. Dem entspricht, daß das Werkzeug selbst bereits für die Steinzeit nachgewiesen ist:
Er stach mit der Ahle fünf Löcher in den Riemen.

c) Zu geographischen Namen wie *Aalen* (Stadt in Baden-Württemberg), *Ahlen* (Stadt in Nordrhein-Westfalen) vgl. etwa Duden, Wörterbuch geographischer Namen. Zum A-Laut vgl. R 1.

2 Aas, aast – aß, aßt

a) Das Substantiv *das Aas* hat die Bedeutung „Fleisch eines toten Körpers, Kadaver". Der Plural lautet *die Aase*. Wird *Aas* als Schimpfwort gebraucht, dann lautet der Plural *die Äser*. In dem neuhochdeutschen Wort *das Aas* sind zwei verschiedene Wörter zusammengefallen, die im Sinne von „Essen, Fraß" zu der Wortgruppe von *essen* gehören (vgl. b). An die alte Bedeutung „Essen, Fraß" schließen sich die Ableitungen *äsen (äste, geäst)* in der Bedeutung „fressen (vom Wild)" und *aasen (aaste, geaast)* an, das heute vor allem umgangssprachlich in der Bedeutung „verschwenden" gebraucht wird. *Aas!* und *(du, ihr) aast* sind Formen dieses

Verbs. Zusammensetzungen mit *Aas* sind z.B. *die Aasblume* und *der Aasgeier*. Eine Ableitung ist das Adjektiv *aasig* in der Bedeutung „ekelerregend":
Wo ein Aas ist, da sammeln sich die Geier. Das Reh äste auf der Lichtung. Er sagte, aas nicht so mit deinem Geld. Er behauptet, daß du mit den Vorräten aast.
b) Die Formen *(ich, er) aß, (ihr) aßt, sie aßen* gehören zu dem Verb *essen (aß, gegessen)* „[als] Nahrung zu sich nehmen", das mit den Wörtern der Gruppe a etymologisch verwandt ist:
Ich aß eine Apfelsine, sie aßen einen Apfel. Als wir kamen, saßt ihr am Tisch und aßt gerade.
Zum Auslaut vgl. R 7, zum A-Laut R 1.

3 Acetat – Acidität – Azid
a) Die Substantive *das Acetat* (Plural: *die Acetate*) „Salz der Essigsäure", *das Aceton*, Bezeichnung für ein Lösungsmittel, und *das Acetyl* „Säurerest der Essigsäure" gehören zu lateinisch *acetum* „Essig", das im Deutschen als *das Acetum* vorkommt.
b) Die Substantive *die Acidität* „Säuregrad oder Säuregehalt einer Flüssigkeit", *die Acidose* (Plural: *die Acidosen*) „krankhafte Vermehrung des Säuregehalts im Blut" und *das Acidum* (Plural: *die Acida*) „Säure" gehören zu lateinisch *acidus* „scharf, sauer".
c) Das Substantiv *das Azid* (Plural: *die Azide*) „Salz der Stickstoffwasserstoffsäure" gehört zu französisch *azote* „Stickstoff", das seinerseits aus dem Griechischen stammt.
Auf diese in der chemischen Fachsprache festgelegte Schreibregelung mit **c** und **z** ist besonders zu achten.
Zum Z-Laut vgl. R 14.

4 Achsel – Achse – axial – Axiom – Axel
a) Das Substantiv *die Achsel* (Plural: *die Achseln*) hat die Bedeutung „Schulter, Schultergelenk". Es ist mit dem Substantiv *die Achse* etymologisch verwandt (vgl. b) und bedeutet ursprünglich etwa „Drehpunkt [der geschwungenen Arme]". Zusammensetzungen sind *der Achselgriff* und *das Achselzucken*:
Er zuckte nur mit den Achseln, als er das hörte. Er tat die Kritik mit einem Achselzucken ab.
b) Das Substantiv *die Achse* (Plural: *die Achsen*) hat die Bedeutungen „Teil einer Maschine, eines Wagens o.ä., an dessen Ende Räder sitzen; [gedachte] Mittellinie". Es ist mit dem Substantiv *die Achsel* etymologisch verwandt (vgl. a) und bedeutet ursprünglich etwa „Drehpunkt der Räder". Die Schreibung *Axe* für *Achse* ist

falsch. Die Ableitungen *achsig* und *die Achsigkeit* bedeuten „axial" bzw. „Axialität" (vgl. c):
Der Wagen hat zwei Achsen. Die Erde dreht sich um ihre Achse.
c) Das Adjektiv *axial* „in Achsenrichtung" ist eine neulateinische Bildung zu dem lateinischen Wort *axis*, dem im Deutschen das Substantiv *die Achse* entspricht (vgl. a). Eine Ableitung von *axial* ist das Substantiv *die Axialität* „Verlaufen von Strahlen eines optischen Systems in unmittelbarer Achsennähe". Die Schreibung *achsial* für *axial* ist falsch:
Der Zylinder wird axial durch Druck belastet.
d) Das Substantiv *das Axiom* (Plural: *die Axiome*) hat die Bedeutung „Grundsatz, Satz, der keines Beweises bedarf". Es stammt aus dem Griechischen. Eine Ableitung ist das Adjektiv *axiomatisch*:
Dieser Theorie liegen drei Axiome zugrunde.
e) Der männliche Vorname *Axel* ist im 19. Jahrhundert aus dem Schwedischen übernommen worden. Er ist eine umgebildete Kurzform des Namens *Absalom*.
Zum X-Laut vgl. R 13.

5 ahoi – Heu – heuer – Häuer
a) Die Interjektion *ahoi* stammt aus dem Englischen. Sie ist der in der Seemannssprache gebräuchliche Anruf, wenn Schiffe sich begegnen:
Schiff ahoi!
b) Das Substantiv *das Heu* hat die Bedeutung „getrocknetes Gras, das als Futter verwendet wird". Es ist verwandt mit dem Verb *hauen*. Ableitungen sind das Verb *heuen (heute, geheut)*, landschaftlich für „Heu machen", und das Substantiv *der Heuer*, landschaftlich für „jemand, der Heu macht":
Sie wendeten das Heu.
c) Das Verb *heuern (heuerte, geheuert)* bedeutete früher allgemein „mieten". Heute wird es vor allem in der Seemannssprache gebraucht und bedeutet „für den Schiffsdienst anwerben; ein Schiff mieten". Präfixbildungen sind *abheuern* „den Dienst auf einem Schiff beenden" und *anheuern* „Dienst auf einem Schiff annehmen; jemanden für den Schiffsdienst anwerben". Die Ableitung *die Heuer* hat die Bedeutung „Lohn, den ein Seemann erhält":
Der Kapitän heuerte eine neue Mannschaft [an]. Sie heuerten einen alten Schlepper.
d) Das Adverb *heuer* „in diesem Jahr" wird im Oberdeutschen gebraucht. Es ist aus einer althochdeutschen Verbindung mit dem Wort *Jahr* entstanden. Eine Ableitung ist das Adjektiv *heurig* „diesjährig", das als Substantivie-

rung *der Heurige* (Plural: *die Heurigen*) „Wein der letzten Lese" bedeutet:
Der Nationalfeiertag wird heuer wieder groß gefeiert.
e) Das Substantiv *der Häuer* bedeutet im Österreichischen „Bergmann" und entspricht im Deutschen dem von *hauen* abgeleiteten Substantiv *der Hauer*.
f) Zu geographischen Namen wie *die Heuscheuer* (Teil der Mittelsudeten) vgl. etwa Duden, Wörterbuch geographischer Namen. Zum Eu-Laut vgl. R 2.

6 Ähre, Ähren – Ära, Ären

a) Das Substantiv *die Ähre* (Plural: *die Ähren*) bezeichnet besonders beim Getreide den Teil des Halmes, an dem die Blüten und Samen sitzen:
Sie sammelten auf dem Felde Ähren.
b) Das Substantiv *die Ära* (Plural: *die Ären*) wird in der gehobenen Sprache gebraucht und hat die Bedeutung „Zeitalter". Es stammt aus dem Lateinischen:
Durch ihn wurde eine neue Ära eingeleitet.
Zum Ä-Laut vgl. R 1.

7 Alb – Alp

a) Das Substantiv *die Alp, Alpe* (Plural: *die Alpen*) hat die Bedeutung „Bergweide, Alm". Der Name des Hochgebirges *die Alpen* ist die Pluralform dieses Wortes.

Die Gebirgsnamen *die Fränkische Alb, Frankenalb* und *die Schwäbische Alb, Schwabenalb* werden am Ende mit **b** geschrieben:
Die Kühe wurden auf die Alp getrieben.
b) Das Substantiv *der Alp* hat die Bedeutung „gespenstisches Wesen, Nachtgespenst; schwerer seelischer Druck". Althochdeutsch kamen die Formen *alb* und *alp* vor. Im Mittelhochdeutschen wurde allgemein *alp* geschrieben. Die gebeugten Formen wurden – wegen der weichen Aussprache – jedoch mit **b**, *des albes* usw., geschrieben, ähnlich wie bei mittelhochdeutsch *kint, kindes* und anderen. Aber während bei den häufig gebrauchten Wörtern die gebeugten Formen den Ausschlag gaben für die Schreibung auch in den ungebeugten Formen und zu den heute üblichen Nominativformen (*Kind*) führten, hat sich bei *Alp* die Schreibung mit **p** erhalten. Es erscheint fast nur noch in Zusammensetzungen wie *der Alptraum, der Alpdruck, das Alpdrücken,* wo der Stamm *Alp* nicht gebeugt ist. *Alp* allein wird fast nur ungebeugt gebraucht. Die im Althochdeutschen vorkommende Schreibung mit **b** hat sich nur noch in Namen wie *Alberich, Alboin, Albin* erhalten. Die in der Religionswissenschaft gebräuch-

liche Mehrzahlform *die Alben, die Schwarzalben* für die unterirdischen Geister hat ebenfalls ein **b**: *Das lastet wie ein Alp auf mir.*
B e a c h t e : Die Wörter der Gruppe a sind mit denen der Gruppe b nicht verwandt.
Zum Auslaut vgl. R 7.

8 -and — -ant

Bei Fremdwörtern (Substantiven) bestehen oft Zweifel darüber, ob sie mit **-and** oder mit **-ant** geschrieben werden.

a) Das betonte Suffix **-and** hat, dem Lateinischen entsprechend, passivischen Sinngehalt. Es steht in Bezeichnungen für eine Person oder Sache, mit der etwas geschehen soll:

der Informand („jemand, der informiert werden soll"; Plural: die Informanden); (entsprechend:) der Diplomand, der Doktorand, der Examinand, der Habilitand, der Konfirmand, der Maturand, der Multiplikand, der Präparand, der Proband, der Radikand, der Rehabilitand, der Summand usw.

Der Plural wird bei all diesen Wörtern mit **-en** gebildet.

b) Das betonte Suffix **-ant** hat, dem Lateinischen entsprechend, aktivischen Sinngehalt. Es steht in Bezeichnungen für eine Person, die etwas tut:

der Informant („jemand, der eine Information gibt, der informiert"; Plural: die Informanten); (entsprechend:) der Aspirant, der Denunziant, der Duellant, der Fabrikant, der Garant, der Gratulant, der Intendant, der Kommandant, der Kommunikant, der Musikant, der Praktikant, der Querulant, der Sekundant, der Simulant, der Vagant usw.

Der Plural wird bei all diesen Wörtern mit **-en** gebildet.

c) Beachte die Fremdadjektive auf **-ant**:

arrogant (arrogantes Benehmen); (entsprechend:) charmant, elegant, galant, imposant usw.

Zum Auslaut vgl. R 7.

9 Ar — Aar — Ahr — Aaron, Aronstab

a) Das Substantiv *das* oder *der Ar* (Plural: *die Are*) bezeichnet ein Flächenmaß (Zeichen: a). Es ist im 19. Jahrhundert aus dem Französischen übernommen worden. Eine Zusammensetzung ist *das* oder *der Hektar.*

b) Das Substantiv *der Aar* (Plural: *die Aare*) ist eine Bezeichnung für den Adler. Der Vogelname hat in verschiedenen germanischen und indogermanischen Sprachen seine Entsprechungen. Heute kommt das Wort nur noch in dichterischer Sprache vor:

Der Aar schwingt sich majestätisch in die Lüfte.

c) Das Substantiv *der Ara* (Plural: *die Aras*) bezeichnet einen großen bunten Papagei, der in Südamerika beheimatet ist. Das Wort stammt aus dem Indianischen:
Die Aras haben einen sehr großen Schnabel.
d) *Die Aar* ist der Name eines linken Nebenflusses der Lahn. *Die Aare* ist der Name eines linken Nebenflusses des Rheins in der Schweiz, an dem die Städte *Aarau*, die Hauptstadt des Kantons *Aargau*, *Aarberg* und *Aarburg* liegen. *Die Ahr* ist der Name eines linken Nebenflusses des Rheins in Deutschland, an dem die Stadt *Ahrweiler* liegt. Zu weiteren geographischen Namen mit *Aar-* und *Ahr-* als ersten Buchstaben vgl. Duden, Wörterbuch geographischer Namen.
e) Der Name des Bruders Moses' und des Hohenpriesters wird mit zwei a geschrieben: *Aaron*. Dagegen werden Pflanzennamen wie *Aronstab* mit einem a geschrieben. Der Bestandteil *Aron* ist aus dem Griechischen über das Lateinische in viele europäische Sprachen eingedrungen. Er ist mit dem Namen *Aaron* nicht verwandt, wird aber volksetymologisch oft damit in Verbindung gebracht.
Zum A-Laut vgl. R 1.

10 Ase — Aase

a) Das Substantiv *der Ase* wird zumeist im Plural gebraucht: *die Asen*. Die adjektivische Ableitung ist *asisch*. *Die Asen* ist die aus dem Nordischen stammende Bezeichnung eines in der germanischen Mythologie vorkommenden Göttergeschlechtes, an dessen Spitze Odin steht. Weiterhin gehören dazu die Götter Thor und Tyr sowie die Göttin Frija oder Frigg u.a. Nach Meinung bestimmter Forscher verkörpert das Geschlecht der Asen gegenüber dem Göttergeschlecht der Wanen (vgl. 265,a) das männlich-dynamische Prinzip voller Geistes-, Willens- und Tatkraft, entsprungen der tätigen Welt der nach Norden vorstoßenden kriegerischen indogermanischen Streitaxtleute:

Der höchste Ase ist Odin, der auch Wodan (Wotan) heißt. Zu den Asen gehört neben den obengenannten Göttern noch der Gott Heimdall.

b) Die Form *die Aase* ist der Plural des Substantivs *das Aas* „Fleisch eines toten Körpers, Kadaver". Wird *Aas* als Schimpfwort gebraucht, lautet der Plural *die Äser*. Ableitungen sind die Verben *aasen (ich aase, sie aasen)* „verschwenden" und *äsen* sowie das Adjektiv *aasig* „ekelerregend" (im einzelnen vgl. 2, a):

Ich aase nicht mit dem Geld.
Zum A-Laut vgl. R 1.

B

11 Backe – Bakken – backen

a) Das nur im Deutschen belegte Substantiv *die Backe* (Plural: *die Backen*) „Teil des Gesichtes, Wange" hat im Süddeutschen die Nebenform *der Backen* (Plural: *die Backen*). Der zweite Bestandteil der Zusammensetzungen *die Arschbacke* (umgangssprachlich) und *die Hinterbacke* ist ein anderes Wort, das „Rücken" bedeutet. Es wurde aber an *die Backe* angelehnt:

Das Mädchen hatte rote Backen.

b) Das Substantiv *der Bakken* (Plural: *die Bakken*) wird in der Sprache des Schisports verwendet. Es hat die Bedeutung „vorderer, leicht geneigter Teil einer Sprungschanze, der dem Absprung dient" und stammt aus dem Norwegischen:

Der Springer sauste über den Bakken.

c) Das Verb *backen (backte, gebacken)* ist zweiter Bestandteil der Zusammensetzungen *altbacken* „nicht frisch; (übertragen:) altmodisch" und *hausbacken* „bieder, langweilig":

Sie wollen noch Brot backen. Das ist altbackenes Brot. Seine Ansichten sind ziemlich altbacken. Sie ist ein hausbackenes Mädchen.

Zum K-Laut vgl. R 5.

12 Bad – bat – Baht

a) Das Substantiv *das Bad* (Plural: *die Bäder*) hat die Bedeutung „Badezimmer, Wasser zum Baden". Außerdem bezeichnet es einen Ort, an dem man eine Kur macht. In dieser Bedeutung ist es Bestandteil vieler geographischer Namen wie *Bad Dürkheim* (vgl. etwa Duden, Wörterbuch geographischer Namen). Eine Ableitung ist das Verb *baden (badete, gebadet)* „sich, jemanden in einer mit Wasser gefüllten Wanne waschen; schwimmen, sich erfrischen":

Die Wohnung hat kein Bad. Das Bad ist zu heiß.

b) Die Formen *(ich, er) bat, (wir, sie) baten* gehören zu dem Verb *bitten (bat, gebeten)* „sich mit einer Bitte an jemanden wenden usw.":

Er bat mich, ihm beim Autowaschen zu helfen.

c) Das Substantiv *der Baht* (Plural: *die Baht*) bezeichnet eine siamesische Silbermünze.

Zum Auslaut vgl. R 7.

13 Bahn – Ban

a) Das Substantiv *die Bahn* (Plural: *die Bahnen*) hat die Bedeutungen „Eisenbahn, Straßenbahn; bestimmte Strecke [die ein Körper durchläuft]; Stück Stoff u. ä. in seiner ganzen Breite". Eine Ablei-

tung ist das Verb *bahnen (bahnte, gebahnt)* „einen Weg schaffen". Zusammensetzungen sind *der Bahnhof* und *der Bahnsteig*:
Er reist mit der Bahn. Die Bahn der Rakete war genau berechnet worden. Für die Gardine werden vier Bahnen des Stoffes gebraucht. Er bahnte sich den Weg durch das Gebüsch.
b) Das Substantiv *der Ban* (Plural: *die Bane*) oder *der Banus* (Plural: *die Banus*) bedeutet im Serbokroatischen ursprünglich „Herr" und bezeichnet ungarische und serbokroatische Würdenträger. Das Substantiv wurde auch als Titel verwendet. Die Ableitung *die Banschaft* bezeichnet einen ehemaligen Verwaltungsbezirk in Jugoslawien.
c) Das Substantiv *der Ban* (Plural: *die Bani*) bezeichnet eine rumänische Münze.
Zum A-Laut vgl. R 1.

14 bald — ballt, ballte — Balte
a) Das Adverb *bald* bedeutet heute „in kurzer Zeit, kurz darauf". Eine Ableitung ist das Adjektiv *baldig* „kurz bevorstehend". Ursprünglich gehört *bald* zu einem gemeingermanischen Adjektiv, das die Bedeutung „kühn" hatte und heute noch in Personennamen wie *Theobald, Willibald, Leopold* enthalten ist. Diese haben ihrerseits das Muster für Wörter wie *der Trunkenbold* (Plural: *die Trunkenbolde*) und *der Witzbold* (Plural: *die Witzbolde*) abgegeben:
Er wird bald kommen.
b) Die Formen *(er) ballt, ballte* gehören zu dem Verb *ballen (ballte, geballt)* „in runde Form bringen; sich zusammendrängen". Es ist eine Ableitung von dem Substantiv *der Ball*:
Er ballt die Hand zur Faust. Er ballte den Schnee in der Hand. Die Wolken ballten sich am Himmel.
Zum Auslaut vgl. R 7.
c) Das Substantiv *der Balte* (Plural: *die Balten*) bezeichnet einen Angehörigen einer indogermanischen Völkergruppe und einen Bewohner des Baltikums:
Zu den Balten rechnet man die Altpreußen, die Letten und die Litauer.
Zum L-Laut vgl. R 5.

15 Bällchen — Belchen
a) Das Substantiv *das Bällchen* „kleiner Ball" ist ein Verkleinerungswort zu dem Substantiv *der Ball* (Plural: *die Bälle*):
Das Kind spielte mit drei Bällchen.
b) Das Substantiv *die Belche* (Plural: *die Belchen*) ist eine am Bodensee gebräuchliche Bezeichnung für das Bläßhuhn. *Belche* ist mit *blaß* und *Blesse* etymologisch verwandt und bezieht sich auf die weiße Stirnplatte des Wasservo-

gels. Entsprechend werden nach ihrem kahlen, hellen Gipfel ein Berg im Schwarzwald *der Belchen* und zwei Berge in den Vogesen *Elsässer Belchen* bzw. *Großer Belchen* genannt.
Zum kurzen Ä-Laut vgl. R 4, zum L-Laut R 5f.

16 balzt — ballst
a) Die Form *(er) balzt* gehört zu dem Verb *balzen (balzte, gebalzt)* „um die Gunst des Weibchens werben (vom Federhochwild)". Es ist eine Ableitung von dem Substantiv *die Balz* (Plural: *die Balzen*) „Paarungsspiel und -zeit des Federhochwildes":
Der Auerhahn balzt.
b) Die Form *du ballst* gehört zu dem Verb *ballen (ballte, geballt)* „in runde Form bringen". Es ist eine Ableitung zu dem Substantiv *der Ball*:
Du ballst die Hand zur Faust.
Zum L-Laut vgl. R 5, zum Z-Laut R 14.

17 band, Band — bannt
a) Die Formen *(du) bandst, (er) band, (sie) banden* gehören zu dem Verb *binden (band, gebunden)*, das u.a. die Bedeutung „mit Faden, Schnur o.ä. befestigen, zusammenfügen" hat. Eine Präfixbildung ist das Verb *verbinden (verband, verbunden)*, das u.a. die Bedeutung „mit einer Binde oder einem Verband versehen" hat. Zu diesen Verben gehören *Band* (vgl. b — d) und *der Verband* (Plural: *die Verbände*):
Du bandst, er band die Blumen zu einem Strauß. Du verbandst, er verband den Verwundeten. Der Verband wurde abgenommen.
b) Das Substantiv *der Band* (Plural: *die Bände*) bedeutet „einzelnes gebundenes Buch" (vgl. a — d):
Die gesammelten Werke wurden in einem Band herausgegeben.
c) Das Substantiv *das Band* (Plural: *die Bänder*) bedeutet „[Gewebe]streifen; Tonband" (vgl. a — d):
Das Paket war mit einem bunten Band zugebunden. Auf diesem Band sind einige Stücke von Mozart aufgezeichnet.
d) Das Substantiv *das Band* (Plural: *die Bande*) bedeutet in älterer Literatur „Fessel"; übertragen bedeutet es „Bindung, enge Beziehung" (vgl. a — c):
Ihn schlugen die Häscher in Banden (Schiller). Sie waren durch das Band der Freundschaft, durch freundschaftliche Bande verbunden.
e) Die Formen *(du) bannst, (er) bannt, sie bannten* gehören zu dem Verb *bannen (bannte, gebannt)*, das u.a. die Bedeutung „durch eine zwingende Gewalt vertreiben" hat. Eine Präfixbildung ist das Verb *verbannen (verbannte, ver-*

bannt) „aus dem Land weisen; verdrängen":
Mit diesem Mittel bannst du, bannt er das Fieber. Er wurde aus seinem Vaterland verbannt. Er verbannt alle trüben Gedanken aus seinem Herzen.
Zum Auslaut vgl. R 7, zum N-Laut R 5.

18 bang – Bank

a) Das Adjektiv *bang, bange* hat die Bedeutung „ängstlich, angstvoll". Es ist mit *eng* verwandt und bedeutet ursprünglich soviel wie „beengt". Das zunächst nur im Nieder- und Mitteldeutschen vorkommende Wort ist durch Luthers Bibelübersetzung in die Schriftsprache eingegangen. Eine Ableitung ist das Verb *bangen (bangte, gebangt)* „in großer Angst, Sorge sein":
Er lauschte bang. Eine bange Ahnung befiel ihn.

b) Das Substantiv *die Bank* (Plural: *die Bänke*) bezeichnet eine lange und schmale Sitzgelegenheit für mehrere Personen. Die Bezeichnung ist in verschiedenen germanischen Sprachen belegt (vgl. c). Zusammensetzungen sind etwa *die Anklagebank, die Drehbank, die Sandbank*:
Sie setzten sich auf eine Bank im Park.

c) Das Substantiv *die Bank* (Plural: *die Banken*) bezeichnet ein Geldinstitut. Es ist ursprünglich dasselbe Wort wie *die Bank* „Sitzgelegenheit", dessen germanische Vorformen früh ins Romanische entlehnt wurden. Aus dem Italienischen wurde das Wort in der dort entwickelten Bedeutung „langer Tisch des Geldwechslers" im 15. Jahrhundert rückentlehnt. Zusammensetzungen sind etwa *die Blutbank, die Notenbank, die Spielbank*:
Er ging auf die Bank und löste einen Scheck ein.

B e a c h t e : Bei richtiger Aussprache werden *bang* und *Bank* unterschieden; nur *Bank* hat einen harten Auslaut. Häufig jedoch, vor allem in der Umgangssprache, wird auch *bang* mit hartem Auslaut gesprochen, so daß die Wörter der vorstehenden Gruppe gleichklingen.
Zum Auslaut vgl. R 7.

19 bar – Bar – Bahre – Baar

a) Das Adjektiv *bar* bedeutet ursprünglich „unbedeckt, nackt". In dieser Bedeutung wird es heute nur in gehobener Sprache verwendet. Eine Zusammensetzung ist *barfuß*. Seit dem Mittelhochdeutschen hat *bar* zusätzlich die Bedeutung „in Geldscheinen und Münzen [vorhanden], sofort verfügbar". Eine Ableitung ist *die Barschaft*:

Er stand mit barem Haupt in der Kälte. Er bezahlte [in] bar. Er nimmt alles für bare Münze („wörtlich").

b) Das Substantiv *die Bar* (Plural: *die Bars*) hat die Bedeutung „erhöhter Schanktisch; kleineres [Nacht]lokal". Es ist im 19. Jahrhundert aus dem Englischen entlehnt worden. Zusammensetzungen sind *die Bardame* und *der Barkeeper*:

Er saß an der Bar und trank einen Whisky. Nach dem Theater gingen sie in eine Bar.

c) Das Substantiv *das Bar* (Plural: *die Bars*) ist eine Maßeinheit des Luftdrucks (Zeichen: bar und b). Das Wort stammt aus dem Griechischen. Eine Zusammensetzung ist *das Millibar* (Abkürzung: mb). Etymologisch verwandt ist das Substantiv *die Isobare*.

d) Das Substantiv *der Bar* (Plural: *die Bare*) bezeichnet ein mehrstrophiges Lied des Meistersangs.

e) Das Substantiv *die Bahre* (Plural: *die Bahren*) bedeutet „Gestell für den Transport von Verletzten und Toten". Es gehört wie *gebären* und *-bar* (vgl. f) zu einem ausgestorbenen Verb, das die Bedeutung „tragen" hat:

Die Sanitäter legten den Verletzten auf eine Bahre.

f) Die Silbe *-bar* etwa in *offenbar*, *trinkbar* bedeutet ursprünglich „fähig zu tragen" und ist etymologisch verwandt mit *die Bahre* (vgl. e). Es hat sich zu einem reinen Ableitungssuffix entwickelt.

g) Zu geographischen Namen wie *die Baar* (Gebiet in Baden-Württemberg) vgl. etwa Duden, Wörterbuch geographischer Namen.

Zum A-Laut vgl. R 1.

20 Base – Baase

a) Das Substantiv *die Base* (Plural: *die Basen*) kommt nur im Deutschen vor und bedeutet heute „Kusine":

Alle Vettern und Basen kamen zu dem Familientreffen.

b) Das Substantiv *die Base* (Plural: *die Basen*) ist die Bezeichnung für eine bestimmte chemische Verbindung. Die dazu gehörende adjektivische Ableitung ist *basisch*. Das Substantiv *die Base* ist eine Ableitung von dem Substantiv *die Basis* (Plural: *die Basen*), das die Bedeutung „Grundlage, Ausgangspunkt" hat und aus dem Griechischen stammt. Die verbale Ableitung davon ist *basieren*:

Eine Base färbt rotes Lackmuspapier blau. Die Basen (Plural zu: die Base) bilden mit Säuren Salze. Diese beiden Unternehmen haben unterschiedliche wirtschaftliche Basen (Plural zu : die Basis).

c) Die Form *die Baase* ist der Plural zu dem Substantiv *der Baas*, das „Herr, Meister, Aufseher" be-

deutet. Es stammt aus dem Niederländischen und wird vor allem im Norddeutschen gebraucht. Zusammensetzungen sind *der Heuerbaas* „jemand, der Seeleuten eine Stelle vermittelt" und *der Baaskerl* „toller Bursche":
Er ist der Baas unter seinen Leuten.
Zum A-Laut vgl. R 1.

21 Beete – Bete – bete – Betel – Bethel

a) Das Substantiv *das Beet* (Plural: *die Beete*) hat die Bedeutung „kleineres abgegrenztes Stück Land in einem Garten u.ä.". Es ist ursprünglich dasselbe Wort wie das Substantiv *das Bett* „Gestell mit Matratze, Kissen und Decke, in dem man schläft". Seit dem 17. Jahrhundert erst werden *Beet* und *Bett* in der Schreibung voneinander abgehoben und mit der obengenannten Bedeutung verknüpft. In oberdeutschen Mundarten wird noch heute *Bett* in der Bedeutung „Beet" gebraucht:
Er legte ein langes Beet an.
b) Das Substantiv *die Bete* (Plural: *die Beten*) bezeichnet vor allem in der Verbindung *rote Bete* ein Wurzelgemüse, das wohl auch *rote Rübe* genannt wird. Die heutige Form des Wortes, die seit dem 18. Jahrhundert belegt ist, ist niederdeutsch. Letztlich geht das Wort auf ein lateinisches Wort zurück. Die Form mit zwei **ee** (*Beete*) ist mundartlich:
Die Mutter machte rote Bete ein.
c) Die Form *(ich) bete* gehört zu dem Verb *beten (betete, gebetet)* „ein Gebet sprechen". Das Verb ist eine Bildung zu *bitten (bat, gebeten)*:
Laßt uns beten!
d) Das aus dem Malaiischen stammende Substantiv *der Betel* bezeichnet ein Kau- und Genußmittel aus der Frucht der Betelnußpalme.
e) *Bethel* ist der Name einer Heimstätte für körperlich und geistig Hilfsbedürftige bei Bielefeld.
Bethlehem ist der Name einer Stadt südlich von Jerusalem.
Zum E-Laut vgl. R 1, zum T-Laut R 9.

22 befiel – befiehl

Die Form *(es) befiel* gehört zu dem Verb *befallen (befiel, befallen)* „plötzlich erfassen, ergreifen". Die Formen *befiehl!, (er) befiehlt* gehören zu dem Verb *befehlen (befahl, befohlen)* „den Befehl geben u.a.":
Die Angst befiel ihn. Befiehl ihm, daß er morgen kommt! Er befiehlt ihm, diese Arbeit zu tun.
Beachte auch die Schreibung der Formen *empfiehl!, (er) empfiehlt*; diese gehören zu dem Verb *empfehlen (empfahl, empfohlen)* „zu etwas raten; als besonders vorteil-

haft vorschlagen". *Befehlen* und *empfehlen* gehen beide auf dasselbe einfache Verb zurück, das heute untergegangen ist.
Zum I-Laut vgl. R 1.

23 behende – Hände // Eltern – älter

a) Das Adjektiv *behende* hat die Bedeutung "schnell und gewandt, flink". Eine Ableitung ist das Substantiv *die Behendigkeit*. Das Adjektiv ist entstanden aus *bīhende* "bei der Hand". Die Schreibung mit e blieb erhalten, weil die etymologischen Zusammenhänge verdunkelt waren und die Verbindung zu *Hand* nicht mehr hergestellt wurde. Wegen der Verwandtschaft mit *die Hand* (Plural: *die Hände*) ist auf die Schreibung mit e besonders zu achten:
Er kletterte behende auf den Baum. Er wusch sich die Hände.

b) Ein ähnlicher Fall liegt bei den Wörtern *Eltern* und *älter* vor. Das pluralische Substantiv *die Eltern* ist die Bezeichnung für Vater und Mutter. In der Statistik und in der Naturwissenschaft wird für einen Elternteil auch die singularische Form *das* oder *der Elter* gebraucht. Das Wort ist eigentlich eine Substantivierung der Komparativform von *alt : älter*. Während im Neuhochdeutschen *älter* geschrieben wird, um den Umlaut und so die Zugehörigkeit zu *alt* auch in der Schrift sichtbar zu machen, blieb bei *Eltern* die frühere Schreibung mit e erhalten, weil wie im Beispiel unter a die etymologischen Zusammenhänge verdunkelt waren und mit *Eltern* nicht die Vorstellung "alt" verbunden wurde.
Zum kurzen Ä-Laut vgl. R 4.

24 bei – Bei – Bai – Bayer – bye-bye

a) Die Partikel *bei* ist eine Präposition, die mit Wörtern im Dativ (Wemfall, 3. Fall) verbunden wird. Mit ihr werden räumliche, zeitliche, kausale u.ä. Umstände gekennzeichnet. Das Wort tritt in vielen Zusammensetzungen auf:
Er wohnt bei seinen Eltern. Er lernte sie beim Tanzen kennen. Bei der hohen Miete kann er sich kein Auto leisten.

b) Das Substantiv *der Bei* (Plural: *die Beie* und *die Beis*) ist ein höherer türkischer Titel, der oft Namen angefügt wird, z.B. *Ali-Bei*. Im Türkischen bedeutet das Wort ursprünglich "Herr". Eine andere Form dieses Wortes ist *der Beg* (Plural: *die Begs*).

c) Das Substantiv *die Bai* (Plural: *die Baien*) hat die Bedeutung "Meeresbucht". Es ist im 15. Jahrhundert aus dem Niederländischen entlehnt worden:
In der Bai ankerten drei Segelschiffe.

d) Das Substantiv *Bayer* ist ein Warenzeichen für chemische und pharmazeutische Produkte. Es geht auf einen Familiennamen zurück.

e) Das Substantiv *der Bayer* (Plural: *die Bayern*) ist die Bezeichnung für eine Person bayerischer Herkunft. Das Wort geht zurück auf eine Bezeichnung für die früheren Bewohner Böhmens. Eine Ableitung ist das Adjektiv *bayerisch*, dessen Nebenform *bairisch* in der Sprachwissenschaft für die Mundart in Bayern gebraucht wird. Der Name für das Land, *Bayern*, ist ursprünglich die Form des Dativs Plural von *der Bayer*.

f) Der umgangssprachliche Abschiedsgruß *bye-bye* stammt aus dem Englischen.

g) *Baikalsee* ist der Name eines Sees in Sibirien. Zu geographischen Namen wie *Baiersdorf* (Stadt in Bayern), *Bayerischer Wald* (in Bayern) und *Bayreuth* (Stadt in Bayern) vgl. etwa Duden, Wörterbuch geographischer Namen.
Zum Ei-Laut vgl. R 2.

25 belemmert − Lämmer

Das umgangssprachliche Adjektiv *belemmert* hat die Bedeutung „verlegen, betreten; übel, schlimm". Es stammt aus dem Niederdeutschen. Es ist nicht verwandt mit dem Substantiv *das Lamm* „junges Schaf", zu dem der Plural *die Lämmer* heißt:
Mach nicht so ein belemmertes Gesicht. Die Sache ist ganz schön belemmert.
Zum kurzen Ä-Laut vgl. R 4.

26 beredt − beredsam, Beredsamkeit

Das Adjektiv *beredt* hat die Bedeutung „redegewandt, mit vielen Worten". Es könnte ursprünglich das 2. Partizip des Verbs *bereden (beredete, beredet)* oder eine Ableitung von *Rede* sein. Zu *bereden* stellt sich das Adjektiv *beredsam* „beredt". Davon abgeleitet ist *die Beredsamkeit* „Redegewandtheit". Von dem Verb *reden (redete, geredet)* ist *der Redner* abgeleitet, von *Rede* das Adjektiv *redlich* „ehrlich, anständig":
Er ist ein beredter Verteidiger seiner Ideen. Er verteidigt sich beredt. Er widersprach mit großer Beredsamkeit.
Auf die Schreibung mit **dt** ist bei *beredt* besonders zu achten.
Zum Auslaut vgl. R 7f.

27 Beule − Boiler

a) Das Substantiv *die Beule* (Plural: *die Beulen*) bedeutet „Schwellung der Haut; Vertiefung oder Wölbung in festem Material". Die Bezeichnung für die Schwellung ist in verschiedenen westgermanischen Sprachen belegt:

Er hatte eine Beule am Kopf. Das Auto hatte mehrere Beulen.

b) Das Substantiv *der Boiler* (Plural: *die Boiler*) bedeutet „Gerät, um Wasser zu erhitzen". Es ist im 20. Jahrhundert aus dem Englischen entlehnt worden:
Er stellte den Boiler an, und nach kurzer Zeit sprudelte das Wasser.
Zum Eu-Laut vgl. R 2.

28 Biß, biß — bis

a) Die Substantive *der Biß* (Plural: *die Bisse*) „das Beißen; durch Beißen entstandene Verletzung" und *der Bissen* „kleine Menge einer Speise, die man auf einmal in den Mund stecken kann" sind Ableitungen von dem Verb *beißen* (*biß, gebissen*): *(er) biß, (sie) bissen*. Verkleinerungswörter sind *das Bißchen* und *das Bißlein* „kleiner Bissen". Das heute als Pronomen in der Bedeutung „ein wenig" gebrauchte Wort *ein bißchen* bedeutet ursprünglich ebenfalls „kleiner Bissen". Zu dieser Gruppe gehören weiterhin die Substantive *der Imbiß* (Plural: *die Imbisse*) „kleine Mahlzeit" und *das Gebiß* (Plural: *die Gebisse*) und das Adjektiv *bissig*:
Der Biß der Schlange war tödlich. Er biß heißhungrig in den Apfel. Du mußt dir ein bißchen mehr Zeit lassen. Sie nahmen um 10 Uhr einen Imbiß ein. Er hat ein künstliches Gebiß.

b) Die Partikel *bis* wird heute vorwiegend als Präposition und als Konjunktion gebraucht. Zusammensetzungen sind *bisher, bislang* und *bisweilen*:
Die Konferenz dauert bis nächsten Sonntag. Wir warten, bis du kommst. Bisher ist alles in Ordnung.

c) Das Substantiv *der Biskuit* (Plural: *die Biskuits* und *die Biskuite*) bezeichnet ein bestimmtes Feingebäck. Es ist im 17. Jahrhundert aus dem Französischen entlehnt worden:
Er aß zum Frühstück nur Biskuit und Milch.

d) Das Substantiv *das Bistum* (Plural: *die Bistümer*) hat die Bedeutung „Diözese; Amtsbezirk eines Bischofs". Es ist eine Ableitung von *der Bischof*, das aus dem Lateinischen entlehnt worden ist:
Der Bischof reiste durch sein Bistum.

e) Zu geographischen Namen wie *Bismark/Altmark* (Stadt bei Magdeburg) vgl. etwa Duden, Wörterbuch geographischer Namen.
Zum S-Laut vgl. R 5 ff.

29 bläuen — einbleuen, verbleuen

a) Das Verb *bläuen (bläute, gebläut)* „blau machen", das Substantiv *die Bläue* sowie das Adjektiv *bläulich* sind Ableitungen von dem Farbadjektiv *blau*. Das Sub-

stantiv *der Bläuling* bezeichnet einen Tagfalter:
Sie trug ein bläuliches Kostüm. Die Bläue des Meeres war überwältigend.

b) Das umgangssprachliche Verb *bleuen (bleute, gebleut)* hat die Bedeutung „prügeln, schlagen". Eine Ableitung ist das veraltete Wort *der Bleuel* „hölzerner Stock etwa zum Wäscheschlagen". Dazu stellen sich aus dem Bereich der Technik *der Pleuel, die Pleuelstange*. Häufiger als *bleuen* selbst werden die umgangssprachlichen Verben *einbleuen (bleute ein, eingebleut)* „mit Nachdruck einprägen, einschärfen" und *verbleuen (verbleute, verbleut)* „verprügeln" gebraucht. Durch Volksetymologie ist *bleuen* oft an *blau* angelehnt und mit **äu** geschrieben worden, doch hat es von der Etymologie her mit den blauen Flecken nichts zu tun:
Er bleute ihm ein, nichts zu verraten. Er wurde von seinen Schulkameraden furchtbar verbleut.
Zum Eu-Laut vgl. R 2.

30 Blesse, Blässe – Blessur

a) Das Substantiv *die Blässe* „Blaßheit" ist eine Ableitung von dem nur im Deutschen belegten Adjektiv *blaß* „bleich", ebenso das Adjektiv *bläßlich* und das Substantiv *die Blesse* (Plural: *die Blessen*) „weißer [Stirn]fleck bei Tieren". Die Schreibung mit **e**, auf die besonders zu achten ist, ist erst im Neuhochdeutschen üblich geworden, um das Wort auch in der Schreibung von *die Blässe* zu unterscheiden. Die etymologisch entsprechende Schreibung mit **ä** findet sich bei den Zusammensetzungen *die Bläßgans* und *das Bläßhuhn*:
Die Blässe seines Gesichtes war erschreckend. Das Pferd hatte eine Blesse an der Stirn. Die Bläßgans hat einen weißen Fleck am Schnabel, das Bläßhuhn einen an der Stirn.

b) Das veraltete Substantiv *die Blessur* (Plural: *die Blessuren*) in der Bedeutung „Verwundung, Verletzung" stammt aus dem Französischen:
Er hatte zahlreiche Blessuren im Kampf davongetragen.
Zum kurzen Ä-Laut vgl. R 4.

31 blühte, blühten – Blüte, Blüten

Die Formen *blühte, blühten* gehören zu dem Verb *blühen (blühte, geblüht)* „Blüten hervorbringen, in Blüte stehen". Das damit verwandte Substantiv *die Blüte* (Plural: *die Blüten*) hat die Bedeutung „blühender Teil der Pflanze; das Blühen":
Die Rose blühte. Die Bäume blühten. Der Baum war voller Blüten. Es ist jetzt die Zeit der Blüte.
Zum Ü-Laut vgl. R 1.

32 Bluse − Blues

a) Das Substantiv *die Bluse* (Plural: *die Blusen*) bezeichnet ein weibliches Bekleidungsstück. Das Wort ist im 19. Jahrhundert aus dem Französischen entlehnt worden:

Das Mädchen trug eine karierte Bluse.

b) Das Substantiv *der Blues* (Plural: *die Blues*) bezeichnet einen langsamen Tanz im Jazzrhythmus. Das Wort ist im 20. Jahrhundert aus dem Amerikanischen entlehnt worden:

Die Kapelle spielte einen Blues.

Zum U-Laut vgl. R 1.

33 Bohle − Bowle

a) Das Substantiv *die Bohle* (Plural: *die Bohlen*) bedeutet „dickes Brett". Es ist seit dem Mittelhochdeutschen belegt:

Der Boden der Hütte war mit dicken Bohlen ausgelegt.

b) Das Substantiv *die Bowle* (Plural: *die Bowlen*) bezeichnet ein alkoholisches Mixgetränk und das Gefäß, in dem dies Getränk aufgetragen wird. Das Wort ist im 18. Jahrhundert aus dem Englischen entlehnt worden:

Zu Silvester gab es eine Pfirsichbowle.

c) Das Substantiv *das Bowling* (Plural: *die Bowlings*) bezeichnet die amerikanische Art des Kegelspiels mit zehn Kegeln und ein englisches Kugelspiel auf glattem Rasen. Das Wort stammt aus dem Englischen:

An jedem Dienstagabend gingen sie zum Bowling.

d) Das Substantiv *die Bola* (Plural: *die Bolas*) bezeichnet ein südamerikanisches Wurf- und Fanggerät, das aus mindestens einem, höchstens aber vier Riemen mit Stein- oder Metallkugeln besteht. Das Wort stammt aus dem Spanischen:

Er wirbelte die Bola einige Male um den Kopf und schleuderte sie dann um die Hinterbeine des flüchtenden Rindes.

e) Das Substantiv *der Bolus, Bol* (Plural: *die Boli*) bezeichnet ein Gemenge aus feinen, fetten Tonmineralien. In der Medizin hat es die Bedeutungen „Bissen, Klumpen; große Pille". Das Wort stammt aus dem Griechischen. Die Zusammensetzung *der Bolustod* bedeutet in der Medizin „Tod durch Ersticken an einem verschluckten Bissen oder Fremdkörper".

f) *Boleslaw,* (auch:) *Boleslav* ist ein männlicher Vorname.

Zum O-Laut vgl. R 1.

34 bohren − Bor − Bora

a) Der erste Bestandteil der Zusammensetzungen *das Bohrloch* und *der Bohrturm* ist das Verb *bohren (bohrte, gebohrt)* „durch drehende Bewegung eines Werkzeugs ein

Loch in etwas machen oder etwas herstellen":
Er bohrt ein Loch in das Brett. Sie bohren einen Brunnen.

b) Das aus dem Persischen entlehnte Substantiv *das Bor* ist die Bezeichnung für einen chemischen Grundstoff (Zeichen: B). Das Substantiv *der Borax* ist etymologisch dasselbe Wort und bezeichnet eine Borverbindung.

c) Das aus dem Italienischen entlehnte Substantiv *die Bora* (Plural: *die Boras*) ist die Bezeichnung für einen kalten Fallwind an der dalmatinischen Küste.

d) Das Substantiv *der Boreas* ist die Bezeichnung für einen Nordwind im Gebiet des Ägäischen Meeres sowie der Name einer griechischen Gottheit [der Gottheit des Nordwindes].

Zum O-Laut vgl. R 1.

35 bot, boten — Bote, Boten — Boot, Boote

a) Die Formen *(er) bot, (sie) boten* gehören zu dem Verb *bieten (bot, geboten)* „anbieten; zeigen u.a.":
Er bot ihm eine Summe von 2000,- DM für das Auto. Die Stelle des Unfalls bot ein Bild des Grauens.

b) Das Substantiv *der Bote* (Plural: *die Boten*) „jemand, der zur Ausführung eines Auftrags zu jemandem geschickt wird" ist verwandt mit dem Verb *bieten* (vgl. a):
Er schickte einen Boten mit einer geheimen Botschaft.

c) Das Substantiv *das Boot* (Plural: *die Boote*) „kleines Schiff" ist im 16. Jahrhundert aus der niederdeutschen Seemannssprache ins Hochdeutsche übernommen worden. Verkleinerungswörter sind *das Bötchen* und *das Bötlein*:
Er ruderte in einem Boot über den See.

Zum O-Laut vgl. R 1.

36 braun — Browning

a) Das Adjektiv *braun* ist eine Farbbezeichnung. *Das Braun* ist die Substantivierung:
Sie trug ein braunes Kostüm. Das Braun seines Anzugs gefällt mir nicht.

b) Das Substantiv *der Browning* [sprich: br<u>au</u>n...] (Plural: *die Brownings*) ist die Bezeichnung für eine Handfeuerwaffe mit Selbstladevorrichtung. Sie ist nach dem Erfinder, J. M. Browning (gestorben 1926), benannt:
Er zog seinen Browning und feuerte drei Schüsse auf den Polizisten ab.

c) Zu den geographischen Namen wie *Braunfels* (Stadt und Schloß in Hessen), *Braunschweig* (Stadt in Niedersachsen), *Brownhills* [sprich: br<u>au</u>nhils] (englische Stadt) vgl. etwa Duden, Wörter-

buch geographischer Namen.
Zum Au-Laut vgl. R 2.

37 Brise − Bries − Prise − pries − Prießnitz-Umschlag

a) Das Substantiv *die Brise* (Plural: *die Brisen*) hat die Bedeutung „leichter Wind [von der See]". Es ist als Seemannswort im 18. Jahrhundert aus dem Französischen entlehnt worden:
Es wehte eine leichte Brise.

b) Die Substantive *das Bries* (Plural: *die Briese*), *das Brieschen* oder *Bröschen* und *das Briesel* sind Bezeichnungen für eine innere Brustdrüse bei Tieren, besonders beim Kalb, sowie für das Gericht aus dieser gebackenen Brustdrüse. Landschaftliche Bezeichnungen dafür sind *Kalbsmilch, Schweser, Midder, Kern* oder *Sog.* Die Wörter um *Bries* sind verwandt mit *die Brosame, der Brösel* „Bröckchen"; die Brustdrüse ist nach ihrem krümelig-bröckchenhaften Aussehen benannt worden:
Zum Mittag gab es Brieschen.

c) Das Substantiv *die Prise* (Plural: *die Prisen*) hat heute vor allem die Bedeutung „kleine Menge von pulverigem oder feinkörnigem Stoff, die zwischen zwei Finger zu greifen ist". Das Wort ist im 16. Jahrhundert aus dem Französischen entlehnt worden. Die Bedeutung „[Kriegs]beute, besonders im Seekrieg, erbeutetes Schiff" ist heute selten. Eine Zusammensetzung mit *Prise* in dieser Bedeutung ist *das Prisenkommando*:
Sie gab noch eine Prise Salz in die Suppe. Er nahm eine Prise Schnupftabak.

d) Die Formen *(er) pries* und *(sie) priesen* gehören zu dem Verb *preisen (pries, gepriesen)* in der Bedeutung „rühmen, loben", das um 1200 aus dem Französischen entlehnt worden ist:
Er pries die Vorteile des Staubsaugers in den höchsten Tönen.

e) Das Substantiv *der Priester*, Bezeichnung für einen katholischen Geistlichen, ist aus dem Kirchenlateinischen entlehnt worden und geht letztlich auf ein griechisches Wort zurück:
Er will Priester werden.

f) Mit der Zusammensetzung *der Prießnitz-Umschlag* bezeichnet man einen Umschlag aus kalten, feuchten Leinwandtüchern, der von trockenen Wolltüchern o.ä. umhüllt wird. Der Umschlag ist benannt nach V. Prießnitz, einem Naturheilkundigen des 19. Jahrhunderts.

g) Zu geographischen Namen wie *Bries* /(offiziell:) *Brezno* (Stadt in der CSSR), *Priesen* /(offiziell:) *Březno* (Stadt in der CSSR) vgl. etwa Duden, Wörterbuch geographischer Namen.
Zum I-Laut vgl. R 1, zum Auslaut R 7.

38 Büchse – Buchs[baum] – Büx, Buxe

a) Das Substantiv *die Büchse* (Plural: *die Büchsen*) „walzenförmiges Gefäß; Handfeuerwaffe", das schon im Althochdeutschen belegt ist, ist aus dem Lateinischen entlehnt worden. Es bedeutet ursprünglich „Dose aus Buchsbaum" und ist etymologisch verwandt mit *der Buchs* (vgl. b + c):
Er öffnete die Büchse mit einem Büchsenöffner. Der Jäger lud seine Büchse.

b) Das Substantiv *die Buchse* (Plural: *die Buchsen*) hat die Bedeutung „runde Öffnung, in die ein Stecker eingeführt wird". Es ist eine nicht umgelautete Form von *Büchse* (vgl. a), die in diesem Jahrhundert aufgekommen ist:
Er steckte den Stecker in die Buchsen.

c) Das Substantiv *der Buchs* (Plural: *die Buchse*) ist der Name einer Nutz- und Zierpflanze. Es ist wie *die Büchse* (vgl. a) aus dem Lateinischen entlehnt worden. Aus dem Holz des Buchses wurden bereits im Altertum walzenförmige Dosen und Kästchen hergestellt. Heute üblicher ist die Bezeichnung *der Buchsbaum*.

d) Das Substantiv *die Büx, Buxe* (Plural: *die Büxen, die Buxen*) wird im Norddeutschen gebraucht und hat die Bedeutung „Hose". Es stammt aus dem Niederdeutschen:
Los, zieh die Büxen an und komm mit.

e) *Buxtehude* ist der Name einer Stadt in Niedersachsen.
Zum X-Laut vgl. R 13.

39 Buna – Buhne – Bühne – Tribüne

a) Das Warenzeichen *der* oder *das Buna* ist die Bezeichnung für ein synthetisches Gummi, das aus Butadien, einem ungesättigten gasförmigen Kohlenwasserstoff, unter Verwendung von Natrium gebildet wird. Es ist ein Kunstwort und aus der ersten Silbe von *Butadien* und *Natrium* gebildet. Eine Zusammensetzung ist *der Bunareifen*.

b) Das aus dem Niederdeutschen stammende Substantiv *die Buhne* (Plural: *die Buhnen*) hat die Bedeutung „quer in einen Fluß oder ins Meer gebauter Damm, der das Ufer schützen soll". Eine Zusammensetzung ist *der Buhnenkopf* „äußerstes Ende einer Buhne":
Er stand am äußersten Ende der Buhne.

c) Wohl verwandt mit *Buhne* (vgl. b) ist das Substantiv *die Bühne* (Plural: *die Bühnen*) „Plattform im Theater, auf der gespielt wird; Theater":
Er betrat die Bühne. Sie will zur Bühne (= will Schauspielerin, Sängerin werden).

d) Das im 18. Jahrhundert aus dem Französischen übernommene Substantiv *die Tribüne* (Plural: *die Tribünen*) hat die Bedeutung „Gerüst oder fester Bau mit erhöhten Plätzen für die Zuschauer": *Er saß auf der Tribüne mitten unter den Ehrengästen.*
Zum U- und Ü-Laut vgl. R 1.

40 bunt − kunterbunt − Bund
a) Das Adjektiv *bunt* hat die Bedeutungen „viele Farben habend; vielgestaltig, abwechslungsreich". Ableitungen und Zusammensetzungen sind *die Buntheit, der Buntdruck* und der *Buntfilm*: *Sie trug ein Kleid aus buntem Stoff. Die Schule veranstaltet einen bunten Abend.*

b) Das Adjektiv *kunterbunt* hat heute die Bedeutung „völlig gemischt, durcheinander". Es geht ursprünglich (contrabund) auf das Substantiv *der Kontrapunkt* zurück, das die Kunst des mehrstimmigen Tonsatzes bezeichnet, und bezieht sich zunächst auf das Durcheinander der Stimmen bei einem mehrstimmigen Tonsatz. Durch Übertragung auf weitere Bereiche und durch Anlehnung an *bunt* entwickelte sich die heutige Bedeutung und die heutige Schreibung: *Alles liegt kunterbunt auf den Tischen. Es herrschte ein kunterbuntes Durcheinander.*

c) Das Substantiv *der Bund* (Plural: *die Bünde*) hat die Bedeutungen „Vereinigung; oberer Rand bei Hosen und Röcken". Es ist etymologisch dasselbe Wort wie *das Bund* (vgl. d) und gehört zu dem Verb *binden (band, gebunden)*. Eine Ableitung ist das Substantiv *das Bündnis*. Zusammensetzungen sind *der Jugendbund, der Staatenbund* u.a.: *Die drei Staaten haben einen Bund geschlossen. Der Bund der Hose ist ihm zu eng.*

d) Das Substantiv *das Bund* (Plural: *die Bunde*) hat die Bedeutung „eine Vielzahl gleichartiger, zusammengebundener Dinge". Es ist etymologisch dasselbe Wort wie *der Bund* (vgl. c) und gehört zu dem Verb *binden (band, gebunden)*. Zusammensetzungen sind *das Reisigbund, das Strohbund*: *Er kaufte ein Bund Radieschen.*
Zum Auslaut vgl. R 7.

C

41 Café – Kaffee

a) Das Substantiv *das Café* (Plural: *die Cafés*) „Lokal, in dem man vorwiegend Kaffee und Kuchen verzehrt" wird mit *langem, betontem e* gesprochen. Es ist im 19. Jahrhundert aus dem Französischen entlehnt worden und an die Stelle des älteren, heute noch in Österreich üblichen Substantivs *das Kaffeehaus* getreten:
Sie gingen jeden Mittwochnachmittag in ein Café.

b) Das Substantiv *der Kaffee* (mit *kurzem, betontem a*) hat einmal die Bedeutungen „Samen der Kaffeepflanze; Kaffeebaum; Kaffeesorte". Für die verschiedenen Kaffeesorten wird der Plural *die Kaffees* gebraucht. Daneben hat es die Bedeutung „Kaffeemahlzeit am Morgen oder am Nachmittag". In der Bedeutung „aus Kaffeebohnen bereitetes Getränk" wird es sowohl mit *kurzem, betontem a* als auch mit *langem, betontem e* gesprochen. Die letzte Aussprache wird als gewählt empfunden. Das Substantiv ist im 17. Jahrhundert aus dem Französischen entlehnt worden:
Sie mahlte den Kaffee. Wenn du Kaffee kaufst, bring doch die Sorte „Mokka extra" mit. Kaffee gibt es um 8 Uhr. Er trank einen starken Kaffee.
B e a c h t e : Beide Wörter unterscheiden sich also in der Schreibung und in der Bedeutung.
Zum F-Laut vgl. R 5 f., zum K-Laut R 11.

42 Caravan – Karawane

Das Substantiv *der Caravan* (Plural: *die Caravans*) hat die Bedeutung „kombinierter Personen- und Lastenwagen, Reisewohnwagen", das Substantiv *die Karawane* (Plural: *die Karawanen*) „Reisegesellschaft in orientalischen Ländern". Beide Substantive gehen auf dasselbe persische Wort zurück. Während *Karawane* durch Vermittlung des Italienischen ins Deutsche gedrungen ist, ist *Caravan* aus dem Englischen als weiterer Zwischenstufe ins Deutsche übernommen worden. Die Aussprache ist [karawan] oder [karawan]:
Er hat sich einen Caravan gekauft.
Er zog mit einer Karawane durch die Wüste.
Zum K-Laut vgl. R 11, zum W-Laut R 12.

43 Chlorid – Chlorit

Das Substantiv *das Chlorid* (Plural: *die Chloride*) bezeichnet eine chemische Verbindung mit Chlor, insbesondere eine Metallverbindung (Salz der Salzsäure).

Das Substantiv *das Chlorit* (Plural: *die Chlorite*) bezeichnet das Salz der chlorigen Säure, das Substantiv *der Chlorit* (Plural: *die Chlorite*) ein grünes Mineral.
Zum Auslaut vgl. R 7.

D

44 Damm − Dambock

a) Das Substantiv *der Damm* (Plural: *die Dämme*) hat u.a. die Bedeutung „langer Wall aus Erde und Steinen". Eine Zusammensetzung ist *der Dammbruch*. In der Medizin bedeutet *Damm* „Gewebestück zwischen Geschlechtsteil und After". Zusammensetzungen sind *der Dammriß* und *der Dammschnitt*:
Sie bauten einen Damm. Der Damm („Deich") ist gebrochen. Der Damm ist bei der Geburt eingerissen.

b) Der erste Bestandteil der Zusammensetzungen *der Dambock, der Damhirsch, das Damwild* ist aus dem Lateinischen entlehnt worden. Im Alt- und Mittelhochdeutschen bezeichnet das Wort selbst die Wildart. Als es unüblich wurde, verdeutlichte man es durch den Zusatz bekannter Wörter wie *Bock* usw. Es liegen also verdeutlichende Zusammensetzungen vor:
Auf der Lichtung stand regungslos ein Damhirsch.
Zum M-Laut vgl. R 5f.

45 das − daß

a) *das* ist die Neutrumform des bestimmten Artikels (Geschlechtswortes):
der Vater, die Mutter, das Kind.
Das Buch kostet 6 Mark. Ich habe das Buch gelesen. Ohne das Buch zu kennen, kritisieren sie es.
das ist eine Form des Demonstrativpronomens (des hinweisenden Fürwortes). In diesem Gebrauch kann man für *das* auch *dieses* verwenden:
Das (= dieses) Buch möchte ich haben, nicht jenes. Ich kenne kein fesselnderes Buch als das [Buch], was ich dir gegeben habe.
das ist eine Form des Relativpronomens (des bezüglichen Fürwortes). In diesem Gebrauch kann man für *das* auch *welches* verwenden:
Dieses Buch, das (= welches) ich gekauft habe, ist beschädigt.
Zusammensetzungen mit *das* sind die Pronomen *dasjenige* und *dasselbe*.
In den vorstehenden Fällen ist auf die Schreibung mit s zu achten.

b) *daß* ist eine Konjunktion (ein Bindewort) und leitet einen Gliedsatz (Nebensatz) ein:
Ich glaube, daß Peter noch kommt. Gerhard gab Kirsten ein Buch, ohne daß sie ihn darum gebeten hatte. Er war ganz erschöpft, so daß er kaum gehen konnte. Das Wetter war zu schön, als daß es länger hätte anhalten können. Was du nicht willst, daß man dir tu', das füg auch keinem andern zu!
Eine Zusammensetzung ist das Substantiv *der daß-Satz*.
Bei der Konjunktion ist auf die Schreibung mit ß zu achten.

B e a c h t e :
Die Wörter *das* und *daß* sind sprachgeschichtlich dasselbe Wort. Entstanden ist der Gebrauch als Konjunktion aus Sätzen wie:
Ich sehe das, er läuft. Ich sehe, daß er läuft.
Während diese Entwicklung zur Konjunktion hin schon im Althochdeutschen beobachtet werden kann, ist die unterschiedliche Schreibung *das* und *daß* erst im 16. Jahrhundert eingeführt worden. Auf diese Weise wurde das Wort in seinen verschiedenen Funktionen auch graphisch unterschieden.
Beide Wörter, *das* und *daß*, werden hochsprachlich mit *kurzem a* gesprochen.
Zum Auslaut vgl. R 7.

46 dehnen – denen
a) Das Verb *dehnen (dehnte, gedehnt)* hat die Bedeutung „durch Spannen länger, breiter machen; breiter, länger werden":
Dies Gewebe kann man nicht dehnen. Der Pullover wird sich noch dehnen.
b) *denen* ist eine Form des Demonstrativpronomens (des hinweisenden Fürwortes) sowie des Relativpronomens (des bezüglichen Fürwortes):
Denen werde ich es zeigen. Seine Freunde, denen er das Buch geschenkt hatte, waren sehr erfreut darüber.
Zum E-Laut vgl. R 1.

47 Dohle – Dole
a) Das Substantiv *die Dohle* (Plural: *die Dohlen*) ist die Bezeichnung für einen Rabenvogel, der nach seinem eigentümlichen Lockruf benannt ist.
b) Mit dem Substantiv *die Dole* (Plural: *die Dolen*) bezeichnet man einen verdeckten Abzugsgraben. Das Wort ist etymologisch mit *das Tal* und *die Delle* verwandt.
Zum O-Laut vgl. R 1.

48 doll – Dolde – Dollbord – Dolman
a) Das Adjektiv *doll* hat die Bedeutung „ungewöhnlich, unglaublich". Es ist umgangssprachlich und wird als Nebenform von *toll*

(vgl. 240, a) vor allem im Norddeutschen gebraucht:
Das ist ja doll. Eine dolle Geschichte! Er hat sich doll gestoßen.

b) Das Substantiv *die Dolde* (Plural: *die Dolden*) hat die Bedeutung „Blütenstand in Form eines Büschels". Zu diesem Wort gehört etymologisch das Substantiv *die Tolle* (Plural: *die Tollen*) „Haarbüschel".

c) Das Substantiv *der Dollbord* (Plural: *die Dollborde*) hat die Bedeutung „obere Planke auf dem Bootsrand". Der erste Bestandteil dieser Zusammensetzung, *die Dolle,* bezeichnet die auf dem Bootsrand angebrachte Vorrichtung zum Halten der Ruder. Beide Wörter sind seemannssprachlich.

d) Das aus dem Türkischen stammende Substantiv *der Dolman* (Plural: *die Dolmane*) bezeichnet den Leibrock der alttürkischen Tracht, die Schnürenjacke der Husaren und ein kaftanartiges Frauengewand.

e) Das aus dem Französischen übernommene Substantiv *der Dolmen* (Plural: *die Dolmen*) ist die Bezeichnung für ein tischförmig gebautes urgeschichtliches Steingrab.

f) Das Substantiv *der Dolmetscher* hat die Bedeutung „jemand, der berufsmäßig Gespräche zwischen Personen, die verschiedene Sprachen sprechen, wechselweise übersetzt". Das Substantiv ist ursprünglich ein türkisches Wort. Eine Ableitung ist das Verb *dolmetschen (dolmetschte, gedolmetscht).*

g) Zu geographischen Namen wie *Dollberg* (Berg im Hunsrück) und *Dolmar* (Berg im südlichen Vorland des Thüringer Waldes) vgl. etwa Duden, Wörterbuch geographischer Namen.
Zum L-Laut vgl. R 5.

49 dort – dorrt

a) Das Adverb *dort* weist auf eine bestimmte Stelle, auf einen bestimmten Ort hin. Eine Ableitung ist das Adjektiv *dortig*:
Dort auf dem Tisch liegen die Bücher.

b) Die Form *(er) dorrt* gehört zu dem gehobenen Verb *dorren (dorrte, gedorrt)* in der Bedeutung „dürr, trocken werden". Üblicher als *dorren* ist das Präfixverb *verdorren (verdorrte, verdorrt).* Die Verben gehören etymologisch zu dem Adjektiv *dürr:*
Der Baum dorrt, (häufiger:) verdorrt.

c) *Dortmund* ist der Name einer Stadt in Nordrhein-Westfalen.
Zum R-Laut vgl. R 5.

50 düngt – dünkt

a) Die Form *(er) düngt* gehört zu dem Verb *düngen (düngte, gedüngt)* „dem Boden Dünger zuführen". Es ist eine Ableitung von *der Dung*:

Der Bauer düngt das Feld.

b) Die Form *(ihn) dünkt* gehört zu dem gehobenen Verb *dünken (dünkte, gedünkt)* „jemandem in bestimmter Weise vorkommen; sich für etwas Besonderes halten". Es ist verwandt mit *denken*:

Die Sache dünkt mir, mich zweifelhaft. Er dünkt sich besser als andere.

B e a c h t e : Bei richtiger Aussprache werden *düngt* und *dünkt* unterschieden; nur *dünkt* hat ein *hartes k* im Auslaut. Häufig jedoch, vor allem in der Umgangssprache, wird auch *düngt* mit *hartem K-Laut* gesprochen, so daß die beiden Formen gleichklingen. Zum Auslaut vgl. R 7.

51 dünnste – Dünste

a) Die Formen *dünnste, dünnsten* sind Superlativformen des Adjektivs *dünn*, das das Gegenwort zu *dick* und *dicht* ist:

Sie war das dünnste der Mädchen. Er hatte von ihnen die dünnsten Arme.

b) Das Verb *dünsten (dünstete, gedünstet)* „in verschlossenem Topf in Wasserdampf weich, gar werden lassen" ist eine Ableitung von dem Substantiv *der Dunst* (Plural: *die Dünste*) „Nebel, Rauch":

Sie ließ das Obst längere Zeit dünsten.

Zum N-Laut vgl. R 5.

52 dürrste – dürste

a) Die Formen *dürrste, dürrsten* sind Superlativformen des Adjektivs *dürr*, das die Bedeutung „vertrocknet, verdorrt" hat. Etymologisch verwandt sind das Verb *dürsten* (vgl. b) und das Verb *[ver]dorren*:

Das dürrste Holz wurde verbrannt. Die dürrsten Äste wurden abgeschlagen.

b) Das gehobene Verb *dürsten (dürstete, gedürstet)* hat die Bedeutung „Durst empfinden; heftiges Verlangen haben". Es ist etymologisch verwandt mit *der Durst* und mit *dürr* (vgl. a):

Die Unterdrückten dürsten nach der Freiheit.

Zum R-Laut vgl. R 5.

E

53 eitel – Aitel

a) Das Adjektiv *eitel* hat u.a. die Bedeutung „übertriebene Sorgfalt auf das Äußere verwendend". Eine Ableitung ist das Substantiv *die Eitelkeit:*
Das Mädchen ist sehr eitel.
b) Das Substantiv *der Aitel* (Plural: *die Aitel*) ist der Name eines Karpfenfisches, der wohl auch *Döbel* oder *Dickkopf* genannt wird.
Zum Ai-Laut vgl. R 2.

54 end-, End- – ent-, Ent-

Unterscheide Zusammensetzungen und Ableitungen zu *das Ende* – die Silbe *end-, End-* ist dabei immer betont – von Wörtern mit der unbetonten Vorsilbe *ent-, Ent-:*

end-, End-: der Enderfolg, endgültig, endlich, der Endpunkt, die Endrunde, die Endsilbe, der Endspurt, unendlich usw.
ent-, Ent-: sich entäußern, entbehren, das Entgelt, entgelten, entscheiden, die Entscheidung, unentgeltlich usw.
Vgl. auch: *das Happy-End.*
Zum Auslaut vgl. R 7.

55 -end – -ent

a) Auf *-end* gehen die ersten Partizipien der Verben aus:
anstrengen — anstrengend (anstrengende Arbeiten); (entsprechend:) atem[be]raubend, auffallend, bedeutend, dringend, drückend, erfrischend usw.

Auf *-end* gehen bestimmte andere Wörter aus:
der Abend (Plural: die Abende), abendlich, das Dutzend (Plural: Dutzende), das Elend (elendig), die Gegend (Plural: die Gegenden), die Jugend, jugendlich, morgendlich (trotz: der Morgen), tausend (Plural: tausende), die Tugend (Plural: die Tugenden), tugendlich.

Beachte die wenigen Fremdwörter mit betontem *-end:*
der Dividend (Plural: die Dividenden), horrend (horrende Preise), der Minuend (Plural: die Minuenden), der Reverend (Titel von Geistlichen in England und Amerika), stupend („erstaunlich"; stupende Leistungen).

b) In vielen Ableitungen auf *-lich,* deren Stammwort auf *-n* endet, wird ein t als Gleitlaut eingeschoben, der die Aussprache erleichtert:
eigentlich (trotz: eigen); (entsprechend:) flehentlich, geflissentlich, gelegentlich, hoffentlich, namentlich, öffentlich, verschiedentlich, versehentlich, wesentlich, willentlich, wissentlich, wöchentlich usw.

Viele Fremdwörter enden mit betontem -ent:
der Agent (Plural: die Agenten), das Element (Plural: die Elemente), evident (evidente Mißstände), das Fundament (Plural: die Fundamente), intelligent (intelligente Kinder), der Referent (jemand, der ein Referat hält; Plural: die Referenten) usw.
Zum Auslaut vgl. R 7.

56 entbehren – Beeren
a) Das Verb *entbehren (entbehrte, entbehrt)* hat u.a. die Bedeutung „[ver]missen". Eine Ableitung ist *die Entbehrung:*
Er hat in seiner Kindheit viel entbehren müssen.
b) Das Substantiv *die Beere* (Plural: *die Beeren*) bezeichnet eine kleine Frucht:
Sie sammeln Beeren.
Zum E-Laut vgl. R 1.

57 Entchen – Endchen
Die Substantive *das Entchen, das Entlein* „kleine Ente" sind Verkleinerungswörter von dem Vogelnamen *die Ente* (Plural: *die Enten):*
Die Entchen waren vor einem Tag ausgeschlüpft.
Die Substantive *das Endchen, das Endlein* sind Verkleinerungswörter von dem Substantiv *das Ende* (Plural: *die Enden*) in der Bedeutung „kleines Stück":
Hast du ein Endchen Draht?
Zum Auslaut vgl. R 7.

58 Esch – Äsche – Esche
a) Das Substantiv *der Esch* (Plural: *die Esche*) ist landschaftlich. Es dient besonders in Westfalen ursprünglich als Bezeichnung für das Gemeindeland und kommt heute besonders als Flur- und Straßenname vor:
Er wohnt im Esch.
b) Das Substantiv *die Äsche* (Plural: *die Äschen*) bezeichnet einen Flußfisch. Die Herkunft des Namens ist nicht gesichert:
Die Äsche ist ein forellenartiger Fisch, der in schnellfließendem Wasser lebt.
c) Das Substantiv *die Esche* (Plural: *die Eschen*) bezeichnet einen Laubbaum. Die ursprüngliche Form ist *Asch*, die als Substantiv *der Asch* (Plural: *die Äsche*) in bestimmten Gegenden heute noch belegt ist und „Napf" bedeutet:
Vor dem Haus standen drei etwa 25 m hohe Eschen.
d) Zu geographischen Namen wie *Eschenbach* vgl. etwa Duden, Wörterbuch geographischer Namen.
Zum kurzen Ä-Laut vgl. R 4.

F

59 fälle – Fälle – Felle – Vellberg
a) Die Formen *(ich) fälle, fäll[e]* gehören zu dem Verb *fällen (fällte, gefällt)* „zu Fall bringen". Es ist eine Ableitung von dem Verb *fallen (fiel, gefallen):*
Ich fälle den Baum. Fäll doch den Apfelbaum!
b) Die Form *die Fälle* ist der Plural zu *der Fall*, das ebenfalls eine Ableitung von dem Verb *fallen* ist:
Bei der Untersuchung sind mehrere Fälle von Bestechung aufgedeckt worden.
c) Die Form *die Felle* ist der Plural zu *das Fell* „Haarkleid der Säugetiere":
Die Hunde hatten struppige Felle.
d) Zu geographischen Namen wie *Fellbach* (Stadt in Baden-Württemberg), *Vellberg* (Stadt in Baden-Württemberg), *Velbert* (Stadt in Nordrhein-Westfalen) vgl. etwa Duden, Wörterbuch geographischer Namen.
Zum kurzen Ä-Laut vgl. R 4, zum F-Laut R 10.

60 falls – Falz
a) Die Konjunktion *falls* „wenn" gehört zu *der Fall* und ist ursprünglich der Genitiv dieses Substantivs. Beachte die Adverbien *allenfalls, keinesfalls, jedenfalls:*

Falls er noch kommt, sag ihm bitte, daß wir schon vorausgegangen sind.
b) Das fachsprachliche Substantiv *der Falz* (Plural: *die Falze*) hat u.a. die Bedeutung „Faltlinie, Kniff im Papier". Es ist wie das Verb *falzen (falzte, gefalzt)* verwandt mit dem Verb *falten:*
Er legte die Blätter im Falz zusammen.
c) *Die Pfalz* ist ein Regierungsbezirk des Landes Rheinland-Pfalz.
Zum L-Laut vgl. R 5, zum Z-Laut R 14.

61 fast – faßt, faßten – fasten – Fastnacht, Fasnacht
a) Das Adverb *fast* hat die Bedeutung „beinahe". Es ist eine Bildung zu dem Adjektiv *fest*, hat sich aber in der Bedeutung von diesem gelöst (vgl. c). Eine Zusammensetzung ist das Substantiv *die Fastebene*, das in der Geographie die Bedeutung „eine fast ebene Landoberfläche" hat:
Er ist mit seiner Arbeit fast fertig. Fast hätte sie den Zug noch erreicht.
b) Die Formen *(er) faßt, (sie) fassen* gehören zu dem Verb *fassen (faßte, gefaßt)* in der Bedeutung „ergreifen und festhalten u.a.". Weitere Formen sind *faß (ihn)!, sie faßten.* Das Verb *fassen* ist

eine Ableitung von dem Substantiv *das Faß* (Plural: *die Fässer*) „großer Behälter". Weitere Bildungen sind *faßlich, faßbar* und *der Faßbinder* „Böttcher":
Er faßt ihn an der Hand. Sie faßten den Dieb. Das Wasser läuft in ein Faß.

c) Das Verb *fasten (fastete, gefastet)* hat die Bedeutung „(für eine bestimmte Zeit) wenig oder nichts essen". Eine Form ist *(ich) faste*. Es ist eine Ableitung von dem Adjektiv *fest* (vgl. a), hat sich aber als christlicher Begriff der Enthaltsamkeit in der Bedeutung von dem Adjektiv gelöst (vgl. d):
Sie fasten schon eine Woche.

d) Das Substantiv *die Fastnacht* bezeichnet den Tag vor Aschermittwoch, an dem der Karneval seinen Höhepunkt erreicht. Es ist der Vorabend der Fastenzeit (vgl. c). Eine landschaftliche Nebenform ist *die Fasnacht:*
Sie feierten auch Fastnacht.
Zum S-Laut vgl. R 5ff.

62 faul – foul

a) Das Adjektiv *faul* hat die Bedeutungen „verdorben, ungenießbar; bequem, nicht fleißig". Die Ableitung *faulen (faulte, gefault)* bedeutet „verderben, ungenießbar werden":
Faule Äpfel lagen in der Schüssel. Er saß faul im Sessel, während die anderen arbeiteten. Die Äpfel faulten alle.

b) Das aus dem Englischen in diesem Jahrhundert entlehnte Adjektiv *foul* bedeutet im Sport „regelwidrig". Es ist, etymologisch gesehen, dasselbe Wort wie *faul* (vgl. a). Das Substantiv *das Foul* (Plural: *die Fouls*) bedeutet im Sport „Regelwidrigkeit", das Verb *foulen (foulte, gefoult)* „regelwidrig behindern". Alle diese Wörter werden mit *au* gesprochen:
Der Stürmer spielt immer sehr foul. Der Verteidiger konnte den Stürmer nur durch ein widerliches Foul bremsen. Der Stürmer foulte den Torwart und wurde vom Platz gestellt.
Zum Au-Laut vgl. R 2.

63 Fee – Feh

a) Das Substantiv *die Fee* (Plural: *die Feen*) bezeichnet eine weibliche Gestalt aus dem Märchen, die Gutes und Böses bewirkt. Es ist im 18. Jahrhundert aus dem Französischen entlehnt worden:
Die gute Fee erlöste den verzauberten Prinzen.

b) Das Substantiv *das Feh* (Plural: *die Fehe*) ist die Bezeichnung für das sibirische Eichhörnchen und den Pelz aus seinem Fell. Das schon im Mittelhochdeutschen belegte Wort bedeutet ursprünglich „buntes Pelzwerk". Eine Zu-

sammensetzung ist *das Fehwerk* „Pelzwerk":
Sie kaufte eine Kappe aus Feh.
Zum E-Laut vgl. R 1.

64 Fehde – Feder

a) Das Substantiv *die Fehde* (Plural: *die Fehden*) wird heute mehr in gehobener Sprache für „Streit, Feindschaft" gebraucht. Außerdem bezeichnet es den mittelalterlichen Privatkrieg zur Durchsetzung von Rechtsansprüchen, der ursprünglich als zulässiges Rechtsmittel in der Rechtsordnung anerkannt und bestimmten Regeln unterworfen war. Zusammensetzungen sind *der Fehdebrief* und *der Fehdehandschuh*. Eine Präfixbildung ist *die Urfehde:*
Die Fehde zwischen den beiden Städten dauerte zwei Jahre.

b) Das Substantiv *die Feder* (Plural: *die Federn*) hat unter anderem die Bedeutungen „Vogelfeder; Schreibfeder; Uhrfeder":
Der Vogel hatte bunte Federn. Die Feder seines Füllers ist aus Gold. Die Feder des Uhrwerks ist gebrochen.
Zum E-Laut vgl. R 1.

65 Feld – fällt, fallt – Fältchen, Falte – Velten

a) Das Substantiv *das Feld* (Plural: *die Felder*) bedeutet „offene Fläche, Ackerfeld":
Die Bauern arbeiteten auf dem Feld.

b) Die Formen *(er) fällt, (ihr) fallt* gehören zu dem Verb *fallen (fiel, gefallen)* „zu Fall kommen". Verwandt damit ist das Verb *gefallen (gefiel, gefallen)* „zusagen u.a.". Formen dieses Verbs sind *(es) gefällt, (ihr) gefallt:*
Er soll langsam gehen, er fällt sonst. Paßt auf, daß ihr nicht fallt! Das Kleid gefällt ihr. Ihr gefallt ihm.

c) Die Formen *(er, ihr) fällt, (sie) fällten* gehören zu dem Verb *fällen (fällte, gefällt)* „zu Fall bringen". Das Verb ist eine Ableitung von *fallen* (vgl. b):
Er fällt, sie fällten die Bäume, die im Garten standen.

d) Das Verb *fälteln (fältete, gefältelt)* ist eine Ableitung von dem Verb *falten (faltete, gefaltet)* „sorgfältig zusammenlegen", das Substantiv *das Fältchen* ein Verkleinerungswort zu *die Falte* (Plural: *die Falten*) „Knick, der durch Druck o.ä. in einem Stoff entsteht; Runzel":
Er fältelt das Papier. Sie falten die Servietten. Ihr Gesicht hatte viele Falten, Fältchen.

e) *Velten* ist ein männlicher Vorname, der sich aus *Valentin* entwickelt hat.

f) Zu geographischen Namen wie *Feldberg* (höchster Gipfel des Schwarzwalds), *Velten* (Stadt bei Berlin), *Velden* (Stadt in Bayern)

vgl. etwa Duden, Wörterbuch geographischer Namen.
Zum kurzen Ä-Laut vgl. R 4. zum L-Laut R 5, zum Auslaut R 7, zum F-Laut R 10.

66 Ferse – Färse – Verse

a) Das Substantiv *die Ferse* (Plural: *die Fersen*) ist eine alte Körperteilbezeichnung und bedeutet „Hacke". Eine Zusammensetzung ist *Fersengeld*, die in der Wendung *Fersengeld geben* „fliehen" noch heute gebraucht wird:
Er hatte sich an der Ferse verletzt. Als der Dieb die Polizei erblickte, gab er Fersengeld.

b) Die Bezeichnung *die Färse* (Plural: *die Färsen*) für die junge Kuh, die noch nicht gekalbt hat, gehört zu dem landschaftlichen Wort *der Farre*, das einen jungen Stier bezeichnet. Seit dem 17. Jahrhundert ist die Schreibung *Färse* mit ä statt e fest, die die Verwandtschaft mit *Farre* deutlich macht und *Färse* von *die Ferse* „Hacken" (vgl. a) auch in der Schreibung unterscheidet:
Im Norddeutschen heißt die junge Kuh nicht Färse, sondern Sterke.

c) Die Form *die Verse* ist die Pluralform von *der Vers*, das aus dem Lateinischen stammt und heute u.a. „Zeile, Strophe eines Gedichts, Liedes" bedeutet:
Er rezitierte die Verse aus dem Kopf.

Zum kurzen Ä-Laut vgl. R 4, zum F-Laut R 10.

67 Fex – fechsen

a) Das Substantiv *der Fex* (Plural: *die Fexe* oder seltener *die Fexen*) hat die Bedeutung „Narr; jemand, der in etwas vernarrt ist". Es wird vor allem im Süddeutschen und Österreichischen gebraucht, und zwar besonders in Zusammensetzungen wie *der Bergfex* „leidenschaftlicher Bergsteiger". *Fex* geht zurück auf den zweiten Bestandteil von lateinischen Wörtern wie *der Pontifex* „Oberpriester im alten Rom".

b) Das Verb *fechsen (fechste, gefechst)* bedeutet im Österreichischen „ernten". Das verwandte Substantiv *der Fechser* hat die Bedeutung „Pflanzentrieb, Schößling".
Zum X-Laut vgl. R 13.

68 Fieber – Fiber

a) Das Substantiv *das Fieber* „zu hohe Körpertemperatur; starke Erregung", das schon im Althochdeutschen belegt ist, ist aus dem Lateinischen entlehnt worden. Ableitungen sind das Verb *fiebern (fieberte, gefiebert)* und die Adjektive *fiebrig* und *fieberhaft*:
Er hat sehr hohes Fieber. Ihn hat das Fieber der Spielwut erfaßt. Beide Kinder fiebern seit zwei Tagen. Er hat fiebrige Augen. Ei-

ne fieberhafte Erkrankung hatte ihn befallen.
b) Das Substantiv *die Fiber* (Plural: *die Fibern*) ist im 18. Jahrhundert aus dem Lateinischen entlehnt worden und bedeutet „Faser [von Pflanzen, Muskeln]; künstlicher Faserstoff". Zu diesem Wort gehören *die Fibrille* (Plural: *die Fibrillen*) „[Muskel-, Nerven]fäserchen" und *fibrös* „aus Bindegewebe bestehend". Eine Zusammensetzung ist *der Glasfiberstab* „Stange für den Stabhochsprung":
Alle Fibern seines Körpers waren gespannt. Er hat eine Tasche aus Fiber.
Zum I-Laut vgl. R 1.

69 Fiedel – Fidel
Das Substantiv *die Fiedel* (Plural: *die Fiedeln*) ist eine mehr umgangssprachlich abwertende Bezeichnung für „Geige". Mit dem Substantiv *die Fidel* (Plural: *die Fideln*) bezeichnet man ein Streichinstrument des 8. bis 14. Jahrhunderts, das heute wieder gebaut und als Instrument der Volksmusik gebraucht wird. *Fiedel* und *Fidel* sind zwei Schreibungen desselben Wortes, von denen jede mit einer bestimmten Bedeutung verbunden ist. Noch im 19. Jahrhundert wurde das Wort in beiden Bedeutungen weitgehend mit **ie** geschrieben. Ableitungen sind *fiedeln (fiedelte, gefiedelt)* und *der Fiedler*, umgangssprachlich abwertend für „Geige spielen" bzw. „Geigenspieler".
Zum I-Laut vgl. R 1.

70 Fink – fing
a) Das Substantiv *der Fink* (Plural: *die Finken*) ist ein Vogelname. Die Bezeichnung ist in verschiedenen westgermanischen Sprachen belegt und nach dem Ruf des Vogels gebildet. Da der Fink auch im Pferdekot pickt, galt er früher als schmutzig. Daher stammen die Schimpfwörter *der Dreckfink, der Mistfink, der Schmutzfink*.
b) Die Formen *(ich, er) fing, (sie) fingen* gehören zu dem Verb *fangen (fing, gefangen)*, das u.a. die Bedeutung „[verfolgen und] ergreifen" hat:
Die Polizei fing den Dieb. Sie fingen (= „fischten") drei große Fische.
B e a c h t e : Bei richtiger Aussprache werden *Fink* und *fing* unterschieden, nur *Fink* hat einen harten Auslaut. Häufig jedoch, vor allem umgangssprachlich, wird auch *(er) fing* mit hartem Auslaut gesprochen, so daß die beiden Wörter gleichklingen.
Zum Auslaut vgl. R 7.

71 Föhn, föhnen – Fön, fönen
a) Das Substantiv *der Föhn* (Plural: *die Föhne*) hat die Bedeutung „warmer, trockener Wind von den

Alpenhängen". Als Schweizer Wort wird es seit dem 16. Jahrhundert bekannt. Ableitungen sind das Verb *föhnen (föhnte, geföhnt)* und das Adjektiv *föhnig*:
Unter dem Föhn leiden viele Menschen. Die letzten Tage föhnt es wieder, hat es wieder geföhnt. Es herrscht ein föhniges Wetter.
b) Dasselbe Wort wie *Föhn* (vgl. a) ist das Substantiv *der Fön* (Plural: *die Föne*), das um 1925 eingeführt worden ist und die Bedeutung „elektrisches Gerät zum Trocknen der Haare" hat. Es ist ein Warenzeichen. Das dazugehörende Verb ist *fönen (fönte, gefönt)*:
Sie trocknete ihr Haar mit einem Fön. Sie fönte ihr Haar, hat ihr Haar gefönt.
Zum Ö-Laut vgl. R 1.

72 Föhre – Före – Förde

a) Das Substantiv *die Föhre* (Plural: *die Föhren*) ist eine landschaftliche Bezeichnung für die Kiefer.
b) Das Substantiv *die Före* stammt aus dem Skandinavischen und bedeutet im Schisport „Eignung des Schnees zum Fahren". Es ist mit den Wörtern der Gruppe c etymologisch verwandt.
c) Das aus dem Niederdeutschen stammende Wort *die Förde* (Plural: *die Förden*) hat die Bedeutung „schmale, lange Meeresbucht". Es ist wie das im 19. Jahrhundert aus dem Skandinavischen entlehnte Substantiv *der Fjord* (Plural: *die Fjorde*) „schmale Meeresbucht mit Steilküsten" etymologisch verwandt mit *fahren*.
d) Zu geographischen Namen wie *Föhr* (nordfriesische Insel) vgl. etwa Duden, Wörterbuch geographischer Namen.
Zum Ö-Laut vgl. R 1.

73 frei – freien – Freyja

a) Das Adjektiv *frei* hat in verschiedenen germanischen und indogermanischen Sprachen seine Entsprechungen. Die Ursprungsbedeutung dieser Wörter ist „lieb, geschützt; lieben, schützen". Im Germanischen wird *frei* zu einem Begriff der Rechtsordnung und bedeutet „zur Sippe (= zu den Lieben) gehörend und daher geschützt und vollberechtigt in der Gemeinschaft". Aus dieser rechtlich-sozialen Bedeutung entwickelt sich die heutige Bedeutung der äußeren und inneren Freiheit und weiterhin der Sinn „nicht abhängig, nicht gebunden". Eine Präfixbildung ist *befreien*, eine Ableitung das Substantiv *die Freiheit*:
Er ist frei, ein freier Mann. (Substantiviert:) Er ist ein Freier. Die freien Männer der Stadt versammelten sich auf dem Forum. Sie werden die Gefangenen befreien.
Mit der Wortgruppe um *frei* ist auch der Name des Wochentages

Freitag etymologisch verwandt (vgl. d).

b) Das Verbum *freien (freite, gefreit)* in der Bedeutung „heiraten, um eine Braut werben" ist im 16. Jahrhundert durch Luthers Bibelübersetzung in die hochdeutsche Schriftsprache eingeführt worden. Ableitungen davon sind *der Freier* in der Bedeutung „Bräutigam" und *die Freite* in der Bedeutung „Brautwerbung". Alle drei Wörter dieser Gruppe sind heute veraltet:
Jung gefreit, hat nie gereut. Er geht auf Freiersfüßen, auf die Freite.
B e a c h t e : Das Verbum *freien* und seine Ableitungen sind mit der Wortgruppe um *frei* etymologisch verwandt.

c) *Freyja* ist der Name einer Göttin, *Freyr* der eines Gottes in der germanischen Mythologie. Beide gehören zu dem Göttergeschlecht der Wanen. *Freyr* wird oft auch *Frey* geschrieben:
Freyja ist die Schwester des Freyr. In manchen Sagen gilt sie an Stelle von Frigg als Gattin Odins.
Freyja und *Freyr* sind eigentlich Beinamen in der Bedeutung „Herrin" und „Herr". Sie sind nicht mit der Wortgruppe um *frei*, wohl aber mit dem Substantiv *die Frau* etymologisch verwandt, das im Deutschen lange Zeit die Bezeichnung der Herrin und Dame von Stand gewesen ist.

d) Die in vielen germanischen Sprachen belegte Bezeichnung für den 6. Wochentag ist eine Zusammensetzung aus dem Namen der germanischen Göttin *Frija* oder *Frigg*, die zu dem Göttergeschlecht der Asen gehört und die Gattin Odins ist, und dem Substantiv *der Tag*. Die Zusammensetzung ist eine Lehnübersetzung nach dem lateinischen Vorbild *Veneris dies* in der Bedeutung „Tag der Venus", da die Germanen die Göttin *Frija* oder *Frigg* mit der lateinischen Göttin *Venus* gleichsetzten. Der Name der Göttin *Frija* oder *Frigg* bedeutet „Geliebte" und ist etymologisch verwandt mit der Wortgruppe um *frei* (vgl. a).

e) Zu geographischen Namen wie *Freiberg* (Stadt im Erzgebirge), *Freiburg im Breisgau* (Stadt in Baden-Württemberg), *Freiburg [im Üechtland]*/(offiziell:) *Fribourg* (Stadt in der Schweiz), *Freyburg/Unstrut* (Stadt an der Unstrut) vgl. etwa Duden, Wörterbuch geographischer Namen. Zum Ei-Laut vgl. R 2.

74 Frist – frißt

a) Das Substantiv *die Frist* (Plural: *die Fristen*) hat die Bedeutung „Zeitraum, in dem oder nach dem etwas geschehen soll". Ableitungen sind das Verb *fristen (fristete,* *gefristet)*, das in der Wendung *sein Leben fristen* „sein Leben mit Mühe erhalten" gebraucht wird, und das Adjektiv *fristlos* „ohne Frist, sofort":

Er gab ihm eine Frist von 8 Tagen für diese Arbeit. Er fristete sein Leben in ärmlichen Verhältnissen. Er wurde fristlos entlassen.

b) Die Form *(er) frißt* gehört zu dem Verb *fressen (fraß, gefressen)* „feste Nahrung zu sich nehmen (von Tieren)":

Die Kuh frißt Heu. (Abwertend:) Er frißt den ganzen Tag.
Zum S-Laut vgl. R 5 ff.

75 für – vor – vorwitzig, fürwitzig

a) Die Partikeln *für* und *vor* sind etymologisch eng miteinander verwandt. Heute wird *vor* mit Substantiven im Dativ und im Akkusativ verbunden und vor allem in räumlicher und zeitlicher Bedeutung gebraucht:

Der Baum steht vor dem Haus. Er stellte das Auto vor das Haus. Er kommt nicht vor dem Abend.

für wird mit Substantiven im Akkusativ verbunden und zur Kennzeichnung der verschiedensten Verhältnisse gebraucht, so des Zweckes, des Empfängers, der Stellvertretung u.ä.:

Er arbeitet für sein Examen. Das Buch ist für dich. Er springt für den kranken Kollegen ein. Für den Preis ist der Stoff zu schlecht. Für seine Frechheit wurde er bestraft. Er geht für zwei Jahre nach Amerika.

Außerdem wird *für* in festen Verbindungen wie *Schritt für Schritt, Tag für Tag, für und für* gebraucht.

Die frühere sehr enge Verbindung zwischen *für* und *vor* zeigt sich heute noch in bestimmten Zusammensetzungen.

In die Reihe der Fügungen wie *für gut halten, für gut befinden, nichts für ungut* stellen sich die Zusammensetzungen *fürwahr* „tatsächlich, wahrhaftig" und *fürliebnehmen*; für das letztere Wort wird jedoch heute allgemein *vorliebnehmen (nahm vorlieb, vorliebgenommen)* „sich mit etwas begnügen, zufriedengeben" gebraucht. So wird heute allgemein *der Vorwitz* und die Ableitung *vorwitzig* „neugierig sich vordrängend" gebraucht; doch existieren daneben die älteren Formen *der Fürwitz* und *fürwitzig* weiter.

b) Unterscheide die Formen des Verbs *führen (führte, geführt)* von *für*:

Führ ihn durch die Stadt. Die Belgier führen beim Radrennen. Du führst ihn durch das Museum.

c) Zu geographischen Namen wie *Fürstein* (Gipfel in den Voralpen) und [*Land*] *Vorarlberg* (Bundesland in Österreich) vgl. etwa Duden, Wörterbuch geographischer Namen.
Zum F-Laut vgl. R 10, zum Ü-Laut R 1.

G

76 ganz — Gans
a) Das Adjektiv *ganz* hat u.a. die Bedeutungen „gesamt; vollkommen; (umgangssprachlich:) heil". Eine Ableitung ist das Verb *ergänzen:*
Die Sonne hat den ganzen Tag geschienen. Es war ganz still. Sie hat kein ganzes Paar Strümpfe mehr.
b) Das Substantiv *die Gans* (Plural: *die Gänse*) ist der Name eines Vogels:
Die Gänse schnatterten im Hof.
Zum Z-Laut vgl. R 14.

77 Gärten — Gerten
Die Form *die Gärten* ist der Plural zu *der Garten* „kleineres Stück Land, in dem Gemüse, Obst oder Blumen gepflanzt werden". Die Form *die Gerten* ist der Plural zu *die Gerte* in der Bedeutung „dünner Stab, Stock":
Hinter den Häusern lagen gepflegte Gärten. Wir schnitten uns vom Haselstrauch drei Gerten ab.
Zum kurzen Ä-Laut vgl. R 4.

78 gebrannt, Branntwein — Brand, Weinbrand
a) Die Form *(es hat) gebrannt* gehört zu dem Verb *brennen (brannte, gebrannt),* das u.a. die Bedeutungen „in Flammen stehen; durch Hitze zubereiten" hat. Das Substantiv *der Branntwein* „stark alkoholisches Getränk" ist eine Zusammenrückung aus *der gebrannte Wein.* Das Getränk wurde ursprünglich aus Wein hergestellt. Hierher gehören auch *der Branntkalk* und *gebrannter Kalk:*
Viele Häuser in der Stadt hatten gebrannt. Er hatte Kaffee gebrannt.
b) Das Substantiv *der Brand* (Plural: *die Brände*) „starkes Brennen; Feuer" ist eine Bildung zu einem Verb, das im Neuhochdeutschen untergegangen ist und zu dem auch das Verb *brennen* (vgl. a) gebildet ist. Das Substantiv *der Brand* ist Bestandteil der Zusammensetzungen *brandmarken (brandmarkte, gebrandmarkt)*

„scharf tadeln", *brandschatzen (brandschatzte, gebrandschatzt)* „plündern, ausrauben", *der Brandbrief* „dringlicher Brief", *das Brandmal* „in die Haut gebranntes Zeichen", *die Brandsohle* „innere Schuhsohle", *die Hartbrandkohle* „Kunstkohle", *der Hartbrandziegel* „Vollziegel" und *der Weinbrand* (Plural: *die Weinbrände*). Mit dem letzten Substantiv werden seit 1921 die in Deutschland hergestellten Trinkbranntweine bezeichnet, weil *Kognak* dafür im Versailler Vertrag verboten war:
Die Feuerwehr löschte den Brand.

c) Zu geographischen Namen wie *Brandner Gletscher* (in Österreich und in der Schweiz) vgl. etwa Duden, Wörterbuch geographischer Namen.
Zum Auslaut vgl. R 7, zum N-Laut R 5.

79 Geest – gehst
a) Das im 17. Jahrhundert aus dem Niederdeutschen übernommene Substantiv *die Geest* (Plural: *die Geesten*) bezeichnet das höher gelegene trockenere Land im Gegensatz zum fruchtbaren Lehmboden der Marsch. Eine Zusammensetzung ist *das Geestland*.

b) Die Form *gehst* gehört zu dem Verb *gehen (ging, gegangen)*: *du gehst*:

Du gehst morgen zur Schule.
c) Zu geographischen Namen wie *die Geeste* (Nebenfluß der Weser), *Geesthacht* (Stadt in Schleswig-Holstein) vgl. etwa Duden, Wörterbuch geographischer Namen.
Zum E-Laut vgl. R 1.

80 Geld – gelt – [ver]gelten – gellt[en] – vergällt[en]
a) Das Substantiv *das Geld* (Plural: *die Gelder*) in der Bedeutung „geprägtes Zahlungsmittel" gehört etymologisch zu dem Verb *gelten* (vgl. c):
Er hat wenig Geld.
b) Die besonders im Süddeutschen gebräuchliche Interjektion *gelt?* hat die Bedeutung „nicht wahr?". Nebenformen sind *gell?* und *gelle?* Dies Wort ist ursprünglich eine verkürzte Konjunktivform von *gelten* (vgl. c): *es gelte* „es möge gelten":
Du kommst doch morgen, gelt?
c) Das Verb *gelten (galt, gegolten)* „kosten; wert sein, gültig sein, in Kraft sein" ist etymologisch verwandt mit *das Geld* (vgl. a, vgl. auch b). Präfixbildungen sind *vergelten* und *entgelten*. Zu diesem ist das Substantiv *das Entgelt* und das Adjektiv *unentgeltlich* gebildet:
Seine Versprechen gelten nichts.
Sie vergelten Böses mit Bösem.
Das Entgelt für diese Arbeit ist zu gering. Er arbeitet unentgeltlich.

d) Das landschaftlich gebrauchte Adjektiv *gelt, galt* hat die Bedeutung „nichttragend, unfruchtbar (besonders von Kühen)".

e) Die Formen *(er) gellt, (sie) gellten* gehören zu dem Verb *gellen (gellte, gegellt)* „durchdringend ertönen", zu dem das selten gebrauchte Adjektiv *gell* „gellend" gehört:

Der Ruf gellt, die Rufe gellten durch die Nacht. Ein geller Schrei schreckte die Bewohner auf.

f) Die Formen *(er) vergällt, (sie) vergällten* gehören zu dem Verb *vergällen (vergällte, vergällt)*, das die Bedeutung „in starkem Maße beeinträchtigen, trüben (so daß jemand verbittert wird)" hat. Es ist gebildet zu dem Substantiv *die Galle*. Die Galle gilt als das Symbol der Bitterkeit:

Sie vergällten ihm jede Freude.
Sie haben ihr das ganze Leben vergällt.

Zum Auslaut vgl. R 7, zum L-Laut R 5, zum kurzen Ä-Laut R 4.

81 geniest, Nieswurz — genießt, Nießbrauch — genest

a) Die Form *geniest* gehört zu dem Verb *niesen (nieste, geniest)* in der Bedeutung „durch einen Reiz hervorgerufen, heftig die Luft aus der Nase ausstoßen". Zusammensetzungen sind *das Niespulver* und *die Nieswurz* (eine bestimmte Pflanze, deren gepulverter Wurzelstock zum Niesen reizt:

Er hatte laut geniest.

b) Die Form *genießt* gehört zu dem Verb *genießen (genoß, genossen)* in der Bedeutung „mit Vergnügen zu sich nehmen; erhalten". Bildungen zu dem Verb sind *der Genuß* (Plural: *die Genüsse*) und das Rechtswort *der Nießbrauch* „Recht auf Nutzung fremden Eigentums":

Er genießt den Wein. Er genießt eine gute Ausbildung.

c) Die Formen *genest, genas* gehören zu dem gehobenen Verb *genesen (genas, genesen)* in der Bedeutung „gesund werden":

Er genest nur langsam von seiner Krankheit.

Zum Auslaut vgl. R 7.

82 Ger — begehren, Begehr

a) Das Substantiv *der Ger* (Plural: *die Gere*) bezeichnet den Wurfspieß der Germanen. Das Wort ist Bestandteil verschiedener Vornamen wie *Gerald* /(auch:) *Gerold*, *Gerhard* /(auch:) *Gerhart, Gerhild[e]*:

den Ger schleudern.

b) Das Verb *begehren (begehrte, begehrt)* hat die Bedeutung „Verlangen nach jemandem haben; bittend fordern". Zu dem Wort gehört das veraltete Substantiv *der* oder *das Begehr*, von dem das Ad-

jektiv *begehrlich* „starkes Verlangen zeigend" abgeleitet ist:
Er begehrte sie zur Frau. Er begehrte, sie zu sprechen. Was ist dein Begehr? Er musterte sie mit begehrlichen Blicken.
c) Zu geographischen Namen wie *Gehrden* (Stadt in Niedersachsen), *Gehrenberg* (Erhebung in Oberschwaben), *Gera* (Stadt und Fluß in Deutschland) vgl. etwa Duden, Wörterbuch geographischer Namen. Zum E-Laut vgl. R 1.

83 Geste – Gäste – Gest

a) Das Substantiv *die Geste* (Plural: *die Gesten*) hat die Bedeutung „Gebärde". Es ist aus dem Lateinischen entlehnt. Zu diesem Wort gehört u.a. das Substantiv *die Gestik*:
Mit feierlichen Gesten wies er den Gästen ihren Platz an.
b) Die Form *die Gäste* ist der Plural zu dem Substantiv *der Gast* „jemand, der eingeladen ist", das in vielen germanischen Sprachen seine Entsprechungen hat:
Da alle Gäste eingetroffen waren, eröffnete er mit großer Geste den Abend.
c) Das Substantiv *der* oder *die Gest* bedeutet im Norddeutschen „Hefe". Zum kurzen Ä-Laut vgl. R 4.

84 Gewand – gewandt – gewannt – Wand – Want

a) Das Substantiv *das Gewand* (Plural: *die Gewänder*) gehört der gehobenen Sprache an und bedeutet „[festliche] Kleidung; langes [festliches] Kleidungsstück". Es ist eine Bildung zu dem Verb *wenden (wendete, gewendet)* „umdrehen" (vgl. b). Zu *Gewand* in der älteren Bedeutung „Tuch" gehören die Zusammensetzungen *das Gewandhaus*, das in älterer Zeit ein Gebäude bezeichnete, in dem die Tuchballen gelagert und zum Verkauf angeboten wurden, und *der Gewandschneider*:

Der Priester trug ein prächtiges Gewand.

b) Die Formen *(er hat) gewandt, (sie) wandten* gehören zu dem Verb *wenden (wendete/wandte, gewendet/gewandt)* in der Bedeutung „(in eine bestimmte Richtung) drehen" (vgl. a). Als selbständiges Adjektiv bedeutet *gewandt* „sicher und geschickt; wendig". Zu dem präfigierten Verb *verwenden (verwandte/verwendete, verwandt/verwendet)* „nützen; sich einsetzen" gehören die Formen *(er hat) verwandt, (sie) verwandten*. Als selbständiges Adjektiv bedeutet *verwandt* „zur gleichen Familie gehörend".

Die Substantivierung lautet *der* oder *die Verwandte*, die Ableitung *die Verwandtschaft. Die Bewandtnis* ist eine Ableitung von *bewandt*, dem veralteten 2. Partizip von *be-*

wenden, das heute nur noch im Infinitiv gebraucht wird:
Sie hatte den Kopf zur Seite gewandt. Er ist sehr gewandt und weiß, mit den Leuten umzugehen. Er hat dieses Buch im Unterricht verwandt. Er hat sich für ihn beim Chef verwandt. Die beiden sind miteinander verwandt. Mit diesem Preis hat es seine besondere Bewandtnis.

c) Die Form *(ihr) gewannt* gehört zu dem Verb *gewinnen (gewann, gewonnen)* „einen Sieg erringen":
Ihr gewannt das Spiel.

d) Das Substantiv *die Wand* (Plural: *die Wände*) bedeutet „seitliche Begrenzung eines Raumes". Es ist etymologisch verwandt mit dem Verb *winden (wand, gewunden)*; eine Form dieses Verbs ist *(er) wand:*
Die Wand war mit Parolen bemalt.
Der Verwundete wand sich vor Schmerzen.

e) Die Form *(er) verwand* gehört zu dem gehobenen Verb *verwinden (verwand, verwunden)* in der Bedeutung „verschmerzen, überwinden". Es ist mit *winden* (vgl. d) nicht verwandt, wird aber volksetymologisch damit in Beziehung gebracht:
Er verwand den Tod seines Kindes nur langsam.

f) Das Substantiv *die Want* wird meist im Plural gebraucht: *die Wanten*. Es gehört der Seemannssprache an und hat die Bedeutung „starkes Stütztau":
Die Wanten waren vereist.
Zum Auslaut vgl. R 7f., zum N-Laut R 5.

85 gib – ausgiebig

Die Formen *(du) gibst, (er) gibt* und *gib!* gehören zu dem Verb *geben (gab, gegeben)*. Sie wurden seit dem 17. Jahrhundert mit *ie* geschrieben. Durch die Berliner Orthographische Konferenz von 1901 wurde die Schreibung ohne e festgelegt. Gesprochen wird ein langes *i*. Entsprechend werden auch die Formen der Verben *ausgeben* (..., daß er die Bücher ausgibt), *ergeben* (..., weil es sich so ergibt) und *nachgeben* (..., daß du nachgibst) geschrieben. In den Adjektiven *ausgiebig* (ein ausgiebiges Frühstück), *ergiebig* (ein ergiebiges Thema) und *nachgiebig* (ein nachgiebiger Mensch), die Bildungen zu den obengenannten Verben sind, blieb das e erhalten. Vergleiche auch *unergiebig* und *unnachgiebig.*
Zum I-Laut vgl. R 1.

86 Gleis, entgleist – gleißt – gleisnerisch

a) Von dem Substantiv *das Gleis, das Geleise* (Plural: *die Gleise, die Geleise*) in der Bedeutung „mit Schienen angelegte Fahrbahn für [Eisen]bahnen" ist das Verb *ent-*

gleisen (entgleiste, entgleist) abgeleitet:
Er überquerte das Gleis. Der Zug entgleist, entgleiste, war entgleist.

b) Das Verb *gleißen (gleißte, gegleißt)* hat die Bedeutung „glänzen, glitzern". Es ist verwandt mit dem Verb *glitzern (glitzerte, geglitzert):*
Der Schmuck gleißt, gleißte in der Sonne.

c) Das Substantiv *der Gleisner* in der Bedeutung „Heuchler" und das davon abgeleitete Adjektiv *gleisnerisch* in der Bedeutung „heuchlerisch" gehören zu einem heute ausgestorbenen Verb in der Bedeutung „sich verstellen, heucheln". Sie sind nicht verwandt mit dem Verb *gleißen* (vgl. b), wenngleich sie häufig darauf bezogen werden. Auf die Schreibung mit s ist deshalb besonders zu achten:
Sie versuchte, ihn mit gleisnerischen Worten umzustimmen.

d) *Gleisdorf* ist der Name einer österreichischen Stadt.
Zum Auslaut vgl. R 7.

87 Grat – Grätsche – Grad
a) Das Substantiv *der Grat* (Plural: *die Grate*) hat die Bedeutung „schmaler Gebirgsrücken". Eine Zusammensetzung ist das Substantiv *das Rückgrat* (Plural: *die Rückgrate*). Zu *Grat* gebildet ist das Substantiv *die Gräte* „Knochen eines Fisches":
Sie wanderten den Grat entlang. Der Sportler hatte sich am Rückgrat verletzt.

b) Mit dem Substantiv *die Grätsche* (Plural: *die Grätschen*) bezeichnet man beim Turnen eine Übung, bei der die Beine gespreizt werden. Das dazugehörende Verb ist *grätschen (grätschte, gegrätscht)*
Er sprang in der Grätsche über den Kasten.

c) Das Substantiv *der Grad* (Plural: *die Grade*) hat die Bedeutungen „Maßeinheit [Zeichen: $^{\circ}$]; Rang, Stufe". Es stammt aus dem Lateinischen:
Wir haben heute 20 Grad (20°) Celsius. Er hat Verbrennungen dritten Grades erlitten.
Zum Auslaut vgl. R 7.

88 gräulich – greulich
a) Das Adjektiv *gräulich* ist eine Ableitung von dem Farbadjektiv *grau (die grauen Mauern)*, von dem auch das Verbum *grauen (der Morgen graute, hat gegraut)* abgeleitet ist. *Gräulich* bezeichnet einen Farbton, der ins Graue hineinspielt. Das **äu** in *gräulich* ist als Umlaut des **au** in *grau* zu erklären:
Die Farbe des Anzugs ist leicht gräulich.

b) Das Adjektiv *greulich* hat die Bedeutung „Abscheu erregend". Es ist abgeleitet von dem Substan-

...tiv *der Greuel* (Plural: *die Greuel*) in der Bedeutung „Abscheu, Grauen, Abscheulichkeit". Beide Wörter gehören zu dem Verbum *grauen (mir graute, mir hat gegraut bei diesem Anblick)*, das häufig auch substantiviert gebraucht wird: *das Grauen*. Wegen dieser Zugehörigkeit ist bei *greulich* und *Greuel* auf die Schreibung mit **eu** besonders zu achten:
Es bot sich ihnen ein greulicher Anblick. Die Greuel des letzten Krieges sind furchtbar.
B e a c h t e : Die Wörter der Gruppe um *gräulich* sind mit den Wörtern um *greulich* etymologisch nicht verwandt.
Zum Eu-Laut vgl. R 2.

89 Grieß, Grießbrei – Griesgram

a) Das Substantiv *der Grieß* (Plural: *die Grieße*) hat die Bedeutung „grobkörniger Sand; zu feinen Körnern gemahlener Weizen, Reis oder Mais". Zusammensetzungen sind *der Grießbrei, das Grießmehl* und *die Grießsuppe*. Eine Ableitung ist das Verb *grießeln (grießelte, gegrießelt)* in der Bedeutung „körnig werden; rieseln":
Die Mutter kochte den Grieß für das Kind mit Milch.

b) Das Substantiv *der Griesgram* (Plural: *die Griesgrame*) bedeutet „mürrischer, übellauniger Mensch". Eine Ableitung ist das Adjektiv *griesgrämig*. Vermutlich verwandt mit dem ersten Bestandteil dieser Wörter ist das Verb *grieseln (grieselte, gegrieselt)*, das mundartlich für „[vor Kälte, Ekel, Furcht] erschauern" gebraucht wird:
Er ist ein griesgrämiger Alter.

c) Zu geographischen Namen wie *Griesbach i. Rottal* (Stadt in Bayern), *Griesheim* (Stadt in Hessen), *Grießspitzen* (Plural; zwei Gipfel in Tirol) vgl. etwa Duden, Wörterbuch geographischer Namen.
Zum Auslaut vgl. R 7.

90 Gruß – Grus

a) Das Substantiv *der Gruß* (Plural: *die Grüße*) ist eine Bildung zu dem Verb *grüßen (grüßte, gegrüßt)*:
Er ließ seinen Bekannten einen Gruß ausrichten.

b) Das Substantiv *der Grus* (Plural: *die Gruse*) hat die Bedeutung „stark zerbröckelte Kohle; Kohlenstaub":
Im Keller liegt viel Grus.
Zum Auslaut vgl. R 7.

H

91 Hafen – Ludwigshafen, Bremerhaven

a) Das Substantiv *der Hafen* (Plural: *die Häfen*) hat die Bedeutung „Ort oder Anlage, wo Schiffe anlegen können". Es stammt aus dem Niederdeutschen und hat sich erst in neuhochdeutscher Zeit allgemein im Deutschen durchgesetzt (vgl. auch b). Zusammensetzungen sind *der Flughafen, der Seehafen* usw. Stadtnamen wie *Friedrichshafen* (Stadt in Baden-Württemberg), *Ludwigshafen am Rhein* (Stadt in Rheinland-Pfalz) sind jung gegenüber *Bremerhaven* (Hafenstadt an der Wesermündung) und *Cuxhaven* (Hafenstadt an der Elbmündung):
Das Schiff lief einen fremden Hafen an.

b) Etymologisch verwandt mit *der Hafen* (vgl. a) ist das im Oberdeutschen gebrauchte Wort *der Hafen* (Plural: *die Häfen*) in der Bedeutung „Topf, Gefäß". Eine Ableitung ist *der Hafner* in der Bedeutung „Töpfer". Die Bedeutung „Topf" hat im Österreichischen auch das Substantiv *der Häfen*, das dort umgangssprachlich zudem „Gefängnis" bedeutet:
Er kochte die Nudeln in einem Hafen.
Zum F-Laut vgl. R 10.

92 Hag – Kaffee Hag – Haag

a) Das Substantiv *der Hag* (Plural: *die Hage*) wird heute nur noch in dichterischer Sprache gebraucht. Es hat die Bedeutung „umfriedetes Landstück, Waldstück; Hecke, Gebüsch" und ist etymologisch verwandt mit dem Substantiv *der Hain* „[kleiner] Wald", vgl. die beiden Formen des Baumnamens *die Hagebuche* oder *die Hainbuche*. Eine Ableitung von *Hagebuche* ist das Adjektiv *hagebuchen, hagebüchen*, eine seltene Nebenform des Adjektivs *hanebüchen*. Weitere Zusammensetzungen mit *Hag* sind *die Hagebutte* „Frucht der Heckenrose", *der Hagedorn* „Weißdorn", *der Hagestolz* „älterer Junggeselle". Das letzte Wort bedeutet ursprünglich „Hagbesitzer, Besitzer eines Nebengutes".

Da das Nebengut im Unterschied zu einem Hof in der Regel so klein war, daß von den Erträgen keine Familie unterhalten werden konnte, mußte der Hagbesitzer unverheiratet bleiben. Außerdem findet sich *Hag* in vielen geographischen Namen sowie wahrscheinlich in dem alten deutschen Vornamen *Hagen*:

Im Hag grasten Kühe. Viele Vögel nisteten im Hag.

b) Das Warenzeichen *Kaffee Hag* ist gebildet aus *Kaffee–Handels–AG* und bezeichnet einen koffeinfreien Kaffee:
Sie trinkt nur Kaffee Hag.
c) Zu geographischen Namen wie *Haag* (Stadt in Österreich), *Den Haag* /(deutsch auch:) *der Haag*/ (offiziell:) *'s-Gravenhage* (Residenzstadt der Niederlande), *Hagen* (Stadt in Nordrhein-Westfalen) vgl. etwa Duden, Wörterbuch geographischer Namen.
Zum A-Laut vgl. R 1.

93 Halt – halt – hallt
a) Das Substantiv *der Halt* (Plural: *die Halte*) „Stütze, Rückhalt" ist eine Ableitung von dem Verb *halten (hielt, gehalten)*, das u.a. die Bedeutungen „gefaßt haben und nicht loslassen; erfolgreich verteidigen; stoppen" hat. Eine Präfixbildung dazu ist das Verb *verhalten (verhielt, verhalten)* „sich benehmen u.a.":
Seine Füße fanden keinen Halt. Halte mal das Buch! Die Soldaten halten die Stellung. Er hat sich korrekt verhalten.
b) Das Adverb *halt* ist mundartlich und bedeutet „eben, nun":
Das ist halt so!
c) Die Formen *(er) hallt, (sie) hallten* gehören zu dem Verb *hallen (hallte, gehallt)* „mit lautem Klang weithin tönen; schallen". Es ist eine Ableitung von dem Substantiv *der Hall*. Eine Präfixbildung zu dem Verb ist *verhallen (verhallte, verhallt)* „verklingen":
Der Schritt hallt, hallte, die Schritte hallten durch die Straße. Die Rufe verhallten.
Zum L-Laut vgl. R 5.

94 hanebüchen – Hahn – Haan
a) Das Adjektiv *hanebüchen* bedeutet „grob, unerhört". Es gehört der Umgangssprache an. Die heute seltenen Nebenformen *hagebuchen, hagebüchen* zeigen, daß das Wort eine Ableitung von *die Hagebuche* ist, also ursprünglich „aus Hagebuchenholz bestehend" bedeutet. Die heutige Bedeutung erklärt sich daraus, daß das Holz der Hagebuche sehr knorrig ist:
Das ist ja hanebüchener Unsinn. Das ist ja hanebüchen.
b) Das Substantiv *der Hahn* (Plural: *die Hähne*) bezeichnet das männliche Tier bestimmter Vogelarten, besonders des Haushuhns. Zusammensetzungen sind u.a. *der Hahnrei* (vgl. 179, e) sowie die Pflanzennamen *der Hahnenfuß* und *der Hahnenkamm*:
Der Hahn krähte früh am Morgen. Die Hähne stolzierten über den Hof.
c) Wegen der Ähnlichkeit mit der Gestalt eines Hahns wird auch die Vorrichtung an Rohrleitungen, durch die der Durchfluß von Flüssigkeiten und Gas geregelt wird,

95 hart — harrt — Haard

mit *der Hahn* bezeichnet. Der Plural lautet allgemein *die Hähne*; in der Technik findet sich mitunter auch die Pluralform *die Hahnen*. Zusammensetzungen sind u.a. *der Wasserhahn, der Zapfhahn*. Auch der Gewehrhahn ist wegen der Ähnlichkeit mit der Gestalt des Tieres so benannt:
Er drehte den Hahn an der Wasserleitung zu. Alle Hähne (in der Technik mitunter: Hahnen) waren geschlossen. Er spannte den Hahn an der Flinte.
d) *Haan* ist der Name einer Stadt in Nordrhein-Westfalen.
Zu weiteren geographischen Namen mit *Hahn[en]*- als erstem Bestandteil wie z.B. *Hahnenkamm* vgl. Duden, Wörterbuch geographischer Namen.
Zum A-Laut vgl. R 1.

95 hart — harrt — Haard, Haardt, Hardt

a) Das Adjektiv *hart* „nicht weich" ist Bestandteil vieler männlicher Vornamen wie etwa *Eberhard, Bernhard, Gerhard* /(auch:) *Gerhart* und *Hartmut, Hartmann, Hartwig* und *Hartwin*. Eine Kurzform der mit *Hart-* oder *-hard* gebildeten Namen ist *Hard*:
Das Brot war sehr hart. Er lag auf der harten Erde.
b) Die Formen *harrt, harrten* gehören zu dem gehobenen Verb *harren (harrte, geharrt)* „sehnsüchtig warten". Üblicher sind die Verben *ausharren, beharren* und *verharren*:
Er harrt, sie harrten der Dinge, die da kommen.
c) Zu geographischen Namen wie *die Haard* (Waldhöhen in Nordrhein-Westfalen), *die Haardt* (Teil des Pfälzer Waldes), *die Hardt* (Teil der Schwäbischen Alb), die alle mit *kurzem* oder *langem a* ausgesprochen werden können, vgl. etwa Duden, Wörterbuch geographischer Namen.
Zum R-Laut vgl. R 5, zum Auslaut R 7f.

96 hasten, Hast — haßten, haßt — hast

a) Das Verb *hasten (hastete, gehastet)* hat die Bedeutung „aufgeregt eilen, hetzen". Es ist wie das zugrundeliegende Substantiv *die Hast* „überstürzte Eile" aus dem Niederdeutschen aufgenommen worden:
Sie hasten zum Bahnhof. Er ging ohne besondere Hast zum Flugplatz.
b) Die Formen *(er) haßt, (sie) haßten* gehören zu dem Verb *hassen (haßte, gehaßt)* in der Bedeutung „Haß empfinden". Das dazugehörende Substantiv ist *der Haß* (Genitiv: *des Hasses*) in der Bedeutung „feindselige Abneigung":
Er haßt sie bis auf den Tod. Sie haßten ihn wie die Pest.

) Die Form *(du) hast* gehört zu dem Verb *haben (hatte, gehabt)*, das u.a. die Bedeutung „besitzen" hat. Das Verb wird auch als Hilfsverb zur Bildung umschriebener Formen der Verben gebraucht:
Du hast doch ein Auto. Du hast hier einen Fehler gemacht.
Zum S-Laut vgl. R 5 ff.

97 hei – Hai – Hain – Hein
a) Das Wort *hei* ist eine Interjektion und dient zum Ausdruck der Begeisterung und Freude:
Hei, ist das ein Spaß.
b) Das Substantiv *der Hai* (Plural: *die Haie*) ist der Name eines Raubfisches. Das Wort ist im 17. Jahrhundert aus dem Niederländischen entlehnt worden. Eine Zusammensetzung ist *der Haifisch*.
c) Das Substantiv *der Hain* (Plural: *die Haine*) wird heute nur noch in dichterischer Sprache in der Bedeutung „[kleiner] Wald" gebraucht. Es ist verwandt mit dem Substantiv *der Hag* „Hecke", was auch in den beiden Formen des Baumnamens *die Hainbuche* oder *die Hagebuche* deutlich wird. Das Wort *Hain* kommt auch in deutschen Ortsnamen vor, z.B. in *Ziegenhain* (Stadt in Hessen).
d) *Hein* ist ein männlicher Vorname und eine Kurzform von *Heinrich*. Die Verbindung *Freund Hein* als verhüllende Bezeichnung für den Tod ist durch M. Claudius in die Literatur eingeführt worden.
e) Zu geographischen Namen wie *Hainfeld* (Stadt in Österreich), *Hainleite* (Höhenzug in Thüringen), *Heinsberg (Rhld.)* (Stadt in Nordrhein-Westfalen) vgl. etwa Duden, Wörterbuch geographischer Namen.
Zum Ei-Laut vgl. R 2.

98 Held – hält [auf] – hellt [auf]
a) Das Substantiv *der Held* (Plural: *die Helden*) hat die Bedeutung „tapferer Krieger; Hauptperson einer Dichtung; Hauptperson":
die Helden der Vorzeit; er spielt den Helden in diesem Stück; er ist der Held des Tages.
b) Die Form *(er) hält* gehört zu dem Verb *halten (hielt, gehalten)* „gefaßt haben und nicht loslassen usw.". Zu *halten* gehören *aufhalten (er hält auf)* „hemmen usw." und *erhalten (er erhält)* „bekommen usw.":
Er hält das Kind auf dem Arm. Er hält die ganze Entwicklung auf. Er erhält als Geschenk ein Buch.
c) Die Form *hellt auf* gehört zu dem Verb *aufhellen (hellte auf, aufgehellt)* „klären, klar werden u.a.". Wie das Verb *erhellen (erhellt)* gehört es zu dem Adjektiv *hell*:
Er hellt die Zusammenhänge auf. Daraus erhellt, daß ...
Zum kurzen Ä-Laut vgl. R 4, zum L-Laut R 5, zum Auslaut R 7.

99 Hemd – hemmt

a) Das Substantiv *das Hemd* (Plural: *die Hemden*) hat die Bedeutung „Wäschestück zur Bekleidung des Oberkörpers":
Er zog ein reines Hemd an.
b) Die Formen *(er) hemmt, (sie) hemmten* gehören zu dem Verb *hemmen (hemmte, gehemmt)* in der Bedeutung „aufhalten, hindern":
Er hemmt die Entwicklung.
Zum M-Laut vgl. R 5, zum Auslaut R 7.

100 Hengst – hängst – henkst

a) Das Substantiv *der Hengst* (Plural: *die Hengste*) hat die Bedeutung „unverschnittenes männliches Pferd":
Er reitet einen braunen Hengst.
b) Die Formen *(du) hängst, (er) hängt* gehören zu dem Verb *hängen* „oben befestigt sein und unten keinen Halt haben" *(hing, gehangen)* und „etwas oben befestigen, wobei es unten keinen Halt hat; durch Aufhängen am Galgen töten" *(hängte, gehängt)*:
Der Mantel hängt am Haken. Du hängst den Mantel an den Haken. Der Anführer wurde gehängt.
c) Die Formen *(du) henkst, (er) henkt* gehören zu dem Verb *henken (henkte, gehenkt)* „durch Aufhängen am Galgen töten". Es ist mit *hängen* (vgl. b) verwandt und wird nur noch selten gebraucht. Im allgemeinen verwendet man das Wort *hängen:*
Der Anführer wurde gehenkt.
d) Zu geographischen Namen wie *Hengst* (Wattgebiet in den Niederlanden), *Hengstpaß* (in Österreich) vgl. etwa Duden, Wörterbuch geographischer Namen.
B e a c h t e : Bei richtiger Aussprache werden die Formen und Wörter mit g wie *Hengst, hängt* von denen mit k unterschieden; nur die letzteren wie z.B. *henkt* haben einen *harten K-Laut*. Häufig jedoch, vor allem in der Umgangssprache, werden auch *Hengst, hängt* usw. mit *hartem K-Laut* gesprochen, so daß sie mit *henkt* usw. gleichklingen.
Zum Auslaut vgl. R 7, zum kurzen Ä-Laut R 4.

101 Henkel – Henkell

Das Substantiv *der Henkel* hat die Bedeutung „[gebogener] Griff zum Tragen oder Heben" (der Henkel an der Tasse). Es ist zu *henken* in der älteren Bedeutung „aufhängen" gebildet.
Das Substantiv *Henkell* ist der Name einer bekannten Sektsorte. Es ist Warenzeichen und geht auf einen Familiennamen zurück.
Zum L-Laut vgl. R 5 f.

102 her – Heer – hehr

a) Das Adverb *her* wird heute in räumlicher Bedeutung „von da nach hier" und in zeitlicher Be-

eutung "zurückliegend" gebraucht. Es wird oft in Zusammensetzungen mit Verben wie *erfahren* und anderen Partikeln wie *herab* gebraucht:
Her zu mir! Wir kommen von der Stadt her. Es ist schon drei Jahre her.

a) Das Substantiv *das Heer* (Plural: *die Heere*) hat die Bedeutungen "alle Truppen eines Staates, Armee; große Menge". Zusammensetzungen sind *die Heerschau, die Heerstraße*. Eine Ableitung ist das Verb *verheeren (verheerte, verheert)* in der Bedeutung "verwüsten":
Ein großes Heer wurde aufgestellt. Die Firma beschäftigt ein Heer von Angestellten.

c) Das Adjektiv *hehr* wird in gehobener Sprache gebraucht und bedeutet "erhaben, Ehrfurcht einflößend":
Der Sonnenuntergang bot einen hehren Anblick.

d) Zu geographischen Namen wie *Heerlen* (niederländische Stadt) vgl. etwa Duden, Wörterbuch geographischer Namen.
Zum E-Laut vgl. R 1.

103 Herr, herrlich — Herberge — Herzog

a) Das Substantiv *der Herr* (Plural: *die Herren*) hat die Bedeutung "Mann; Herrscher". Es wird auch als Anrede verwendet. Die Wörter *herrisch* "immer herrschen wollend", *herrlich* "besonders schön", *herrschen (herrschte, geherrscht)* "regieren" und *die Herrschaft* "das Herrschen; Macht" sind keine Ableitungen von *Herr*; sie wurden aber schon früh als zu *Herr* gehörend verstanden und auch in der Schreibung an *Herr* angelehnt:
Er ist Herr über große Güter. Meine Damen und Herren! Er hat ein herrisches Auftreten. Der Urlaub war herrlich. Der Kaiser herrscht über viele Länder. Er übt die Herrschaft aus über das Land.

b) Das Substantiv *die Herberge* (Plural: *die Herbergen*) hat die Bedeutung "vorübergehend benutzte Unterkunft". Im ersten Bestandteil ist *Heer* enthalten; das Wort bedeutete also ursprünglich "Unterkunft für ein Heer":
Sie übernachteten in einer Jugendherberge.

c) Das Substantiv *der Herzog* (Plural: *die Herzöge* oder *Herzoge*) bezeichnet einen Angehörigen des Adels im Rang zwischen Fürst und König. Im ersten Bestandteil ist *Heer* enthalten; das Wort bedeutete also ursprünglich "Heerführer".

d) Im ersten Bestandteil der alten deutschen männlichen Vornamen *Herbert* und *Hermann* ist ebenfalls *Heer* enthalten.

e) Zu geographischen Namen wie *Herborn* (Stadt in Hessen), *Herrn-*

hut (Stadt im Lausitzer Bergland) vgl. etwa Duden, Wörterbuch geographischer Namen.
Zum R-Laut vgl. R 5 f.

104 Herz — Hertz

a) Das Substantiv *das Herz* (Plural: *die Herzen*) ist die Bezeichnung für ein Organ [des Menschen]. Darüber hinaus bezeichnet es u.a. eine Farbe beim Kartenspiel:

Sein Herz schlägt ruhig. Er spielte Herz aus.

b) Das Substantiv *das Hertz* (Zeichen: Hz) ist eine Maßeinheit der Frequenz. Eine Zusammensetzung ist *das Kilohertz* (1000 Hertz). Die Maßeinheit ist nach dem Physiker G. Hertz benannt.

c) Zu geographischen Namen wie *Herzberg am Harz* (Stadt in Niedersachsen), *Herzberg/Elster* (Stadt bei Cottbus) vgl. etwa Duden, Wörterbuch geographischer Namen.
Zum Z-Laut vgl. R 5 f.

105 heute — Häute

a) Das Adverb *heute* bedeutet „an diesem Tag; in der Gegenwart". Eine Ableitung ist *heutig*:

Heute ist Sonntag. Früher arbeitete man mit der Hand, heute machen vieles die Maschinen.

b) Die Form *die Häute* ist der Plural zu *die Haut* in der Bedeutung „schützendes Gewebe; Hülle". Eine Ableitung ist das Verb *häuten (häutete, gehäutet)*:

In dem Terrarium lagen die Häute der Schlangen; sie hatten sich gehäutet.

c) Die Formen *(er) heute, (sie) heuten* gehören zu dem Verb *heuen (heute, geheut)*, landschaftlich für „Heu machen":

Die Bauern waren auf den Wiesen und heuten.

Zum Eu-Laut vgl. R 2.

106 Hexe — Hechse — Häcksel

a) Das Substantiv *die Hexe* (Plural: *die Hexen*) bezeichnet seit dem späten Mittelalter eine Frau, die mit dem Teufel im Bunde steht und über magisch-schädigende Kräfte verfügt. Heute wird es oft gebraucht in der Bedeutung „böse, häßliche Frau". Eine Ableitung ist das Verb *hexen (hexte, gehext)*:

Die Hexe lockte Hänsel und Gretel in ihr Knusperhäuschen. Sie ist eine alte Hexe.

b) Das Substantiv *die Hechse* (Plural: *die Hechsen*) ist eine Nebenform des Substantivs *die Hachse* (Plural: *die Hachsen*)/(süddeutsch:) *die Haxe* (Plural: *die Haxen*), das das untere Bein vom Kalb oder vom Schwein bezeichnet:

Er kaufte beim Schlachter eine Hachse / Hechse.

c) Das Substantiv *das /*(seltener:) *der Häcksel* bedeutet „kleingeschnittenes Stroh". Es ist eine Ableitung von dem Verb *hacken (hackte, gehackt)*, die mit dem alten Ableitungssuffix -sel gebildet ist, das in anderen Wörtern als -sal erscheint (vgl. 189, b):

Der Bauer fütterte sein Vieh mit Häcksel.

d) Zu geographischen Namen wie *Hexenkopf* (Berg in Tirol) vgl. etwa Duden, Wörterbuch geographischer Namen.

Zum kurzen Ä-Laut vgl. R 4, zum X-Laut R 13.

107 hohl − hol

a) Das Adjektiv *hohl* hat die Bedeutung „innen leer". Eine Ableitung ist das Substantiv *die Höhle,* eine Zusammensetzung *der Hohlspiegel:*

Viele Nüsse waren hohl. (Übertragen:) Er redet nur hohle („nichtssagende") Phrasen.

b) Das Verb *holen (holte, geholt)* hat u.a. die Bedeutung „an einen Ort gehen und von dort herbringen". *hol* und *hole* sind Formen dieses Verbs:

Hol das Buch von der Bibliothek!
Ich hole das Auto aus der Garage.

c) Das Adjektiv *unverhohlen* „nicht verborgen, ganz offen gezeigt" gehört zu dem Verb *hehlen:*
Mit unverhohlener Neugier starrte er sie an.

Zum O-Laut vgl. R 1.

I/J

108 -ig − -[l]ich

a) Adjektive, die mit dem Ableitungssuffix **-ig** oder **-lich** gebildet sind, klingen am Wortende, im Auslaut gleich; es wird *ch* gesprochen:

artig, durstig, ekelig, fleißig usw.;
ärgerlich, bläulich, ehrlich, freundlich usw.

Die richtige Schreibung dieser Wörter läßt sich auf zweierlei Weise feststellen:

Man vergleicht das Wort mit einer gebeugten Form. Wird die gebeugte Form mit *weichem g* gesprochen, dann ist das Wort mit **g** zu schreiben:

artig − eine artige Verbeugung,
durstig − durstige Kehlen, ekelig −
ekeliges Wetter, fleißig − fleißige
Schüler usw.

Wird die gebeugte Form mit *ch* gesprochen, dann ist das Wort mit **ch** zu schreiben:

ärgerlich − ein ärgerlicher Vorfall, bläulich − bläuliches Licht,
ehrlich − ein ehrliches Spiel,
freundlich − ein freundlicher
Gruß usw.

Man kann aber auch den Kern oder den Stamm eines solchen Wortes und die jeweilige Endung bestimmen:

Art + ig = artig, Durst + ig = durstig, Ekel + ig = ekelig, Fleiß + ig = fleißig usw.

Ärger + lich = ärgerlich, blau + lich = bläulich, Ehre + lich = ehrlich, Freund + lich = freundlich usw.

Wenn der Kern oder Stamm des Wortes, von dem ein solches Adjektiv abgeleitet ist, auf -l ausgeht, ist -ig zu schreiben:

achtmalig (achtmal + ig), adelig (Adel + ig), buckelig (Buckel + ig) usw.

b) Auch Substantive, die auf -ig oder -ich enden, klingen am Wortende, im Auslaut gleich; es wird *ch* gesprochen. Auch hier kann man wie bei den Adjektiven (vgl. a) die Schreibung dadurch feststellen, daß man das Wort mit einer gebeugten Form vergleicht:

der Essig — die Essige (weiches g), der Pfennig — die Pfennige (weiches g), der Käfig — die Käfige (weiches g) usw.

der Bottich — die Bottiche (ch), der Dietrich — die Dietriche (ch), der Pfirsich — die Pfirsiche (ch) usw.

c) Bei Wörtern auf -igt läßt sich die Schreibung oft dadurch bestimmen, daß man mit der einfachen Form vergleicht:

befähigt — befähigen (weiches g), beglaubigt — beglaubigen (weiches g), belästigt — belästigen (weiches g) usw.

Beachte dagegen:

der Bericht, der Kehricht, töricht usw.

Zum Auslaut vgl. R 7.

109 ißt — ist

a) Die Form *(er) ißt* gehört zu dem Verb *essen (aß, gegessen)*. „[als] feste Nahrung zu sich nehmen":

Er ißt immer schrecklich viel.

b) Die Form *(er) ist* gehört zu dem Verb *sein (war, gewesen)*, das auch als Hilfsverb zur Bildung umschriebener Verbformen gebraucht wird:

Er ist Lehrer. Er ist zu spät gekommen.

Zum S-Laut vgl. R 5 ff.

110 ja, bejahen — iah, iahen

a) Die Partikel *ja* dient oft als Ausdruck der Zustimmung. Zusammensetzungen sind *der Jasager* und *das Jawort*. Eine seit dem 17. Jahrhundert belegte Bildung zu *ja* ist das Verb *bejahen (bejahte, bejaht)*, das „ja sagen" bedeutet und im Unterschied zu *ja* mit **h** geschrieben wird:

Kommst du morgen? Ja. Er bejahte diese Frage.

) Die Interjektion *iah*, die zweisilbig gesprochen wird, ist dem Schrei des Esels nachgebildet worden. Eine Ableitung davon ist das Verb *iahen (iahte, iaht)* in der Bedeutung „iah schreien":
Iah, schrie der Esel. Der Esel iahte dreimal.
Zum A-Laut vgl. R 1.

111 Jagd – jagt – Jacht, Yacht

a) Das Substantiv *die Jagd* (Plural: *die Jagden*) hat die Bedeutungen „das Jagen [von Wild]; Jagdrevier". Es ist eine Bildung zu dem Verb *jagen* (vgl. b). Eine Ableitung ist *jagdbar*, Zusammensetzungen sind *das Jagdflugzeug, der Jagdhund* u. a.:
Er geht auf Jagd. Er hat eine Jagd gepachtet.

b) Die Formen *(er) jagt, (sie) jagten* gehören zu dem Verb *jagen (jagte, gejagt)* „[Wild] verfolgen, um es zu fangen oder zu töten". In übertragener Verwendung bedeutet es auch „rasen":
Er jagt gerne Niederwild. Er jagt mit dem Auto durch die Straßen der Stadt.

B e a c h t e : *Jagd* und *jagt* werden mit langem *a* und *hartem k* gesprochen.

c) Das mit *jagen* (vgl. b) verwandte und mit kurzem *a* und *ch* gesprochene Substantiv *die Jacht* (Plural: *die Jachten*) wird in der Seemannssprache auch mit **Y** geschrieben: *die Yacht*. Es bezeichnet ursprünglich ein schnellfahrendes Schiff; heute hat es die Bedeutung „Schiff für Sport- und Vergnügungsfahrten; Segelboot". Die Schreibung mit **Y** ist vom Englischen her beeinflußt:

Er kreuzt mit seiner Jacht auf dem Mittelmeer.
Zum Auslaut vgl. R 7.

K

112 Kahm – kam

a) Das Substantiv *der Kahm* (Plural: *die Kahme*) hat wie die Zusammensetzung *die Kahmhaut* die Bedeutung „Schimmelhaut auf [gegorenen] Flüssigkeiten". Es ist wie viele Wörter aus dem Bereich des Weinbaus wahrscheinlich aus dem Lateinischen entlehnt worden. Ableitungen sind das Verb *kahmen (kahmte, gekahmt)* „eine Kahmhaut bekommen" und das Adjektiv *kahmig* „eine Kahmhaut habend":
Der Wein kahmt, ist kahmig.

b) Die Formen *(er) kam* und *(sie) kamen* gehören zu dem Verb *kom-*

men *(kam, gekommen)* „sich irgendwohin begeben usw.":
Er kam gestern abend. Sie kamen bereits vorgestern.
c) Zu geographischen Namen wie *Kamen* (Stadt in Nordrhein-Westfalen) vgl. etwa Duden, Wörterbuch geographischer Namen.
Zum A-Laut vgl. R 1.

113 Kammer — Kamera, Camera obscura

a) Das Substantiv *die Kammer* (Plural: *die Kammern*) hat die Grundbedeutung „kleiner Raum". Es ist ein altes lateinisches Lehnwort. Zusammensetzungen sind *die Schlafkammer, die Vorratskammer* und — in übertragener Bedeutung — *die Zivilkammer, die Volkskammer:*
Die Vorräte werden in einer kleinen Kammer aufbewahrt.
b) Das Substantiv *die Kamera* (Plural: *die Kameras*) hat die Bedeutung „Photoapparat; Aufnahmegerät für Filme". Das Wort ist seit dem 19. Jahrhundert belegt. Es ist eine Kürzung aus der Fügung *die Camera obscura* (Plural: *die Camerae obscurae*), die im 17. Jahrhundert aus dem Lateinischen übernommen und mit der der Vorläufer des heutigen Photoapparats bezeichnet worden ist; dabei wurde das Gerät nach der hinter dem Objektiv liegenden lichtdichten Kammer benannt. Zusammensetzungen sind *die Fernsehkamera* und *die Filmkamera:*
Er hat eine vollautomatische Kamera. Die Kamera schwenkte nach rechts.
c) Das Substantiv *der Kamerad* (Plural: *die Kameraden*) hat die Bedeutung „Gefährte". Es ist aus dem Italienischen über das Französische im 16. Jahrhundert ins Deutsche eingedrungen. Eine Ableitung ist *die Kameradschaft:*
Sie sangen das Lied vom alten Kameraden.
B e a c h t e : Alle vorstehenden Wörter gehen letztlich auf dasselbe lateinische Wort zurück.
Zum M-Laut vgl. R 5 f., zum K-Laut R 11.

114 kämpfen, Kämpe — Camp, campen — Kempen

a) Das Verb *kämpfen (kämpfte, gekämpft)* „seine Kraft [im Kampf] gegen, für etwas einsetzen" und das Substantiv *der Kämpfer* „jemand, der kämpft" sind Ableitungen von dem Substantiv *der Kampf* (Plural: *die Kämpfe*) „Schlacht, Gefecht; Ringen, Streben". *Der Kämpe* (Plural: *die Kämpen*), dichterisch oder ironisch für „Kämpfer, Krieger", ist die aus dem Niederdeutschen übernommene Entsprechung zu *der Kämpfer:*
Sie kämpfen gegen jede Art von Gewalt. Er ist ein leidenschaft-

icher Kämpfer gegen jedes Unecht. Er ist ein edler Kämpe.

b) Das Substantiv *das Camp* (Plural: *die Camps*) hat die Bedeutung „Lager; Campingplatz". Das Verb *campen (campte, gecampt)* bedeutet „im Zelt oder Wohnwagen übernachten, leben", das dazugehörende Substantiv lautet *das Camping*. Alle diese Wörter, die mit *kurzem ä* gesprochen werden, sind im 20. Jahrhundert aus dem Englischen ins Deutsche übernommen worden:

Die Gefangenen waren in einem Camp untergebracht. Wir wollen im nächsten Urlaub campen. Wir fahren zum Camping.

c) Zu geographischen Namen wie *Kempen (Niederrhein)* (Stadt in Nordrhein-Westfalen), *Kempten (Allgäu)* (Stadt in Bayern) vgl. Duden, Wörterbuch geographischer Namen.

Zum kurzen Ä-Laut vgl. R 4, zum K-Laut R 11.

115 Kante – kannte

a) Das Substantiv *die Kante* (Plural: *die Kanten*) hat die Bedeutung „Linie, Stelle, an der zwei Flächen aneinander stoßen; Rand einer Fläche". Zu *Kante* gehört das im Norddeutschen gebrauchte Wort *der Kanten* „Brotrinde; das zuerst oder zuletzt abgeschnittene Stück Brot". Eine Ableitung ist das Verb *kanten (kantete, gekantet)* „etwas auf die Kante stellen":

Er hat sich an der Kante des Tisches gestoßen. Er ißt die Kanten gerne. Sie kanten die Kiste.

b) Die Formen *(er) kannte, (sie) kannten* gehören zu dem Verb *kennen (kannte, gekannt)* in der Bedeutung „wissen; mit jemandem bekannt sein":

Er kannte den Grund für sein Verhalten. Sie kannten sich gut.

Zum N-Laut vgl. R 5.

116 Kap – Cup

a) Das Substantiv *das Kap* (Plural: *die Kaps*) hat die Bedeutung „ins Meer vorspringender Teil einer felsigen Küste". Es ist aus dem Niederländischen ins Deutsche übernommen worden. Beachte Namen wie *Kap der Guten Hoffnung* (Südspitze Afrikas) und *Kap Hoorn* (Südspitze Südamerikas).

b) Das aus dem Englischen entlehnte Substantiv *der Cup* (Plural: *die Cups*) hat die Bedeutung „Pokal, Ehrenpreis". Es wird mit *kurzem a* gesprochen und ist Bestandteil vieler Pokalbezeichnungen.

Zum K-Laut vgl. R 11, zum kurzen A-Laut R 3.

117 Karte, karten – karrte, karrten

a) Das Substantiv *die Karte* (Plural: *die Karten*) bedeutet u.a. „Ansichtskarte, Eintrittskarte, Speisenkarte, Landkarte". Eine

Ableitung ist das mehr umgangssprachliche Verb *karten (kartete, gekartet)* in der Bedeutung „Karten spielen":
Er mischte die Karten und teilte sie aus.

b) Die Formen *(er) karrte, (sie) karrten* gehören zu dem Verb *karren (karrte, gekarrt)* „mit einer Karre befördern". Das Verb ist eine Ableitung von dem Substantiv *die Karre* oder *der Karren:*
Er karrte, sie karrten die Steine aus dem Hof.
Zum R-Laut vgl. R 5.

118 kein – Kain – Kainit
a) *Kein, keine, kein* ist ein unbestimmtes Für- und Zahlwort (Indefinitpronomen). Eine Zusammensetzung ist das Adverb *keinmal:*
Ich habe kein Haus gesehen. Heute hat es keinmal geklingelt.

b) *Kain* ist der Name einer alttestamentlichen Gestalt, d.h. des ältesten Sohnes von Adam und Eva, der seinen Bruder Abel tötete. Er erhielt als Zeichen seiner Schuld das Kainsmal. Die Zusammensetzungen *das Kainsmal* und *das Kainszeichen* werden heute in gehobener Sprache übertragen in der Bedeutung „Zeichen der Schuld" gebraucht:
Sie trugen das Kainsmal auf der Stirn.

c) Das aus dem Griechischen stammende Substantiv *der Kainit* (Plural: *die Kainite*) ist die Bezeichnung für ein Mineral.
Zum Ei-Laut vgl. R 2.

119 Kelter – kälter, Kälte – Kelte
a) Das Substantiv *die Kelter* (Plural: *die Keltern*) bedeutet „Traubenpresse" und ist wie viele Wörter aus dem Bereich des Weinbaus aus dem Lateinischen entlehnt worden. Eine Ableitung ist das Verb *keltern (kelterte, gekeltert):*
In der Kelter wird der Saft aus den Trauben gepreßt.

b) Das Substantiv *die Kälte* ist eine Ableitung von dem Adjektiv *kalt* „ohne Wärme, abgekühlt", dessen Vergleichsformen *kälter, kälteste* lauten:
Es herrschte eine grimmige Kälte.
Es wurde kälter und kälter.

c) Das Substantiv *der Kelte* (Plural: *die Kelten*) bezeichnet einen Angehörigen eines indogermanischen Volkes in Westeuropa, das bereits im 8. Jahrhundert vor Christus im Oberrheingebiet nachgewiesen ist:
Das Volkstum der Kelten ist heute noch u.a. in Irland erhalten.

d) Das Substantiv *der Kelt* (Plural: *die Kelte*) bezeichnet ein vorgeschichtliches Beil. Es ist aus dem Lateinischen entlehnt worden:
Die Archäologen fanden bei ihrer Ausgrabung drei Kelte.

e) Das Substantiv *der Kelt* (Plural: *die Kelte*) bezeichnet ein grobes schottisches Wollgewebe. Es stammt aus dem Irischen:
Sie trug einen Rock aus Kelt.
f) *Kelterbach* ist der Name einer Stadt in Hessen.
Zum kurzen Ä-Laut vgl. R 4.

120 klingt – klinkt
a) Die Form *(es) klingt* gehört zu dem Verb *klingen (klang, geklungen)*, das u.a. die Bedeutung „einen bestimmten Ton, Klang hervorbringen" hat:
Das Glas klingt beim Anstoßen.
b) Die Form *(er) klinkt* gehört zu dem Verb *klinken (klinkte, geklinkt)* „auf die Türklinke drücken":
Er klinkt an der Tür, doch sie ist zu.
B e a c h t e : Bei richtiger Aussprache werden *klingt* und *klinkt* unterschieden; nur *klinkt* hat ein hartes *k* im Auslaut. Häufig jedoch, vor allem in der Umgangssprache, wird auch *klingt* mit hartem *k* gesprochen, so daß die beiden Formen gleichklingen.
Zum Auslaut vgl. R 7.

121 kneippen – Kneipe – kneipen
a) Das Verb *kneippen (kneippte, gekneippt)* ist von *Kneipp* abgeleitet, dem Namen eines Heilkundigen, der im 19. Jahrhundert ein bestimmtes Wasserheilverfahren entwickelt hat. Es hat die Bedeutung „nach Kneipps Verfahren eine Wasserkur machen". Eine Zusammensetzung ist *die Kneippkur:*
Ich kneippe dieses Jahr, mache eine Kneippkur.
b) Das Substantiv *die Kneipe* (Plural: *die Kneipen*) wird in der Umgangssprache gebraucht und hat die Bedeutung „einfache Gaststätte". Eine Ableitung davon ist das Verb *kneipen (kneipte, gekneipt)* „eine Kneipe besuchen; trinken":
Sie gingen in eine üble Kneipe.
c) Das Verb *kneipen (kneipte, gekneipt)* hat die Bedeutung „zwicken, kneifen". Es wurde in frühneuhochdeutscher Zeit aus dem Niederdeutschen übernommen und dann durch die verhochdeutschte Form *kneifen* in den Bereich der Mundarten zurückgedrängt:
Er kneipte sie in den Arm.
Zum P-Laut vgl. R 5 f.

122 Küste – küßte – Küster
a) Das Substantiv *die Küste* (Plural: *die Küsten*) „unmittelbar ans Meer grenzender Teil des Landes" ist über das Niederländische aus dem Französischen ins Deutsche gedrungen und dort seit dem 17. Jahrhundert belegt:
Die Küste war hier steil und felsig.
b) Die Formen *(er) küßte, (sie) küßten* gehören zu dem Verb *küssen (geküßt)*, das in vielen germanischen Sprachen seine Entspre-

chungen hat. Eine alte Bildung zu dem Verb ist das Substantiv *der Kuß* (Plural: *die Küsse*). Eine Zusammensetzung ist das Adjektiv *kußecht:*
Er küßte ihre Hand. Sie küßten sich stürmisch, als sie sich nach vielen Jahren wiedersahen. Er gab ihr einen Kuß.

c) Das Substantiv *der Küster* „Kirchendiener" ist aus dem Lateinischen entlehnt worden. Das zugrundeliegende lateinische Wort tritt im Deutschen auch als Fremdwort auf: *der Kustos* (Plural: *die Kustoden*), das „wissenschaftlicher Sachbearbeiter an Museen und Bibliotheken" bedeutet:
Er ist Küster an der Heilig-Geist-Kirche. Der Kustos führte die Besucher durchs Museum.

d) Das Substantiv *der Kuskus* (Plural: *die Kuskus*), dessen Herkunft ungeklärt ist, bezeichnet ein Beuteltier, das in Australien und Indonesien lebt.

e) Das aus dem Arabischen stammende Substantiv *der Kuskus* (Plural: *die Kuskus*) bezeichnet eine nordafrikanische Nationalspeise.

f) Zu geographischen Namen wie *Küsnacht (ZH)* (Stadt am Zürichsee), *Küßnacht am Rigi* (Ort am Vierwaldstätter See), *Küstrin* (Stadt an der Mündung der Warthe in die Oder) vgl. etwa Duden, Wörterbuch geographischer Namen.

Zum S-Laut vgl. R 5 ff.

L

123 Laich – Leich – Leiche

a) Das Substantiv *der Laich* (Plural: *die Laiche*) ist in der Bedeutung „im Wasser abgelegte Eier von Wassertieren" erst im Spätmittelhochdeutschen belegt (*leich*). Es bedeutet eigentlich „Liebesspiel" und ist identisch mit dem Substantiv *der Leich*, das heute eine bestimmte, von den Minnesängern verwendete Gedichtform bezeichnet (vgl. b). Die Schreibung mit **ai** ist im 18. Jahrhundert eingeführt worden, um *Laich* auch in der Schreibung von *die Leiche* „Toter" (vgl. c) zu unterscheiden. Von *Laich* abgeleitet ist das Verb *laichen (laichte, gelaicht)* in der Bedeutung „Laich absetzen". Das Substantiv *der Laicher* ist eine Bezeichnung für den weiblichen Karpfen. Zusammensetzungen mit *Laich* sind *der Laichplatz, die Laichwanderung* und *die Laichzeit* sowie der Pflanzenname *das Laichkraut:*

*Der Frosch hat den Laich abgelegt.
Die Lachse haben gelaicht.*

b) Das Substantiv *der Leich* (Plural: *die Leiche*) geht auf mittelhochdeutsch *leich* in der Bedeutung „Tonstück, Gesang aus ungleichen Strophen" zurück, das wie seine germanischen Entsprechungen zu einem Verb in der Bedeutung „hüpfen, tanzen, springen" gebildet ist. Im 19. Jahrhundert ist es aus dem Mittelhochdeutschen übernommen worden und bezeichnet als Fachausdruck das aus ungleichen Strophen gebaute Gedicht der Minnesänger. Es ist identisch mit dem Substantiv *der Laich* „im Wasser abgelegte Eier von Wassertieren" (vgl. a):
Die Strophen des Leichs sind zweiteilig und dreiteilig.

c) Das Substantiv *die Leiche* (Plural: *die Leichen*) „toter [menschlicher] Körper, Toter" hat wie seine germanischen Entsprechungen ursprünglich die Bedeutung „Körper, Gestalt". *Leiche* in dieser Bedeutung liegt der landschaftlichen Bezeichnung *der Leichdorn* (Plural: *die Leichdorne* und *die Leichdörner*) für „Hühnerauge" zugrunde. In landschaftlicher Umgangssprache bedeutet *Leiche* wie auch die Kurzform *die Leich* „Begräbnis". Eine alte Zusammensetzung ist das mehr gehobene Substantiv *der Leichnam* (Plural: *die Leichname*) in der Bedeutung „Leiche". Dies bildet den zweiten Bestandteil in dem Substantiv *der Fronleichnam*, das eigentlich „Leib des Herrn, Altarssakrament" bedeutet, heute jedoch vorwiegend ein katholisches Fest bezeichnet:
Die Leiche wurde aufgebahrt. Das war eine schöne Leiche. Montag ist die Leich. Der Leichnam wurde einbalsamiert. Fronleichnam wird seit 1264 am zweiten Donnerstag nach Pfingsten gefeiert.

d) *Leichlingen (Rheinland)* ist eine Stadt in Nordrhein-Westfalen, *Laichingen* eine Stadt in Baden-Württemberg.
Zum Ei-Laut vgl. R 2.

124 Laien – leihen – Loreley
a) Das aus dem Griechischen stammende Substantiv *der Laie* (Plural: *die Laien*) hat im Religiösen die Bedeutung „Angehöriger einer Kirche, der nicht Geistlicher ist" und allgemeiner „jemand, der nicht Fachmann ist":
Die Laien fordern eine stärkere Demokratisierung der Kirche. Er ist ein Laie auf diesem Gebiet.

b) Das Verb *leihen (lieh, geliehen)* hat die Bedeutung „borgen". Eine Form des Verbs ist *(ich) leihe*:
Ich leihe ihm 100 Mark. Sie leihen sich die Bücher von uns.

c) Das Substantiv *die Lei* (Plural: *die Leien*) hat die Bedeutung „Fels, Schiefer". Es ist nur noch

in bestimmten Mundarten gebräuchlich. Es ist der zweite Bestandteil des Namens für den bei St. Goarshausen in das Mittelrheintal vorspringenden Felsen *die Loreley*, (auch:) *Lorelei*.
Zum Ei-Laut vgl. R 2.

125 Lände – Lende

a) Das Substantiv *die Lände* (Plural: *die Länden*) in der Bedeutung „Landungsplatz" ist wie das Verb *länden (ländete, geländet)* „ans Ufer kommen, an Land bringen" landschaftlich. Beide Wörter gehören zu dem Substantiv *das Land* (Plural: *die Länder* oder [dichterisch:] *die Lande*):
Bei Mannheim wurde eine Leiche aus dem Rhein geländet. An der Lände lagen drei Boote.
b) Das Substantiv *die Lende* (Plural: *die Lenden*) bezeichnet einen Körperteil. Welche Vorstellung dem Wort zugrunde liegt, ist unklar:
seine Lenden mit dem Schwert gürten (biblisch).
Zum kurzen Ä-Laut vgl. R 4.

126 Lärche – Lerche

a) Der Name *die Lärche* (Plural: *die Lärchen*) für den Nadelbaum ist im Frühalthochdeutschen aus dem Lateinischen entlehnt worden. Die Schreibung mit ä ist von Grammatikern des 18. Jahrhunderts durchgesetzt worden, um das Wort *die Lärche* auch in der Schreibung von dem Vogelnamen *die Lerche* (vgl. b) zu unterscheiden:
Das Waldstück war mit Lärchen bepflanzt.
b) Der schon im Althochdeutschen belegte Vogelname *die Lerche* (Plural: *die Lerchen*) hat in verschiedenen germanischen Sprachen seine Entsprechungen. Die Bedeutung des Namens läßt sich nicht eindeutig ermitteln:
Die Lerche schwingt sich in den blauen Himmel.
Zum kurzen Ä-Laut vgl. R 4.

127 Last – laßt

a) Das Substantiv *die Last* (Plural: *die Lasten*) hat die Bedeutung „etwas, was durch sein Gewicht nach unten drückt oder zieht". In der Seemannssprache bezeichnet es den Vorratsraum unter Deck. Die Zusammensetzung *der Ballast* „überflüssige Last; Überflüssiges" stammt ursprünglich aus der Seemannssprache. Es bezeichnet die Sandlast, die zur Erhaltung des Gleichgewichts in den untersten Raum des Schiffes geladen wurde. Eine Ableitung von *Last* ist das Verb *lasten (lastete, gelastet)*:
Das Paket war eine schwere Last für die Frau. Das Schiff wirft Ballast ab. Viel von dem, was sie gelernt hat, empfindet sie als Ballast.
b) Die Form *(ihr) laßt* gehört zu dem Verb *lassen (ließ, gelassen)*:

Ihr laßt den Kindern zuviel Freiheit. Laßt ihn doch in Ruhe!
Zum S-Laut vgl. R 5 ff.

128 lax – Lachs

a) Das Adjektiv *lax* hat die Bedeutung „schlaff, lässig; locker, ungebunden". Das Wort ist im 18. Jahrhundert aus dem Lateinischen entlehnt worden. Eine Ableitung ist das Substantiv *die Laxheit*:
Er hat eine sehr laxe Haltung.

b) Das Substantiv *der Lachs* (Plural: *die Lachse*) ist der Name eines bestimmten Fisches. Der Fischname ist in mehreren indogermanischen Sprachen belegt:
Zum Abendessen gab es Lachs.
Zum X-Laut vgl. R 13.

129 leck, Leck – lecken – Lek

a) Das Adjektiv *leck* hat die Bedeutung „undicht, Flüssigkeit durchlassend" und stammt aus dem Niederdeutschen. Dazu gehört das Substantiv *das Leck* (Plural: *die Lecks*) „Loch, besonders in Schiffen" und das Verb *lecken (leckte, geleckt)* „ein Leck haben, Flüssigkeit durchlassen":
Das Schiff ist leck. Das Schiff hat ein Leck. Das Faß leckt.

b) Die Form *leck* gehört zu dem Verb *lecken (leckte, geleckt)* „mit der Zunge über etwas entlangfahren":
Leck nicht so gierig an dem Eis!

c) Das Substantiv *der Lek* ist die Bezeichnung für eine albanische Währungseinheit.

d) Zu geographischen Namen wie *der Lek* (Mündungsarm des Rheins) vgl. etwa Duden, Wörterbuch geographischer Namen.
Zum K-Laut vgl. R 5 f.

130 Lehne, Lehnstuhl – Lehnwort – Lene

a) Das Substantiv *die Lehne* (Plural: *die Lehnen*) hat die Bedeutung „Stütze für Rücken oder Arme an Stühlen, Bänken u.ä.". Es ist verwandt mit dem Verb *lehnen (lehnte, gelehnt)* „schräg an einen Gegenstand stellen; sich schräg gegen oder auf etwas, jemanden stützen". Zusammensetzungen mit dem Substantiv sind *der Lehnsessel* und *der Lehnstuhl*:
Er lehnt das Brett an die Wand. Sie lehnte sich an ihn.

b) Die Zusammensetzung *das Lehnwort* hat die Bedeutung „aus einer fremden Sprache übernommenes, der eigenen Sprache angepaßtes Wort". Der erste Bestandteil gehört zu dem veralteten Verb *lehnen*, das von dem Substantiv *das Lehen* „zur Nutzung verliehener Besitz" abgeleitet ist:
Im Deutschen gibt es viele Lehnwörter aus dem Englischen.

c) *Lene* und *Leni* sind weibliche Vornamen und Kurzformen der

Namen *Helene* und *Magdalene*.
Lena ist eine Nebenform von *Lene*.
d) *Lena* ist der Name eines Stroms in Sibirien.
Zum E-Laut vgl. R 1.

131 lehren, Lehre – leeren, Leere

a) Das Verb *lehren (lehrte, gelehrt)* hat die Bedeutung „(jemanden) in etwas unterrichten". Eine Ableitung ist das Substantiv *die Lehre* (Plural: *die Lehren*), das „[Zeit der] Ausbildung, Unterweisung; System einer Anschauung auf einem bestimmten Gebiet" bedeutet. Im technischen Bereich bedeutet *die Lehre* (Plural: *die Lehren*) „Meßwerkzeug; Muster, Modell". Hierzu gehören die Zusammensetzungen *die Schraublehre* und *die Schublehre*. Weitere Ableitungen zu *lehren* sind *der Lehrer, der Lehrling* und *gelehrig: Er lehrt die Kinder rechnen. Er hat Deutsch und Geschichte gelehrt. Er geht bei seinem Onkel in die Lehre. Die Lehre Hegels ist schwer zu verstehen.*

b) Das Adjektiv *leer* bedeutet „nichts enthaltend, ohne Inhalt; schwach besetzt". Ableitungen sind das Substantiv *die Leere* „Raum, in dem nichts ist" und das Verb *leeren (leerte, geleert)* „leer machen; leer werden". Hierzu gehört das Substantiv *die Leerung: Das Faß ist leer. Das Kino war leer. Er leert den Briefkasten, er hat ihn geleert. Der Saal leerte sich schnell. Die nächste Leerung ist um 20 Uhr; eine gähnende Leere.*
Unterscheide die Formen der Verben *leeren* und *lehren!*

c) Zu geographischen Namen wie *Leer (Ostfriesland)* (Stadt in Niedersachsen) und *Lehrte* (Stadt in Niedersachsen) vgl. etwa Duden, Wörterbuch geographischer Namen.
Zum E-Laut vgl. R 1.

132 Leib – leiben – Laib

a) Das Substantiv *der Leib* (Plural: *die Leiber*) ist etymologisch verwandt mit dem Verb *leben (lebte, gelebt)* und hatte bis zum Mittelhochdeutschen die Bedeutung „Leben", die heute noch in der Zusammensetzung *die Leibrente* erhalten ist, die die Bedeutung „Rente auf Lebenszeit" hat. *Leib* in der heutigen Bedeutung „Körper, Gestalt" liegt den Adjektiven *leiblich* und *leibhaftig* zugrunde, während in der Zusammensetzung *die Leibschmerzen* mit *Leib* der Unterleib, der Bauch gemeint ist. Die im 17. Jahrhundert gebildete Ableitung *das Leibchen* bezeichnet vor allem ein westenartiges Kleidungsstück. Das von *Leib* abgeleitete Verb *leiben* tritt heute nur noch in der Formel *wie er leibt und lebt* auf. Zu *leiben* sind die mehr in gehobener Sprache üblichen Verben *einverleiben (verleibte ein* und *einverleibte, einverleibt)* in der Bedeutung „aufgehen lassen, mit etwas zu einem Ganzen verbinden; (scherzhaft:) essen" und *sich entleiben (entleibte sich, hat sich entleibt)* in der Bedeutung „sich töten" gebildet:

Er zitterte am ganzen Leibe. Er stieß ihn vor den Leib. (U n t e r s c h e i d e :) Er ist gut bei Leibe (wohl genährt), a b e r : beileibe nicht (starke Verneinung). Das ist er, wie er leibt und lebt (= in seiner ganz typischen Art). Er hatte sich den ganzen Kuchen einverleibt. Er hatte sich aus Enttäuschung entleibt.

b) Das Substantiv *der Laib* (Plural: *die Laibe*) bezeichnet ursprünglich wahrscheinlich das ungesäuerte Brot, während das Substantiv *das Brot* ursprünglich das gesäuerte Brot der Germanen bezeichnet. *Laib* ist heute weitgehend von *Brot* verdrängt worden. Es wird nur noch in bestimmten Landschaften, vor allem in Süddeutschland, gebraucht und hat die Bedeutung „einzelnes, geformtes Brot; geformte Masse aus Brotteig oder Käse". Die Schreibung mit **ai** statt mit **ei** ist im 17. Jahrhundert eingeführt worden, um *Laib* von dem Substantiv *der Leib* „Körper" (vgl. a) auch im Schriftbild zu unterscheiden. Die Ableitung *das Laibchen* bezeichnet im Österreichischen ein kleines, rundes Gebäck. Zusammensetzungen damit sind *das Doppellaibchen* und *das Schusterlaibchen*, die wie die Verbindung *Wachauer Laibchen* ein Gebäck bezeichnen. Zu dem Substantiv *der Laib* ist das Verb *leiben (leibte, geleibt)* gebildet, das im Bauwesen „eine Öffnung bilden" bedeutet. Es wird entsprechend der alten Schreibung von *Laib* mit **ei** geschrieben. Für das von *leiben* abgeleitete Substantiv auf **-ung** in der Bedeutung „innere Mauerfläche bei Gewölben" finden sich zwei Schreibungen: *die Laibung* und *die Leibung:*

Er kaufte einen Laib Brot; Fenster, Türen leiben.

B e a c h t e : Die Wörter der beiden Gruppen sind etymologisch nicht miteinander verwandt.

c) Zu geographischen Namen wie *Laibach* /(offiziell:) *Ljubljana* (jugoslawische Stadt), *Leiblach* /(früher auch:) *Laiblach* (Zufluß des Bodensees in Österreich) vgl. etwa Duden, Wörterbuch geographischer Namen.

Zum Ei-Laut vgl. R 2.

133 Leid – Mitleid – Leitplanke – leiht

a) Das Substantiv *das Leid* (Genitiv: *des Leides*) „Unglück, Kummer, tiefer Schmerz" ist eine alte Substantivierung des Adjektivs *leid*, das heute nur noch in den Fügungen *jemandem leid tun* „Mitleid, Bedauern erregen", *jemanden/etwas leid sein* „jemanden / etwas nicht mehr haben wollen, ausstehen können" vorkommt. Von dem Substantiv abgeleitet ist das Adjektiv *leidig* „unangenehm, lästig"; eine Zusammensetzung ist das Substantiv *das Beileid* „Anteilnahme, Mitgefühl":

Bitteres Leid erfüllte ihn. Das Kind tut ihm leid. Er ist die dauernde Meckerei leid. Damit ist die leidige Sache endlich erledigt. Er sprach ihm sein Beileid aus.

b) Das Adjektiv *leidlich* „erträglich, annehmbar" und das Substantiv *das Mitleid* „Schmerz über das Unglück eines anderen" gehören zu dem Verb *leiden (litt, gelitten)* „Schmerz erdulden; von etwas bedrückt sein". Ursprünglich eine Substantivierung des Infinitivs ist *das Leiden* (Plural: *die Leiden*). Diese Wörter werden zwar im Sprachgefühl mit den Wörtern der Gruppe a in Verbindung gebracht, doch sind sie damit nicht verwandt. Das Verb bedeutete früher „gehen, fahren, reisen". Auf die Bedeutungsentwicklung hat wahrscheinlich die christliche Vorstellung vom Leben des Menschen als einer Reise durch das irdische Jammertal eingewirkt:

Die Straßen sind in leidlichem Zustand. Er empfand tiefes Mitleid mit ihm.

c) In den Zusammensetzungen *der Leitartikel* „wichtiger aktueller Aufsatz [auf der ersten Seite einer Zeitung]", *der Leitfaden* „knapp gefaßtes einführendes Lehrbuch", *die Leitplanke* „am Straßenrand angebrachte Planke" u.a. wird der erste Bestandteil von dem Verb *leiten (leitete, geleitet)* „machen, daß etwas an eine bestimmte Stelle kommt; führen, lenken" gebildet. Das Verb ist das Veranlassungswort zu *leiden* in der ursprünglichen Bedeutung „gehen, fahren" und bedeutet demnach ursprünglich „gehen oder fahren machen":

Er schreibt die Leitartikel in dieser Zeitung. Das Auto kam ins Rutschen und fuhr gegen die Leitplanke.

d) Die Form *(er) leiht* gehört zu dem Verb *leihen (lieh, geliehen)* „borgen":

Er leiht ihm 100 DM.

Zum Auslaut vgl. R 7, zum Ei-Laut R 2.

134 Leute – läuten – läutern – Lloyd

a) Das pluralische Substantiv *die Leute* hat die Bedeutung „Menschen". Eine Zusammensetzung ist das Adjektiv *leutselig*; davon abgeleitet ist das Substantiv *die Leutseligkeit*:

An der Unfallstelle standen viele Leute.

b) Das Verbum *läuten (läutete, geläutet)* hat die Bedeutungen „klingen, ertönen; ertönen lassen; klingeln". Es ist wie das Verb *lauten (lautete, gelautet)* eine Ableitung von dem Adjektiv *laut*. Eine Zusammensetzung mit *läuten* ist *das Läut[e]werk:*
Die Glocke läutet. Sie läuten jeden Samstag die Glocken. Mach auf, es hat geläutet.

c) Das Verbum *läutern (läuterte, geläutert)* hat die Bedeutung „innerlich reifer machen". Es ist eine Ableitung von dem Adjektiv *lauter* in der Bedeutung „grundehrlich, anständig". Zu *läutern* stellt sich die Präfixbildung *erläutern (erläuterte, erläutert)* in der Bedeutung „näher erklären und verständlich machen":
Die Schmerzen haben ihn geläutert. Er wird diese Zeichnungen noch erläutern.

d) Das Substantiv *der Leutnant* (Plural: *die Leutnants*) bezeichnet einen bestimmten militärischen Grad. Es ist um 1500 aus dem Französischen entlehnt worden.

e) *Lloyd*, ursprünglich ein Familienname, ist der Name einer Seeversicherungs- und Schiffahrtsgesellschaft sowie der Name von bestimmten Zeitungen.

f) Zu geographischen Namen wie *Leutershausen* (Stadt in Bayern), *Leuthen* (Ort in Schlesien) vgl. etwa Duden, Wörterbuch geographischer Namen.
Zum Eu-Laut vgl. R 2.

135 Lied – Lid – liederlich – Liedlohn

a) Das Substantiv *das Lied* (Plural: *die Lieder*) hat die Bedeutung „vertonter [dichterischer] Text". Eine Ableitung ist *liedhaft:*
Er stimmte ein Lied an, und alle begannen zu singen.

b) Das Substantiv *das Lid* (Plural: *die Lider*) bedeutet ursprünglich „Deckel, Verschluß". Diese Bedeutung findet sich noch heute in einigen Mundarten. Hochsprachlich hat es heute die Bedeutung „bewegliche Haut über dem Auge, Augendeckel". Noch im vorigen Jahrhundert wurde es häufig mit ie geschrieben (*Lied*). Heute wird es auch in der Schreibung (*Lid*) von *das Lied* „vertonter Text" (vgl. a) unterschieden. Zusammensetzungen sind *der Lidkrampf, der Lidschatten* und *das Augenlid:*
Er rieb sich das Lid seines rechten Auges.

c) Das Adjektiv *liederlich* „unordentlich, ohne Sorgfalt gemacht" ist verwandt mit *Lotter* – etwa in *Lotterleben*. Das Substantiv *der Liederjahn, Liedrian* (Plural: *die Liederjahne, Liedriane*) hat die

Bedeutung „unordentlicher Mensch". Es ist gebildet aus dem Stamm von *liederlich* und der Kurzform von *Johann:*
Er ist ein liederlicher Kerl, ein Liederjahn. Er hat eine liederliche Arbeit abgegeben.
d) Das Substantiv *der Liedlohn* bedeutet im Schweizerischen „Lohn, Kostgeld und andere Bezüge aus einem Dienst- oder Arbeitsverhältnis". Eine Nebenform ist *der Lidlohn.*
e) Das aus dem Italienischen stammende Wort *der Lido* (Plural: *die Lidos*) ist eine Bezeichnung für eine Nehrung, speziell für die bei Venedig. Zu geographischen Namen mit *Lido* als Bestandteil vergleiche etwa Duden, Wörterbuch geographischer Namen.
In Deutschland findet sich *das Lido* gelegentlich als Name einer Bar. Zum I-Laut vgl. R 1.

136 lies, liest – [ver]ließ, [ver]ließt – Verlies – [ver]liehst

a) Die Formen *lies!, er liest* gehören zu dem Verb *lesen (las, gelesen)* „einen Text mit den Augen und dem Verstand erfassen; vorlesen". Eine Präfixbildung ist *verlesen : verlies!, (er) verliest:*
Lies diesen Brief! Der Dichter liest aus seinem neuen Roman. Verlies den Brief! Er verliest den Brief.
b) Die Formen *(er) ließ, (ihr) ließt, (sie) ließen* gehören zu dem Verb *lassen (ließ, gelassen)* „veranlassen (daß etwas geschieht); erlauben (daß etwas geschieht) u.a.". Die Formen *(er) verließ, (sie) verließen* gehören zu dem Präfixverb *verlassen (verließ, verlassen)* „fortgehen; im Stich lassen u.a.":
Er ließ das Schloß an der Tür reparieren. Ihr ließt die Kinder toben, obwohl die Nachbarn sich beschwerten? Er verließ die Stadt. Ihr verließt eure Freunde.
c) Das Substantiv *das Verlies* (Plural: *die Verliese*) hat die Bedeutung „unterirdischer Kerker" und wird vorwiegend in Ritterromanen gebraucht. Es ist wie das Substantiv *der Verlust* eine Bildung zu dem Verb *verlieren (verlor, verloren):*
Der Ritter schmachtete drei Jahre im Verlies seines Todfeindes.
d) Die Form *(du) liehst* gehört zu dem Verb *leihen (lieh, geliehen)* „borgen", die Form *(du) verliehst* gehört zu dem Präfixverb *verleihen (verlieh, verliehen):*
Du liehst ihm ein Buch, obwohl du weißt, daß er nichts zurückgibt?
e) *Lieschen, Liesl, Liesbet* /(auch:) *Lisbeth* sind weibliche Vornamen und Kurzformen von *Elisabeth.*
f) *Liestal* ist der Name einer Stadt bei Basel.
Zum Auslaut vgl. R 7, zum I-Laut R 1.

137 Log – Lok – lock

a) Das Substantiv *das Log* (Plural: *die Loge*) bezeichnet den Fahrgeschwindigkeitsmesser bei Schiffen. Es ist im 18. Jahrhundert aus dem Englischen entlehnt worden. Eine andere Form ist *die Logge* (Plural: *die Loggen*), eine Ableitung das Verb *loggen (loggte, geloggt)* „mit dem Log messen"; Zusammensetzungen sind *das Logbuch* „Schiffstagebuch" und *der Loggast* (Plural: *die Loggasten*) „Matrose zur Bedienung des Logs". Alle diese Wörter sind seemannssprachlich:
Der Matrose bediente das Log. Er schrieb die Ereignisse des Tages in das Logbuch.

b) Das Substantiv *die Lok* (Plural: *die Loks*) ist eine Kurzform von *die Lokomotive*, das im 19. Jahrhundert aus dem Englischen übernommen worden ist:
Der Heizer stieg in die Lok.

c) Die Formen *lock!,(er) lockte* gehören zu dem alten Verb *locken (lockte, gelockt)* „durch Rufe u.ä. heranzuholen suchen; reizen, interessieren". Zusammensetzungen sind *der Lockruf* und *der Lockvogel:*
Der Jäger lockt den Rehbock. Diese Arbeit lockt mich.
Zum Auslaut vgl. R 7.

138 Luchs – Lux – Luxus

a) Das Substantiv *der Luchs* (Plural: *die Luchse*) ist der Name eines kleinen Raubtieres. Der Tiername ist in verschiedenen indogermanischen Sprachen belegt. Das Tier ist benannt nach seinen funkelnden Augen, die eine große Sehschärfe haben. Eine Ableitung von *Luchs* ist das Verb *luchsen (luchste, geluchst)*, das umgangssprachlich „genau aufpassen" bedeutet:
Er paßt auf wie ein Luchs.

b) Das Wort *das Lux* (Plural: *die Lux*) ist eine Einheit der Beleuchtungsstärke. Es stammt aus dem Lateinischen, wo *lux* „Licht" bedeutet.

c) Das Substantiv *der Luxus* hat die Bedeutung „Verschwendung, üppiger Aufwand". Es ist im 16. Jahrhundert aus dem Lateinischen entlehnt worden:
Das ist ein Luxus, den ich mir nicht leisten kann.

d) Zu dem geographischen Namen *Luxemburg* vgl. etwa Duden, Wörterbuch geographischer Namen. Zum X-Laut vgl. R 13.

M

139 Maar — Mahr — Marbach

a) Das Substantiv *das Maar* (Plural: *die Maare*) wird vornehmlich in der Fachsprache der Geographie gebraucht. Es bedeutet „kraterförmige Vertiefung, die häufig mit Wasser gefüllt ist". Es ist aus dem Lateinischen entlehnt:
In der Eifel und auf der Schwäbischen Alb gibt es viele Maare.

b) Das Substantiv *der Mahr* (Plural: *die Mahre*) ist eine altgermanische Bezeichnung für den bösen weiblichen Geist, der nach dem Volksglauben das Alpdrücken verursacht:
Das Wort der Mahr ist der 2. Bestandteil der Zusammensetzung der Nachtmahr, welche die Bedeutung „Spukgestalt im Traum" hat.

c) *Marbach am Neckar* und *Marburg a. d. Lahn* (= an der Lahn) sind die Namen zweier deutscher Städte.

d) Der zweite Bestandteil *-mar* in Vornamen wie *Dietmar, Reinmar* und *Volkmar* ist etymologisch verwandt mit *die Mär* und *das Märchen* (vgl. 144, b).
Zum A-Laut vgl. R 1.

140 Maat — Mahd

a) Das Substantiv *der Maat* (Plural: *die Maate* und *die Maaten*) stammt aus dem Niederdeutschen. Es wird mundartlich für „Genosse", seemannssprachlich für „Schiffsmann; Unteroffizier" gebraucht. Eine Ableitung ist *der Maatje* (Plural: *die Maatjen*) in der Bedeutung „kleiner Maat":
Der Maat ließ die gesamte Mannschaft auf Deck antreten.

b) Das Substantiv *die Mahd* (Plural: *die Mahden*) wird landschaftlich und dichterisch für „das Mähen; das Gemähte, Heu" gebraucht; das Substantiv *das Mahd* (Plural: *die Mähder*) bedeutet im Österreichischen und Schweizerischen auch „Bergwiese". Die Wörter gehören zu dem Verb *mähen (mähte, gemäht)* „[Gras] schneiden":
Die Mahd lag auf der Wiese ausgebreitet zum Trocknen.
Zum A-Laut vgl. R 1, zum Auslaut R 7.

141 Made — Mahden

a) Das Substantiv *die Made* (Plural: *die Maden*) bezeichnet die Larve mancher Insekten, so der Fliegen und Bienen. Eine Ableitung ist *madig* in der Bedeutung „voll von Maden". Die umgangssprachliche Wendung *jmdn. oder etwas jmdm. madig machen* bedeutet „jmdn. oder etwas bei jmdm. schlechtmachen":

Der Käse war voller Maden. Du kannst mir diesen Plan nicht madig machen.

b) Die Form *die Mahden* ist die Pluralform zu dem Substantiv *die Mahd*, das landschaftlich und dichterisch für „das Mähen"; das Gemähte, Heu" gebraucht wird (vgl. 140, b).
Zum A-Laut vgl. R 1.

142 mahlen — malen

a) Das Verb *mahlen (mahlte, gemahlen)* hat die Bedeutung „pulverförmig zerreiben". Es ist etymologisch verwandt mit den Substantiven *das Mehl, die Mühle* und *der Müller*. Zusammensetzungen sind die älteren Wörter *der Mahlgang, das Mahlgeld* und *das Mahlgut:*
Der Müller mahlt, mahlte das Korn. Ich mahle Getreide.

b) Das mit den vorstehenden Wörtern etymologisch nicht verwandte Verb *malen (malte, gemalt)* in der Bedeutung „zeichnen, in Farbe darstellen" ist eine Ableitung von dem Substantiv *das Mal* in der Bedeutung „Zeichen, Fleck" (vgl. 146, c). Ableitungen sind *der Maler, die Malerei* und *malerisch:*
Ich male ein Bild. Er malt, malte ein Bild.
Unterscheide die Formen der Verben *mahlen* und *malen!*
B e a c h t e : Die scherzhafte Aufgabe, die beiden Sätze *Der Müller mahlt. Der Maler malt.* in einen Satz zusammenzufassen und niederzuschreiben, läßt sich auf zweierlei Weise lösen:
Der Müller mahlt. Der Maler malt. Beide ma[h]len. (Oder:) Der Müller mahlt, und der Maler malt.
Zum A-Laut vgl. R 1.

143 mahnen — Manen — manisch

a) Das Verb *mahnen (mahnte, gemahnt)* hat die Bedeutung „an eine Verpflichtung erinnern; auffordern". Ableitungen sind *die Mahnung* und *der Mahner*, Zusammensetzungen *der Mahnbrief* und *das Mahnmal:*
Der Gläubiger mahnte den Schuldner wegen der Zurückzahlung des Darlehens. Die Polizei mahnte, Ruhe zu bewahren.

b) Mit dem pluralischen Substantiv *die Manen* wurden in der römischen Religion die Geister der Toten bezeichnet, denen zahlreiche Opfer dargebracht wurden.

c) Das Adjektiv *manisch* wird vor allem in der Medizin gebraucht und bedeutet „krankhaft heiter, erregt, besessen, tobsüchtig". Es gehört zu dem Substantiv *die Manie*, das aus dem Griechischen stammt. Die Verbindung *manisch-depressives Irresein* bezeichnet ein periodisches Irresein, das gekennzeichnet ist durch den Wechsel einer heiter-zornigen und einer schwermütigen Phase:

Er leidet an manisch-depressivem Irresein.

d) *Manuel* und *Manuela* sind Vornamen und Kurzformen von *Emanuel* bzw. *Emanuela*.
Zum A-Laut vgl. R 1.

144 Mähre – Märe

a) Das Substantiv *die Mähre* (Plural: *die Mähren*) wird heute abwertend für „altes, dürres, ausgemergeltes Pferd" gebraucht. Es ist etymologisch verwandt mit dem ersten Bestandteil der Wörter *der Marschall*, das ursprünglich „Pferdeknecht" bedeutete, und *der Marstall*, das früher allgemein „Pferdestall" bedeutete:
Eine lahme Mähre zog den Milchwagen.

b) Das Substantiv *die Mär, die Märe* (Plural: *die Mären*) ist heute veraltet oder scherzhaft und hat die Bedeutung „Kunde, Nachricht". Von *Mär* abgeleitet ist das Substantiv *das Märchen*. Etymologisch verwandt ist der zweite Bestandteil in Personennamen wie *Dietmar, Reinmar* und *Volkmar*:
Es geht die Mär, du hättest im Lotto gewonnen.

c) Das landschaftlich gebräuchliche Verb *mären (märte, gemärt)* hat die Bedeutung „herumwühlen; langsam sein; faseln". Es ist verwandt mit dem ebenfalls landschaftlichen Substantiv *die Märte* (Plural: *die Märten*) „Kaltschale; Mischmasch":
Er märte davon, nach Amerika auszuwandern.

d) *Mähren* ist der Name eines historischen Gebiets in der mittleren Tschechoslowakei. Der Bewohner heißt *der Mähre* (Plural: *die Mähren*) oder *der Mährer*. Zu geographischen Namen wie *Mährische Pforte* vgl. etwa Duden, Wörterbuch geographischer Namen.
Zum Ä-Laut vgl. R 1.

145 Mais – Maiß

a) Das Substantiv *der Mais* (Plural: für Maisarten: *die Maise*) ist die Bezeichnung für eine Getreidepflanze. Das Wort stammt aus dem Indianischen:
Sie bauen hauptsächlich Mais an.

b) Das Substantiv *der Maiß* (Plural: *die Maiße*) hat im Bayrischen und Österreichischen die Bedeutung „Holzschlag; Jungwald":
Sie verbrannten im Maiß die abgeschlagenen Äste der Bäume.

c) Zu geographischen Namen wie *Maissau* (Stadt in Österreich), [*Hoher*] *Meißner* (Teil des Hessischen Berglandes) und *Meißen* (Stadt an der Elbe) vgl. etwa Duden, Wörterbuch geographischer Namen.
Zum Auslaut vgl. R 7, zum Ai-Laut R 2.

146 mal – Mal – Mahl – Gemahl

a) Das Wort *mal* wird heute beim Multiplizieren gebraucht. Es ist dasselbe Wort wie *das Mal* in der Bedeutung „Zeitpunkt" (vgl. b). Beachte das Verb *malnehmen (nahm mal, malgenommen)* in der Bedeutung „multiplizieren". In der Umgangssprache wird *mal* als Kurzform für *einmal* gebraucht:

Acht mal zwei ist sechzehn (8 mal 2, 8 x 2, 8 · 2 = 16). Komm mal her! Das ist nun mal so.

b) Das Substantiv *das Mal* (Plural: *die Male*) bedeutet ursprünglich „Zeitpunkt". Es ist identisch mit dem Substantiv *das Mahl* in der Bedeutung „Essen" (vgl. d; vgl. auch a). *Das Mal* wird heute im allgemeinen verwendet, um die Wiederholung zu verschiedenen Zeitpunkten anzugeben. Es steht zumeist in fester Verbindung mit *ein, manch, viel, wenig* u.ä.; es wird häufig mit diesen Wörtern zusammengeschrieben:

Mit einem Male war alles anders. Viele Male hat er uns schon besucht. (Beachte den Unterschied in der Schreibung:) das erste Mal, (auch:) das erstemal; beim letzten Mal, (auch:) beim letztenmal; mit einem Mal, (auch:) mit einemmal usw. (Unterscheide:) Jedes Mahl ist jedes Mal, (auch:) jedesmal ein Fest.

c) Das Substantiv *das Mal* (Plural: *die Male*) wird heute in gehobener Sprache gebraucht und hat hier die Bedeutung „Fleck, Zeichen". In bestimmten Sportarten (Rugby, Ballspiele) bezeichnet es einen besonders markierten Punkt. Eine Ableitung ist das Verb *malen (malte, gemalt)*. Das Wort ist zwar mit dem Substantiv *das Mal* „Zeitpunkt" (vgl. b) etymologisch nicht verwandt; es ist aber in der Form von diesem beeinflußt worden. Zusammensetzungen sind *das Brandmal* (Plural: *die Brandmale*), *das Kainsmal* (Plural: *die Kainsmale*), *das Mahnmal* (Plural: *die Mahnmale*), *das Merkmal* (Plural: *die Merkmale*), *das Muttermal* (Plural: *die Muttermale*), *das Wundmal* (Plural: *die Wundmale*); *das Denkmal* (Plural: *die Denkmale* und *die Denkmäler*), *das Ehrenmal* (Plural: *die Ehrenmale* und *die Ehrenmäler*), *das Grabmal* (Plural: *die Grabmale* und *die Grabmäler*), *das Schandmal* (Plural: *die Schandmale* und *die Schandmäler*):

Sie hatte ein braunes Mal auf dem linken Oberarm. Der Schlagballspieler hatte das Mal berührt.

d) Das Substantiv *das Mahl* (Plural: *die Mähler* und *die Mahle*) wird in gehobener Sprache für „Essen" gebraucht. Es ist ursprünglich identisch mit dem Substantiv *das Mal* „Zeitpunkt" (vgl. b). Zusammensetzungen sind *die Mahlzeit, das Abendmahl* (Plural: *die Abendmahle), das Festmahl* (Plural: *die Festmähler* und *die Festmahle), das Gastmahl* (Plural: *die Gastmähler* und *die Gastmahle), das Mittagsmahl* (Plural: *die Mittagsmähler* und *die Mittagsmahle), das Nachtmahl* (Plural: *die Nachtmahle* und *die Nachtmähler*); vom letzteren Substantiv abgeleitet und wie dies besonders in Österreich gebräuchlich ist das Verb *nachtmahlen (nachtmahlte, genachtmahlt):*

Es gab ein üppiges Mahl. (Unterscheide:) Jedes Mahl ist jedes Mal, (auch:) jedesmal ein Fest.

e) Das mit den vorstehenden Wörtern nicht verwandte Substantiv *der Gemahl* (Plural: *die Gemahle*) bezeichnet ursprünglich den Bräutigam, dann den Ehemann. Es wird in gehobener Sprache gebraucht. Eine Ableitung ist *die Gemahlin* in der Bedeutung „Ehefrau". Wie das verwandte Verb *vermählen (vermählte, vermählt)* in der Bedeutung „heiraten" gehört es zu einer Gruppe von alten Rechtswörtern, der auch die Substantive *der Mahlschatz* „Gabe, die bei der Verlobung gegeben wird" und *die Mahlstatt* oder *die Mahlstätte* „Versammlungsstätte, Gerichtsstätte" angehören:

Sie stellte ihren Mann immer nur als ihren Gemahl vor.
Zum A-Laut vgl. R 1.

147 Mann, Bergmann usw. — man — Hetman usw.

a) Das Substantiv *der Mann* (Plural: *die Männer*) hat die Bedeutung „erwachsene Person männlichen Geschlechts; Ehemann". In Fügungen wie *mit Mann und Maus* und *etwas an den Mann bringen* hat es noch die umfassende Bedeutung „Mensch". Zusammensetzungen sind etwa *der Ammann* (Plural: *die Ammänner;* schweizerisch), *der Bergmann* (Plural: *die Bergleute), der Biedermann* (Plural: *die Biedermänner), der Dienstmann* (Plural: *die Dienstmänner* oder *Dienstleute), der Edelmann* (Plural: *die Edelleute), der Ehrenmann* (Plural: *die Ehrenmänner), der Ersatzmann* (Plural: *die Ersatzmänner* oder *Ersatzleute), der Fachmann* (Plural: *die Fachmänner* oder *Fachleute), der Geschäftsmann* (Plural: *die Geschäftsleute), der Hampelmann* (Plural: *die Hampelmänner), der Obmann* (Plural: *die Obmänner* oder *Obleute), der Steuermann* (Plural: *die Steuermänner* oder *Steuerleute), der Tormann* (Plural: *die Tormänner), der Zimmermann* (Plural: *die Zimmerleute*) sowie — in der Bedeutung „jeder (ohne Ausnahme)" — *jeder-*

nann. Ableitungen sind *die Mannschaft* und *männlich:*
Ein alter Mann stand vor der Tür.
Darf ich dir meinen Mann vorstellen?

b) Das Pronomen *man* „jeder beliebige; die Leute" ist aus dem Substantiv *der Mann* (vgl. a) in der allgemeinen Bedeutung „Mensch" entwickelt worden:
Man sagt, er habe Selbstmord begangen.

c) Ein anderes Wort als *man* „jeder beliebige" (vgl. b) ist das im Norddeutschen umgangssprachlich gebrauchte Adverb *man* „nur":
Wenn das man gutgeht!

d) Unterscheide von den Zusammensetzungen mit *der Mann* (vgl. a) die folgenden Fremdwörter: *der Dolman* (Plural: *die Dolmane;* vgl. 48, d), *der Hetman* (Plural: *die Hetmane, die Hetmans*) „Oberhaupt der Kosaken" (aus dem Slavischen übernommen), *der Kaiman* (Plural: *die Kaimane*) „Krokodil im tropischen Südamerika" (aus dem Spanischen übernommen), *der Muselman* (Plural: *die Muselmanen*) „Mohammedaner" (aus dem Italienischen übernommen), *der Talisman* (Plural: *die Talismane*) „Glücksbringer, Maskottchen" (aus dem Italienischen übernommen). Zu dem Substantiv *der Muselman* gibt es auch die eingedeutschte Form *der Muselmann* (Plural: *die Muselmänner*).

e) Zu geographischen Namen wie *Mannheim* (Stadt in Baden-Württemberg) vgl. etwa Duden, Wörterbuch geographischer Namen. Zum N-Laut vgl. R 5 f.

148 Märkte − merkte

a) Die Form *die Märkte* ist der Plural des Substantivs *der Markt* „Marktplatz; Verkauf und Kauf von Waren, Absatzgebiet":
Neue Märkte müssen erobert werden.

b) Die Form *(ich, er) merkte* gehört zu dem Verb *merken (gemerkt)* „im Gedächtnis behalten; bemerken":
Er merkte sich die Nummer des Wagens.
Zum kurzen Ä-Laut vgl. R 4.

149 maß, Maß − Maas

a) Die Formen *(er) maß* und *(sie) maßen* gehören zu dem Verb *messen (maß, gemessen)*, das die Bedeutungen „das Ausmaß von etwas feststellen; ein bestimmtes Ausmaß haben" hat. Verwandt ist das Substantiv *das Maß* (Plural: *die Maße*) in der Bedeutung „Einheit zum Messen; durch Messen ermittelte Zahl, Größe" und *die Maß* (Plural: *die Maße* oder *die Maß*), mit dem im Bayrischen, Österreichischen und Schweizerischen ein Flüssigkeitsmaß bezeichnet wird:

Sie maßen die Breite der Wand, an die sie ein Regal stellen wollten. Die Wand maß 5 m. Das Maß für die Bestimmung der Länge ist das Meter. Die Kellnerin brachte zwei Maß Bier.

b) Zu geographischen Namen wie *die Maas* (Fluß, der in die Nordsee mündet) und *Maastricht* (Stadt an der Maas) vgl. etwa Duden, Wörterbuch geographischer Namen.
Zum A-Laut vgl. R 1, zum Auslaut R 7.

150 Mate – Maate
a) Das Substantiv *der Mate* bezeichnet eine Teesorte, die aus den Blättern der Matepflanze, eines südamerikanischen Stechpalmengewächses, gewonnen wird. Diese Pflanze selbst wird auch mit *die Mate* (Plural: *die Maten*) bezeichnet. Das Wort *Mate* ist aus dem Indianischen übers Spanische ins Deutsche eingedrungen:
Er trinkt nur Matetee.

b) Die Formen *die Maate* und *die Maaten* sind die Pluralformen zu dem Substantiv *der Maat*, das aus dem Niederdeutschen stammt und mundartlich für „Genosse", seemannssprachlich für „Schiffsmann; Unteroffizier" gebraucht wird:
Alle Maate wurden zum Kapitän bestellt.
Zum A-Laut vgl. R 1.

151 Mehl – Mehltau – Meltau
a) Das Substantiv *das Mehl* hat die Bedeutung „gemahlene Getreidekörner, Zerriebenes". Ältere Formen sind althochdeutsch *melo*, mittelhochdeutsch *mel*. Es gehört wie *der Mehltau* (vgl. b) und *der Meltau* (vgl. c) zu der Wortgruppe von *mahlen*. Eine Zusammensetzung ist *der Mehlwurm*:
Er kaufte drei Pfund Mehl.

b) Die Zusammensetzung *der Mehltau* bezeichnet bestimmte parasitische Pilze, die als spinnwebenartige weißliche Geflechte oder mehlartige Beläge bestimmte Pflanzen überziehen und schädigen. Im Althochdeutschen lautet es *militou*, im Mittelhochdeutschen *miltou*. Der erste Bestandteil hat wahrscheinlich die gleiche Bedeutung wie althochdeutsch *melo*, mittelhochdeutsch *mel*, nämlich „Mehl" (vgl. a), und gehört wie *Mehl* zu der Wortgruppe von *mahlen*. Seit dem 15. Jahrhundert wird der erste Bestandteil in der Schreibung direkt an *Mehl* angeschlossen und mit **e** geschrieben. In einigen Mundarten findet sich noch heute die Schreibung mit **i**, nämlich *Miltau*. Es ist ursprünglich dasselbe Wort wie *der Meltau* (vgl. c):
Die Pflanze war ganz mit Mehltau überzogen.

c) Die Zusammensetzung *der Meltau* bezeichnet den klebrig-süßen

durchscheinenden Saft auf Pflanzen, der von den Pflanzen selbst oder von Insekten, etwa von Blattläusen, gebildet wird. Es ist ursprünglich dasselbe Wort wie *der Mehltau* (vgl. b), wird aber heute auch durch die abweichende Schreibung ohne h von diesem unterschieden:
Ein anderes Wort für Meltau ist Honigtau.
Zum E-Laut vgl. R 1.

152 mehr – Meer, Meerkatze – Meerrettich

a) Das Wort *mehr* wird einmal als Indefinitpronomen, zum andern als Adverb in der Bedeutung „in höherem Maße" gebraucht. Das Indefinitpronomen *mehrere* „einige, nicht viele, verschiedene", die Verben *mehren (mehrte, gemehrt)* und *vermehren (vermehrte, vermehrt)* „vergrößern; häufiger werden" und das Substantiv *die Mehrheit* gehören zu diesem Wort:
Er hat mehr als die Hälfte bekommen. Er friert mehr als du. Er war mehrere Tage verreist. Er [ver]mehrte seinen Besitz. Die Unruhen [ver]mehrten sich.

b) Das Substantiv *das Meer* (Plural: *die Meere*) hat die Bedeutung „sehr große Wasserfläche". Zusammensetzungen sind *die Meerkatze*, Name einer aus Afrika stammenden Affenart, und *das Meerschweinchen*, Name eines aus Südamerika stammenden Nagetiers. Der erste Bestandteil dieser Namen erklärt sich aus der Tatsache, daß diese Tiere über das Meer nach Europa gebracht worden sind:
Er fuhr mit dem Schiff über das Meer.

c) Der erste Bestandteil des Pflanzennamens *der Meerrettich* ist wahrscheinlich das unter a behandelte Wort *mehr*. Das Substantiv bedeutet ursprünglich „größerer Rettich". Später wurde der Name umgedeutet zu Rettich, der über das Meer zu uns gebracht worden ist (vgl. b).

d) Zu geographischen Namen wie *Meeralpen* (Teil der Westalpen), *Meersburg* (Stadt in Baden-Württemberg) vgl. etwa Duden, Wörterbuch geographischer Namen.
Zum E-Laut vgl. R 1.

153 Meßgerät – Meßgewand, Lichtmeß – Kirmes – Mesner

a) Die Zusammensetzungen *das Meßband, das Meßgerät, die Meßschnur* enthalten als ersten Bestandteil das Verb *messen (maß, gemessen)* „das Ausmaß von etwas feststellen; ein bestimmtes Ausmaß haben". Eine Form des Verbs ist *(ihr) meßt, meßt!*:
Nehmt das Meßband und meßt die Länge dieses Weges.

b) Die Zusammensetzungen *das Meßgewand, das Meßopfer, der Meßtext* enthalten als ersten Be-

standteil das Substantiv *die Messe* in der Bedeutung „Gottesdienst". *Mariä Lichtmeß* ist die Bezeichnung für ein katholisches Fest:
Die Meßtexte werden schon häufig in der jeweiligen Landessprache gebetet.

c) Das Substantiv *die Kirmes* (Plural: *die Kirmessen*) hat die Bedeutung „Jahrmarkt; Volksfest". Es ist aus *Kirchmesse* entstanden, das zunächst die zur Einweihung einer Kirche gelesene Messe (vgl. b), dann das Erinnerungsfest daran und schließlich das Volksfest bezeichnete. Auf die Schreibung mit einfachem s ist besonders zu achten:
Zu Pfingsten war im Dorf immer Kirmes.

d) Das nur landschaftlich gebrauchte Wort *der Mesner* hat die Bedeutung „Kirchendiener, Küster". Eine Ableitung ist das Substantiv *die Mesnerei* „Amt und Wohnung des Mesners". Es ist mit dem Wort *die Messe* (vgl. b) etymologisch nicht verwandt:
Er ist Mesner an der Heilig-Geist-Kirche.

Zum S-Laut vgl. R 5 ff.

154 Miene – Mine – Mina

a) Das Substantiv *die Miene* (Plural: *die Mienen*) hat die Bedeutung „Gesichtsausdruck". Es ist aus dem Französischen entlehnt worden und wurde zunächst mit **i** (*Mine*) geschrieben. Im 18. Jahrhundert setzte sich die Schreibung mit **ie** (*Miene*) durch; dadurch wurde das Wort auch im Schriftbild von dem nichtverwandten Wort *die Mine* (vgl. b) unterschieden. Zusammensetzungen sind *das Mienenspiel, die Duldermiene, die Gönnermiene, die Kennermiene.*
Er machte eine finstere Miene.

b) Das Substantiv *die Mine* (Plural: *die Minen*) ist aus dem Französischen entlehnt worden. Es hat heute die Bedeutungen „Sprengkörper; Erzgrube; Kugelschreibermine u.ä.". Zusammensetzungen, nach den Bedeutungen des Grundwortes geordnet: *die Luftmine, das Minensuchboot; die Kupfermine; die Kugelschreibermine:*
Er trat auf eine Mine und war sofort tot. Die Kriegsgefangenen mußten in den Minen arbeiten. Er hat in seinem Kugelschreiber eine rote Mine.

c) Das Substantiv *die Mine* (Plural: *die Minen*) stammt aus dem Griechischen und bezeichnet eine altgriechische Gewichtseinheit und eine altgriechische Münze.

d) *Mina* und *Mine* sind weibliche Vornamen und Kurzformen von *Wilhelmine* und *Hermine*.

Zum I-Laut vgl. R 1.

155 Mist – mißt

a) Das Substantiv *der Mist* (Plural: *die Miste*) hat die Bedeutung „mit

Streu vermischter tierischer Kot und Harn (oft als Düngemittel verwendet)". Das Wort wird oft übertragen in der Bedeutung „Unsinn; Dreck" gebraucht. Ableitungen sind das Verb *misten (mistete, gemistet)* in der Bedeutung „düngen; den Stall von Mist säubern" und das Adjektiv *mistig* in der Bedeutung „schmutzig". Zusammensetzungen sind etwa *das Mistbeet* und *der Mistfink* in der Bedeutung „schmutziger Mensch":
Der Bauer und der Knecht luden eine Fuhre Mist auf. Der Bauer breitete den Mist aus. Mit dem Mist habe ich nichts zu tun.
b) Die Form *(er) mißt* gehört zu dem Verb *messen (maß, gemessen)*:
Er mißt gerade die Breite der Wand, an die er ein Regal stellen will. Die Wand mißt 5 m.
Zum S-Laut vgl. R 5 ff.

156 Mob, Mobs — Mop — Mops

a) Das Substantiv *der Mob* (Genitiv: *des Mobs*) hat die Bedeutung „Pöbel". Es ist im 18. Jahrhundert aus dem Englischen entlehnt worden. Das englische Wort stammt seinerseits aus dem Lateinischen:
Der Mob wälzte sich brüllend durch die Straßen und plünderte die Geschäfte.
b) Das Substantiv *der Mop* (Plural: *die Mops*) hat die Bedeutung „Staubbesen". Es ist im 20. Jahrhundert aus dem Englischen entlehnt worden. Eine Ableitung ist das Verb *moppen (moppte, gemoppt)* in der Bedeutung „mit dem Mop reinigen":
den Boden mit dem Mop reinigen.
c) Der Hundename *der Mops* (Plural: *die Möpse*) stammt aus dem Niederdeutschen. Die niederdeutschen und niederländischen verwandten Wörter bedeuten „den Mund verziehen" und „mürrisch sein", so daß diese Hunderasse nach ihrem mürrisch-verdrießlichen Gesichtsausdruck benannt ist. In übertragener Verwendung bezeichnet *der Mops* einen kleinen, dicken Menschen. Das abgeleitete Verb *sich mopsen (mopste, gemopst)* ist landschaftlich und bedeutet „sich langweilen". Das umgangssprachliche Adjektiv *mopsig* bedeutet „langweilig, dick":
Er ist klein und dick, ein richtiger Mops.
Zum P-Laut vgl. R 5 ff.

157 Moor — Morast — Mohrrübe — Mohr

a) Das Substantiv *das Moor* (Plural: *die Moore*) ist im 17. Jahrhundert aus dem Niederdeutschen ins Hochdeutsche übernommen worden. Es bedeutet „Sumpfland". Eine Ableitung ist *moorig*:
Das Moor wurde urbar gemacht.
b) Das Substantiv *der Morast* in der Bedeutung „Schlamm" ist aus

158 mühte — Mythe

dem Altfranzösischen über das Niederdeutsche um 1600 ins Hochdeutsche eingedrungen. Es ist in der Schreibung mit o von dem sinnverwandten Wort *das Moor* (vgl. a) beeinflußt worden, mit dem es entfernt etymologisch verwandt ist. Eine Ableitung ist *morastig*:
Das Auto blieb im Morast stecken.

c) Die Zusammensetzung *die Mohrrübe* bezeichnet wie das umgelautete Wort *die Möhre* eine bestimmte Nutzpflanze:
Sie schabte die Mohrrüben ab und schnitt sie klein.

d) Das Substantiv *der Mohr* (Plural: *die Mohren*) ist eine veraltete Bezeichnung für einen Neger. Es ist entlehnt aus lateinisch *Maurus* „Bewohner Mauretaniens, dunkelhäutiger Nordafrikaner". Die Zusammensetzung *der Mohrenkopf* als Bezeichnung einer Gebäckart mit Schokoladenüberzug stammt aus dem 19. Jahrhundert:
Das Kind ist schwarz („schmutzig") wie ein Mohr.

e) Das Substantiv *die Mora* (Plural: *die Moren*) stammt aus dem Lateinischen und bedeutet in der Verslehre „kleinste Zeiteinheit im Vers".

f) Das Substantiv *die Mora* stammt aus dem Italienischen und bezeichnet ein Fingerspiel.

g) Zu geographischen Namen wie *die Mohra* (Fluß in der Tschechoslowakei) vgl. etwa Duden, Wörterbuch geographischer Namen. Zum O-Laut vgl. R 1.

158 mühte — Mythe

a) Die Formen *(er) mühte, (sie) mühten sich* gehören zu dem Verb *sich mühen (mühte, gemüht)* „sich anstrengen, bemühen":
Er mühte, sie mühten sich sehr, aber ohne besonderen Erfolg.

b) Das aus dem Griechischen stammende Substantiv *der Mythos* oder *Mythus* (Plural: *die Mythen*) hat die Bedeutung „Sage und Dichtung von Göttern, Helden und Geistern; Legende[nbildung]". Eine eingedeutschte Form ist *die Mythe*:
die antiken Mythen; der Mythos vom tausendjährigen Reich der nationalsozialistischen Herrschaft.
Zum Ü-Laut vgl. R 1, zum T-Laut R 9.

159 Mut, anmuten — muht, muhten — Mud

a) Das Substantiv *der Mut* (Genitiv: *des Mutes*) hat die Bedeutung „Tapferkeit, Kühnheit". Zu ihm stellen sich die Verben *anmuten (mutete an, angemutet)* „auf jemanden wirken" und *vermuten (vermutete, vermutet)* „annehmen, glauben". Das in diesen Verben enthaltene einfache Verb *muten (mutete, gemutet)* ist heute veraltet oder fachsprachlich. Ad-

ektivbildungen sind *wohlgemut* „frohgestimmt, unbekümmert" und *mutig* „Mut habend":
Er hat Mut. Sein Verhalten mußte ihn komisch anmuten. Sie vermuten, daß er heute nicht kommt.
b) Die Formen *(sie) muht, muhten* gehören zu dem Verb *muhen (muhte, gemuht)* in der Bedeutung „brüllen (von einer Kuh)":
Die Kühe muhten laut. Die Kuh hat laut gemuht.
c) Zu geographischen Namen wie *die Mud* (Nebenfluß des Mains) vgl. etwa Duden, Wörterbuch geographischer Namen.
Zum U-Laut vgl. R 1, zum Auslaut R 7.

N/O

160 nachahmen — amen

a) Das Verb *nachahmen (ahmte nach, nachgeahmt)* ist seit dem 16. Jahrhundert belegt. Es hat heute die Bedeutung „etwas genauso tun wie ein anderer". Eine Ableitung ist *die Nachahmung: Sie ahmen seine Bewegungen sehr gut nach.*

b) Das Adverb *amen* ist das Schlußwort des christlichen Gebets. Es ist ursprünglich ein hebräisches Wort in der Bedeutung „wahrlich; es geschehe!":
Die Gläubigen antworteten: „Amen". Er sagt zu allem ja und amen („ist mit allem einverstanden"). Er hat sein Amen („seine Zustimmung") zu diesem Plan gegeben.
Zum A-Laut vgl. R 1.

161 Name, nämlich — nahm, nähme

a) Das Substantiv *der Name* (Plural: *die Namen*) hat die Bedeutung „Eigenname, Gattungsname". Eine seltenere Nebenform ist *der Namen* (Plural: *die Namen*). Das Wort ist etymologisch verwandt mit lateinisch *nomen* in der Bedeutung „Name, Benennung, Wort", das als grammatischer Terminus *das Nomen* (Plural: *die Nomina*) vor allem die Wortart Substantiv, aber auch andere deklinierbare Wortarten wie das Adjektiv bezeichnet. Zu *der Name* gehören die Ableitungen *namhaft* und *nämlich, der nämliche* (veraltet) und die Substantive *der Beiname, der Deckname, der Ehrenname, der Eigenname, der Familienname, der Hausname, der Ländername, der Mädchenname, der Nachname, der Personenname, der Rufname, der Schimpfname, der Taufname, der Übername* (schweizerisch für: „Beiname"), *der Vorname* und *der Zuname:*

Sein Name ist Meier. Er hat seinen Nachnamen, seinen Zunamen geändert. Wir sind zu spät gekommen, wir hatten uns nämlich verirrt.

b) Die Formen *(er) nahm, (sie) nahmen* gehören zu dem Verb *nehmen (nahm, genommen)* „mit der Hand ergreifen; annehmen u.a.". Die Konjunktivform dazu lautet *er nähme, sie nähmen.* Die Substantivbildung *-nahme* (etwa in: *Nachnahme*) — noch im Mittelhochdeutschen ein selbständiges Wort — kommt heute nur noch als Bestandteil von Wörtern vor, so etwa in *die Abnahme, die Annahme, die Anteilnahme, die Aufnahme, die Ausnahme, die Einnahme, die Landnahme, die Maßnahme, die Nachnahme, die Teilnahme, die Übernahme, die Zunahme:*

Er nahm einen Hammer und schlug den Nagel ein. Das Buch wurde ihm per Nachnahme zugestellt. Die Übernahme der Amtsgeschäfte dauerte nur eine Stunde. Die Zunahme des Umsatzes beträgt in diesem Jahr 10 % gegenüber dem Vorjahr.

c) *Der Nama* (Plural: *die Nama* und *die Namas*) bezeichnet den Angehörigen eines Hottentottenstammes in Südwestafrika. Eine Zusammensetzung ist *das Namaland.*
Zum A-Laut vgl. R 1.

162 Nehrung — Neer
a) Das Substantiv *die Nehrung* hat die Bedeutung „Landzunge" und ist Bestandteil der Namen *Frische Nehrung* (Landzunge zwischen der Danziger Bucht und dem Frischen Haff) und *Kurische Nehrung* (Landzunge zwischen der Ostsee und dem Kurischen Haff).
b) Das niederdeutsche Wort *die Neer* (Plural: *die Neeren*) hat die Bedeutung „Wasserstrudel mit starker Gegenströmung". Eine Zusammensetzung ist das Substantiv *der Neerstrom.*
Zum E-Laut vgl. R 1.

163 Nitrid — Nitrit
Das Substantiv *das Nitrid* (Plural: *die Nitride*) bezeichnet eine Metall-Stickstoff-Verbindung, das Substantiv *das Nitrit* (Plural: *die Nitrite*) das Salz der salpetrigen Säure.
Zum Auslaut vgl. R 7.

164 Nummer — numerieren
Das Substantiv *die Nummer* (Plural: *die Nummern*) hat die Bedeutung „Zahl, mit der etwas gekennzeichnet wird; Größe". Es ist im 16. Jahrhundert aus dem Italienischen *numero* entlehnt worden. Die Form *Numero* ist heute veraltet; erhalten ist sie in der Abkürzung *No.* Dem italienischen Wort liegt das lateinische Wort *numerus* zugrunde, das als grammatischer Terminus *der Numerus* (Plural: *die Numeri*) zur Bezeichnung der

grammatischen Zahl (Singular oder Plural) direkt aus dem Lateinischen übernommen worden ist. Direkt aus dem Lateinischen übernommen sind weiterhin das Adjektiv *numerisch* „zahlenmäßig" und das Verb *numerieren (numerierte, numeriert)* „mit einer Nummer versehen"; dazu ist die Ableitung *die Numerierung* gebildet. Von *Nummer* abgeleitet ist das Verb *nummern (nummerte, genummert)*, das selten für „numerieren" gebraucht wird, sowie das Adjektiv *nummerisch* „numerisch":
Das Haus hat die Nummer 7. Er braucht jetzt Schuhe Nummer 32. Die Seiten sind numeriert.
Zum M-Laut vgl. R 5 f.

165 Öhr – Öre – Oersted

a) Das Substantiv *das Öhr* (Plural: *die Öhre*) hat die Bedeutung „kleine Öffnung in einer Nadel für den Faden". Es ist eine Ableitung von dem Substantiv *das Ohr*. Eine Zusammensetzung ist *das Nadelöhr*:
Sie zog einen Faden durch das [Nadel]öhr.

b) Das Substantiv *die* oder *das Öre* (Plural: *die Öre*) ist die Bezeichnung für eine dänische, norwegische und schwedische Münze:
Er bezahlte 5 Öre.

c) Das Substantiv *das Oersted* oder *Örsted* (Plural: *die Oersted* oder *Örsted*) ist eine Einheit der magnetischen Feldstärke (nach dem dänischen Physiker Ørsted).

d) Zu geographischen Namen wie *Oerlinghausen* (Stadt in Nordrhein-Westfalen), *Öregrund* (schwedischer Hafen) vgl. etwa Duden, Wörterbuch geographischer Namen.
Zum Ö-Laut vgl. R 1.

P

166 Pak – Pack – packt – Pakt

a) Das Wort *die Pak* (Plural: *die Pak* und *die Paks*) ist ein Kurzwort für Panzerabwehrkanone:
Er hat mit der Pak drei Panzer abgeschossen.

b) Das Substantiv *der Pack* (Plural: *die Packe* und *die Päcke*) hat die Bedeutung „Gepacktes, Bündel". Es ist im 16. Jahrhundert aus dem Niederdeutschen übernommen worden. Zu *Pack* gehören das Verb *packen* (vgl. d) und die Substantive *das Päckchen* und *das Gepäck* (vgl. auch c). Eine Nebenform von *Pack* ist *der Packen*:
Ein Pack Zeitungen lag auf der Treppe.

c) Das Substantiv *das Pack* ist identisch mit dem Wort *der Pack* (vgl.

b). Das Wort wurde zunächst in der Bedeutung „Gepäck, das im Troß mitgeführt wird; Troß" gebraucht; da die Troßmannschaft als minderwertig galt, veränderte sich die Bedeutung zu „Pöbel, Gesindel":
Mit so einem Pack darfst du dich nicht einlassen.

d) Die Formen *(er) packt* und *(er) packte* gehören zu dem Verb *packen (gepackt)* „ergreifen und festhalten; zusammenlegen und in einen Behälter legen", das wie *Pack* (vgl. b und c) aus dem Niederdeutschen übernommen worden ist:
Er packte gerade seine Bücher in die Tasche.

e) Das Substantiv *das Paket* (Plural: *die Pakete*) ist aus dem Französischen entlehnt worden. Es ist etymologisch verwandt mit den Wörtern der drei vorstehenden Gruppen:
Er verschnürte gerade ein großes Paket.

f) Das Substantiv *der Pakt* (Plural: *die Pakte*) bedeutet „Vertrag, Bündnis". Es ist im 15. Jahrhundert aus dem Lateinischen entlehnt worden:
Die Staaten schlossen ein Pakt miteinander.
Zum K-Laut vgl. R 5 f.

167 Pfand – Fant – fand
a) Das Substantiv *das Pfand* (Plural: *die Pfänder*) hat die Bedeutung „Gegenstand, der als Sicherheit für eine Schuld dient". Eine Ableitung ist das Verb *pfänden (pfändete, gepfändet)* „als Pfand beschlagnahmen":
Er hat das Pfand wieder eingelöst.

b) Das Substantiv *der Fant* (Plural: *die Fante*) hat die Bedeutung „unreifer, junger Mensch". Es ist aus dem Italienischen ins Oberdeutsche übernommen worden:
Er ist ein eitler Fant.

c) Die Formen *(er) fand, (sie) fanden* gehören zu dem Verb *finden (fand, gefunden)*, das u.a. die Bedeutung „zufällig oder durch Suchen oder Überlegen entdecken" hat:
Er fand den verlorenen Schlüssel in der Manteltasche. Sie fanden die richtige Lösung des Rätsels.
Zum Auslaut vgl. R 7.

168 Phantasie – Fantasia, Fantasie
a) Das Substantiv *die Phantasie* (Plural: *die Phantasien*) wird in der Bedeutung „Einbildung, Einbildungskraft, Vorstellung, Vorstellungskraft" nur im Singular, in der Bedeutung „Traumgebilde, Eingebildetes" zumeist im Plural gebraucht. Das ursprünglich griechische Wort ist über das Lateinische ins Deutsche gedrungen (vgl. b):
Er hat eine lebhafte Phantasie. Er läßt sich ganz von seinen versponnenen Phantasien leiten.

) Das auf dem i betonte Substantiv *die Fantasia* (Plural: *die Fantasias*) ist die Bezeichnung für ein nordafrikanisches Reiterspiel. Das Substantiv *die Fantasie* (Plural: *die Fantasien*) bezeichnet ein frei improvisiertes Tonstück mit formaler Ungebundenheit. Gelegentlich wird es als eingedeutschte Schreibung für *Phantasie* (vgl. a) gebraucht. Beide Wörter sind aus dem Italienischen übernommen worden. Zugrunde liegt ihnen letztlich dasselbe griechische Wort wie dem Substantiv *die Phantasie* (vgl. a):
Die Fantasia war mit festlichen Tänzen verbunden. Er spielte die Fantasie in F-Dur von B. C.

169 Pier – Peer

a) Das Substantiv *der Pier* (Plural: *die Piere*) hat die Bedeutung „Hafendamm zum Anlegen der Schiffe". Seemannssprachlich heißt es *die Pier* (Plural: *die Piers*). Das Substantiv ist im 19. Jahrhundert aus dem Englischen entlehnt worden:
Das Schiff näherte sich langsam dem Pier.

b) Das englische Substantiv *der Peer* (Plural: *die Peers*) ist die Bezeichnung für ein Mitglied des höchsten englischen Adels und des englischen Oberhauses. Es wird mit langem i gesprochen:
Er ist Peer geworden.
Zum I-Laut vgl. R 1.

170 Pike – Pik – pikiert – piekfein

a) Das Substantiv *die Pike* (Plural: *die Piken*) wird in historischen Büchern u. ä. für den Spieß oder die Lanze der Landsknechte gebraucht. Sonst findet es sich nur noch in umgangssprachlichen Wendungen wie *von der Pike auf dienen / lernen* „sich in seinem Beruf von der untersten Stufe an emporarbeiten". Das Wort ist um 1500 aus dem Französischen entlehnt worden. Eine Ableitung ist das umgangssprachliche Verb *piken (pikte, gepikt)* „stechen", dessen Nebenform *piksen (pikste, gepikst)* lautet und das besonders in Norddeutschland gebraucht wird:
Er hat von der Pike auf gedient. Die Nadeln des Tannenbaums piken mich.

b) Das Substantiv *der Pik* wird heute nur noch in der umgangssprachlichen Wendung *einen Pik auf jemanden haben* „jemandem heimlich grollen" gebraucht. Es ist im 17. Jahrhundert aus dem Französischen entlehnt worden:
Er hat schon immer einen Pik auf mich gehabt.

c) Das seit dem 18. Jahrhundert im Deutschen nachgewiesene Substantiv *das Pik* (Plural: *die Piks*) stammt aus dem Französischen und bezeichnet die Spielfarbe beim Kartenspiel, die im Deutschen

Schippen genannt wird. Eine Zusammensetzung ist etwa *das Pik-As:*
Er spielte Pik aus.

d) Das seit dem 17. Jahrhundert im Deutschen nachgewiesene Adjektiv *pikiert* „leicht beleidigt, verstimmt, verletzt" gehört zu dem Verb *pikieren* „stechen; reizen", das heute noch fachsprachlich gebraucht wird. Es stammt aus dem Französischen. Zu diesem Verb gehört auch *pikant* „scharf gewürzt; anzüglich, schlüpfrig":
Nach dieser Äußerung saß sie pikiert in der Ecke. Die Suppe ist sehr pikant. Er erzählte eine pikante Geschichte.

B e a c h t e : Alle genannten Wörter der Gruppen a - c gehen auf dasselbe französische Substantiv zurück, das seinerseits eine Bildung zu dem französischen Verb ist, das den Adjektiven *pikiert* und *pikant* (vgl. d) zugrunde liegt.

e) Der erste Bestandteil der umgangssprachlichen Adjektive *piekfein* „besonders fein" und *pieksauber* „besonders sauber" stammt aus dem Niederdeutschen:
Das ist eine piekfeine Familie. Die Küche ist wirklich pieksauber.
Zum I-Laut vgl. R 1.

171 Pilz – Pils

a) Das Substantiv *der Pilz* (Plural: *die Pilze*) ist der Name einer Pflanze. Es ist aus dem Lateinischen entlehnt worden:
Sie sammeln im Wald Pilze.

b) Das Substantiv *das Pils* ist die Bezeichnung für ein bestimmtes Bier. Ursprünglich ist es ein Kurzwort für das in Pilsen hergestellte Pilsener Bier:
Er bestellte 5 Pils.

c) Zu geographischen Namen wie *Pilsberg* (Erhebung in Schleswig-Holstein), *Pilsko* (Berg in den Westbekiden) und *Pilzno* (Stadt in Polen) vgl. etwa Duden, Wörterbuch geographischer Namen.
Zum Z-Laut vgl. R 14.

172 Piste – pißte

a) Das aus dem Französischen entlehnte Substantiv *die Piste* (Plural: *die Pisten*) hat die Bedeutung „Schi- oder Radrennstrecke; Lande- oder Startbahn für Flugzeuge":
Der Schifahrer sauste über die Piste. Tausende von Zuschauern standen auf den Hängen und Pisten.

b) Die Formen *(er) pißte, (sie) pißten* gehören zu dem in derber Sprache gebrauchten Verb *pissen (pißte, gepißt)* „urinieren", das aus dem Französischen ins Niederdeutsche gedrungen ist:
Sie standen an der Mauer und pißten.
Zum S-Laut vgl. R 5 ff.

173 Pool, poolen – pulen – Pul

a) Das Substantiv *der Pool* (Plural: *die Pools*) wird in der Wirtschaft gebraucht und hat die Bedeutung „Vertrag zwischen verschiedenen Unternehmungen über die Zusammenlegung der Gewinne und über die Gewinnverteilung; Zusammenfassung von Beteiligungen am gleichen Objekt". Es stammt aus dem Englisch-Amerikanischen. Eine Ableitung ist das Verb *poolen (poolte, gepoolt)*. Die Wörter werden mit *langem u* gesprochen.

b) Das Verb *pulen (pulte, gepult)* wird im Niederdeutschen gebraucht und hat die Bedeutung „bohren":
Pul nicht immer in der Nase.

c) Das Substantiv *der Pul* (Plural: *die Puls*) bezeichnet eine Währungseinheit in Afghanistan.
Zum U-Laut vgl. R 1.

174 Prime – Prim – Priem

a) Das Substantiv *die Prime* oder *Prim* (Plural: *die Primen*) bezeichnet in der Musik die erste Tonstufe, in der Druckersprache die Kurzfassung des Buchtitels unten auf der ersten Seite eines Bogens.

b) Das Substantiv *die Prim* (Plural: *die Primen*) bezeichnet einen bestimmten Fechthieb und das Morgengebet im katholischen Brevier.

c) Das aus dem Italienischen entlehnte Adjektiv *prima* bedeutet in der Kaufmannssprache „in der Qualität erstklassig", umgangssprachlich „vorzüglich, ausgezeichnet, sehr schön":
Wir verkaufen nur prima Ware.
Von hier oben hat man eine prima Aussicht.

d) Das Substantiv *die Prima* (Plural: *die Primen*) ist die Bezeichnung für eine der zwei obersten Klassen einer höheren Schule. Der Schüler einer dieser Klassen heißt *der Primaner*:
Er geht in die Prima.

B e a c h t e : Alle Wörter der Gruppen a–d gehen letztlich auf dasselbe lateinische Wort zurück, das „erster" bedeutet.

e) Das Substantiv *der Priem* (Plural: *die Prieme*) stammt aus dem Niederländischen und bedeutet „Stück Kautabak". Eine Ableitung ist das Verb *priemen (priemte, gepriemt)* „Kautabak kauen":
Er schob den Priem in die rechte Backe. Seitdem er nicht mehr raucht, priemt er.
Zum I-Laut vgl. R 1.

R

175 rächen — rechen, Rechen

a) Von dem Verb *rächen (rächte, gerächt)* „Vergeltung üben", das früher stark gebeugt wurde, ist das Substantiv *die Rache* abgeleitet. Die Schreibung des Verbs mit ä erklärt sich daher, daß man es irrigerweise als Ableitung von *die Rache* aufgefaßt hat:

Er rächte den Mord an seinem Vater auf furchtbare Weise. Er hat sich furchtbar gerächt.

b) Das Substantiv *der Rechen* bezeichnet vorwiegend im Süd- und Mitteldeutschen die Harke, ein Feld- und Gartengerät. Das Verb *rechen (rechte, gerecht)* „harken" ist eine Ableitung von diesem Substantiv:

Er rechte den Weg vor dem Haus. Er hat das Beet mit dem Rechen gerecht.

c) Unterscheide von den Präteritumformen *er rächte* (vgl. a) und *er rechte* (vgl. b) das Adjektiv *rechte (Hand)* sowie von den Partizipien *gerächt* (vgl. a) und *gerecht* (vgl. b) das Adjektiv *gerecht (sein Urteil ist gerecht)*.

Zum kurzen Ä-Laut vgl. R 4.

176 rank und schlank — Rang — rang — schlang

a) Das Adjektiv *rank* gehört mehr der gehobenen Sprache an und bedeutet „schlank [und geschmeidig]". Es ist im 17. Jahrhundert aus dem Niederdeutschen ins Hochdeutsche übernommen worden:

Er ist ein ranker Jüngling. Das Mädchen ist rank und schlank.

b) Das Substantiv *der Rang* (Plural: *die Ränge*), das im 17. Jahrhundert aus dem Französischen entlehnt worden ist, hat u. a. die Bedeutung „berufliche oder gesellschaftliche Stellung; große Bedeutung, Besonderheit":

Er nimmt einen hohen Rang ein. Das Fest war ein Ereignis ersten Ranges.

c) Die Formen *(er) ringt, (ich, er) rang, (sie) rangen* gehören zu dem Verb *ringen (rang, gerungen)* „so kämpfen, daß der Gegner durch Griffe und Schwünge auf beide Schultern gezwungen wird; winden u. a.":

Er ringt verbissen mit ihm. Er rang ihm die Pistole aus der Hand.

d) Die Form *(sie) rankt* gehört zu dem Verb *ranken (rankte, gerankt)* „in Ranken in die Höhe wachsen; Ranken hervorbringen". Es ist eine Ableitung von dem Substantiv *die Ranke:*

Der Efeu rankt sich an der Mauer hoch. Die Pflanze begann zu ranken.

e) Das Adjektiv *schlank* hat die Bedeutung „groß oder hoch und

zugleich schmal". Es ist mit dem Verb *schlingen* (vgl. f) verwandt und bedeutet ursprünglich "biegsam":
Sie ist schlank wie eine Tanne. Er ist von schlanker Gestalt.

f) Die Formen *(er) schlingt, (ich, er) schlang, (sie) schlangen* gehören zu dem Verb *schlingen (schlang, geschlungen)* "winden, ineinanderbinden". Das heute gleichlautende Verb in der Bedeutung "gierig essen" ist erst im Neuhochdeutschen unter Einfluß von Luther mit *schlingen* "winden" lautlich zusammengefallen:
Sie schlang ein Tuch lose um den Hals. Sie schlang das Haar zu einem Knoten. Er schlang seine Suppe hinunter.

B e a c h t e : Bei richtiger Aussprache werden die Wörter mit geschriebenem g wie *rang, schlang* von denen mit geschriebenem k wie *rank, schlank* unterschieden; nur die letzteren haben einen harten Auslaut. Häufig jedoch, vor allem in der Umgangssprache, werden auch die Wörter mit g mit einem harten Auslaut gesprochen, so daß etwa *rang* und *rank, schlang* und *schlank* gleichklingen.
Zum Auslaut vgl. R 7.

177 Rat, Ratschlag — Rad, radschlagen

a) Das Substantiv *der Rat* (Plural: *die Räte*) hat die Bedeutung "Hinweis, Empfehlung, Vorschlag" (Plural: *die Ratschläge*) und "Körperschaft, Gremium". Zu *Rat* in diesen Bedeutungen gehören *der Ratschlag, ratsam* bzw. *der Familienrat, der Stadtrat* (Plural: *die -räte*) und *das Rathaus*. Beachte auch die Titel *Geheimrat, Regierungsrat* und *Studienrat* (Plural: *die -räte*). Mit *Rat* in heute nicht mehr gebräuchlichen Bedeutungen sind die Zusammensetzungen *der Vorrat* (Plural: *die Vorräte*) und *der Unrat* (Genitiv: *des Unrates*) sowie *die Heirat* (Plural: *die Heiraten*) gebildet. *Rat* ist eine Bildung zu dem Verb *raten (riet, geraten):*
Er stand ihm mit Rat und Tat zur Seite. Der Rat der Stadt hat dies Gesetz verabschiedet. Er gab ihm gute Ratschläge.

b) Der erste Bestandteil in Vornamen wie *Ratbert, Ratberta, Ratbod, Ratburg[a]* usw. ist das Substantiv *der Rat* (vgl. a).

c) Mit dem Substantiv *das Rad* (Plural: *die Räder*) wird ein Teil eines Wagens, einer Maschine u. ä. sowie das Fahrrad bezeichnet. Dazu stellen sich die Verben *radfahren (fuhr Rad, radgefahren)* und *radschlagen (schlug Rad, radgeschlagen)* sowie *das Fahrrad* (Plural: *die Fahrräder*) und *das Motorrad* (Plural: *die Motorräder*):
Er wechselte ein Rad an seinem Auto. Wir wollen doch radfahren.

Er kann gut radschlagen. Wir fahren mit dem Fahrrad.

d) Zu geographischen Namen wie *Radstadt* (Stadt in Österreich) vgl. etwa Duden, Wörterbuch geographischer Namen.
Zum Auslaut vgl. R 7.

178 Rede, reden, Rederei – Reede, Reeder, Reederei

a) Das Substantiv *die Rede* (Plural: *die Reden*) hat die Bedeutung „Ansprache, Vortrag; das Sprechen, Gespräch". Eine Ableitung ist das Verb *reden (redete, geredet)* „sprechen". Das mehr umgangssprachliche Substantiv *die Rederei* bedeutet „dauerndes Gerede, Geschwätz":

Er hielt eine lange Rede. Sie brachten die Rede auf das neue Buch. Er redet viel Unsinn. Seine ständige Rederei stört mich sehr.

b) Das Substantiv *die Reede* (Plural: *die Reeden*) ist im 17. Jahrhundert aus dem Niederdeutschen in die Schriftsprache übernommen worden. Es bedeutet „Ankerplatz vor dem Hafen". Dazu stellen sich *der Reeder* „Kaufmann, der Eigentümer eines Schiffes ist" und *die Reederei* in der Bedeutung „Schiffahrtsunternehmen":

Die Queen Elizabeth lag schon seit Wochen auf der Reede vor Anker. Der Matrose fragte im Büro der Reederei nach Arbeit.

c) Zu geographischen Namen wie *Rheda* (Stadt in Nordrhein-Westfalen) vgl. etwa Duden, Wörterbuch geographischer Namen.
Zum E-Laut vgl. R 1, zum R-Laut R 9.

179 Reihe – Reihen – Reiher – Hahnrei

a) Das Substantiv *die Reihe* (Plural: *die Reihen*) hat u. a. die Bedeutung „mehrere zusammengehörende Dinge". Es ist verwandt mit dem Verb *reihen (reihte, gereiht)* in der Bedeutung „auf einen Faden ziehen; reihenweise anheften". Der Imperativ von *reihen* lautet *reihe* oder *reih:*

Vor dem Haus stand eine Reihe Bäume. Sie durchquerten Reihen von Zimmern. Sie standen in Reih und Glied. Die Frauen reihen Perlen auf eine Schnur. Er sagte, reih/reihe die Perlen auf die Schnur!

b) Das Substantiv *der Reihen* (Plural: *die Reihen*) ist eine ältere Form zu *der Reigen* (Plural: *die Reigen*) und bezeichnet heute einen rhythmischen Reihentanz. Das Wort ist aus dem Altfranzösischen entlehnt:

Die Turnerinnen tanzten einen Reigen/(älter:) Reihen.

c) Das Substantiv *der Reihen* (Plural: *die Reihen*) bezeichnet im Süddeutschen den Fußrücken, den Rist:

Er hat einen hohen Reihen.

d) Der Vogelname *der Reiher* (Plural: *die Reiher*) ist in verschiedenen germanischen Sprachen belegt. Ursprünglich bedeutet *Reiher* „Krächzer, [heiserer] Schreier":
Die Reiher haben einen relativ schlanken Körper, einen langen Hals, einen langen, spitzen Schnabel und lange Beine.
e) Die Zusammensetzung *der Hahnrei* (Plural: *die Hahnreie*) hat die Bedeutung „betrogener Ehemann". Das Wort stammt aus dem Niederdeutschen und hat sich seit dem 16. Jahrhundert im Deutschen durchgesetzt. Der erste Bestandteil ist *der Hahn* „männliches Tier bestimmter Vogelarten, besonders des Haushuhns"; der zweite Bestandteil bedeutet eigentlich „Kastrat"; dem verschnittenen Hahn setzte man, um ihn aus der Hühnerschar herauszufinden, die abgeschnittenen Sporen in den Kamm, wo sie fortwuchsen und eine Art von Hörnern bildeten. Daraus erklärt sich die Wendung *jmdm. Hörner aufsetzen:*
Sie hat ihren Mann zum Hahnrei gemacht.
Zum Ei-Laut vgl. R 2.

180 rein — Reinfall — Rain — Rhein[fall]

a) Das Adjektiv *rein* hat in vielen germanischen Sprachen seine Entsprechungen. Die Ursprungsbedeutung dieser Wörter ist „gesiebt".
Etymologisch verwandt ist das Substantiv *die Reiter* (Plural: *die Reitern*), das in bestimmten Landschaften gebraucht wird und „Sieb [für Getreide]" bedeutet. Heute wird *rein* vor allem in den Bedeutungen „nicht schmutzig, sauber" und „ungemischt, unverfälscht" gebraucht. Ableitungen sind das Substantiv *die Reinheit* und das Verb *reinigen (reinigte, gereinigt).* Dazu stellt sich die Ableitung *die Reinigung :*
Das Wasser war rein. Er hat reine Hände; mit reinen Händen, reiner Wein.
b) *'rein* ist eine umgangssprachliche Kurzform des zusammengesetzten Adverbs *herein*. Zusammensetzungen sind das Substantiv *der Reinfall* und das Verb *reinfallen (fiel rein, reingefallen).* Beide werden ohne Apostroph geschrieben und sind vor allem in der Umgangssprache gebräuchlich. Der zweite Bestandteil von *her-ein* ist etymologisch verwandt mit *in.* Er findet sich etwa in den Fügungen *bei jmdm. ein und aus gehen, weder ein noch aus wissen* „ratlos sein":
'rein mit euch ins Zimmer! Das war ein böser Reinfall. Wir müssen aufpassen, daß wir damit nicht reinfallen.
c) Das Substantiv *der Rain* (Plural: *die Raine*) hat in mehreren germanischen Sprachen seine Entspre-

chungen. Es bedeutet „ungepflügter Streifen zwischen Äckern, Ackergrenze; Abhang". Zu *Rain* gehören das veraltete Verb *rainen (rainte, geraint)* in den Bedeutungen „abgrenzen, umgrenzen; benachbart sein", das davon abgeleitete veraltete Substantiv *die Rainung*, das Verb *anrainen (rainte an, angeraint)* in der Bedeutung „angrenzen" und das davon abgeleitete Substantiv *der Anrainer* in der Bedeutung „Grenznachbar, Anlieger". Die beiden letzten Wörter werden vor allem in Süddeutschland und in Österreich gebraucht. Zusammensetzungen sind *der Anrainerstaat* und *die Anrainermacht* in der Bedeutung „angrenzender Staat, angrenzende Macht". Das Wort *der Rain* bildet den ersten Bestandteil der Pflanzennamen *der Rainfarn* und *die Rainweide:*
Wir gingen den Rain entlang. Die Zufahrt ist nur frei für Anrainer. Die Sowjetunion ist eine Anrainermacht des Schwarzen Meeres.

d) Das Substantiv *die Rein* (Plural: *die Reinen*) wird in Süddeutschland und in Österreich gebraucht. Es ist dort umgangssprachlich und bedeutet „größerer Kochtopf, der mehr breit als hoch ist". Verkleinerungswörter sind *das Reindel* (Plural: *die Reindel, die Reindeln*) oder *das Reindl* (Plural: *die Reindl, die Reindln*). Eine Ableitung ist das Substantiv *der Reindling* (Plural: *die Reindlinge*), das einen bestimmten Kuchen bezeichnet:
Die Frau nahm aus dem Schrank eine Rein. Sie schob die Reindlinge in den Ofen.

e) Zu männlichen Vornamen wie *Rainer* /(auch:) *Reiner, Rainald* / (auch:) *Reinald, Reinbold, Reinold* /(auch:) *Reinhold* vgl. etwa Duden-Taschenbücher, Band 4, Lexikon der Vornamen.

f) Der Name des bekannten Stromes wird mit **rh** geschrieben: *der Rhein. Der Rheinfall* bezeichnet den Fall des Hochrheins bei Schaffhausen in der Schweiz. Zu weiteren geographischen Namen wie *Rain* (Stadt in Bayern), *Raintal* (Tal in Südtirol), *Rein* (Ort und Stift in Österreich), *Reintal* (Tal in Bayern), *Rheine* (Stadt in Nordrhein-Westfalen) vgl. etwa Duden, Wörterbuch geographischer Namen.

Zum Ei-Laut vgl. R 2, zum R-Laut R 9.

181 reiß, reißt — reis, reist — Reis

a) Die Formen *reiß!, (er) reißt* gehören zu dem Verb *reißen (riß, gerissen)*, das u.a. die Bedeutungen „zerreißen, durchtrennen; gewaltsam wegnehmen" hat und mit *der Riß, ritzen* und *reizen* verwandt ist. Zusammensetzungen sind *Reißaus (nehmen), das Reißbrett,*

der Reißverschluß, die Reißwolle, der Reißzahn, die Reißzwecke:
Reiß doch nicht die Seite aus dem Buch! Ihr reißt ihm ja die Kleider vom Leib. Sie zog den Reißverschluß zu.

b) Die Formen *reis!, (er) reist* gehören zu dem Verb *reisen (reiste, gereist)* in der Bedeutung „eine Reise machen":
Reis[e] morgen! Wann reist er denn ans Meer?

c) Das mehr gehobene Substantiv *das Reis* (Plural: *die Reiser*) hat die Bedeutung „junger Trieb, Schößling, dünner Zweig". Die Bezeichnung ist in verschiedenen germanischen Sprachen belegt. Zusammensetzungen sind *der Reisbesen, das Reisholz*:
Sie pflückte ein grünes Reis vom Weißdornbusch.

d) Das Substantiv *der Reis* (Genitiv: *des Reises*) bezeichnet eine Getreideart. Das wahrscheinlich aus einer südasiatischen Sprache stammende Wort ist über das Griechische und Lateinische ins Deutsche gedrungen. Zusammensetzungen sind *der Reisbrei, das Reisfeld, das Reiskorn, die Reissuppe, der Reiswein*. Die Tier- und Pflanzennamen *der Reisfink, der Reiskäfer, die Reismotte, die Reisquecke, die Reisratte* enthalten als ersten Bestandteil ebenfalls das Substantiv *der Reis*:
Statt Kartoffeln gab es zu Mittag Reis.

e) Zu geographischen Namen wie *Reisalpe* (Berg in Österreich), *das Reißeck* (Berg in Österreich) vgl. etwa Duden, Wörterbuch geographischer Namen.
Zum Auslaut vgl. R 7.

182 reiten – reihten – Reiter – Reither, Rheydt

a) Das Verbum *reiten (ritt, geritten)* hat in verschiedenen germanischen und indogermanischen Sprachen seine Entsprechungen. Die Ursprungsbedeutung dieser Wörter ist „in Bewegung sein, reisen, fahren". Im heutigen Deutsch bedeutet *reiten* „sich auf einem Tier, vor allem auf einem Pferd, fortbewegen". Das Substantiv *der Reiter* (Plural: *die Reiter*) ist eine Ableitung von diesem Verb:
Die Cowboys reiten über den Berg. Reit diesen Weg entlang. Am Horizont waren drei Reiter zu sehen. Er gab den Reitern ein Zeichen.

b) Die Form *(wir) reihten* gehört zu dem Verbum *reihen (reihte, gereiht)* in der Bedeutung „auf einen Faden ziehen, reihenweise anheften":
Die Frauen reihten Perlen auf die Schnur.

c) Das Substantiv *die Reiter* (Plural: *die Reitern*) ist nur in bestimmten Landschaften gebräuchlich. Es bedeutet „Sieb [für Getreide]". Das Substantiv ist etymologisch verwandt mit dem Adjektiv *rein*. Von *Reiter* abgeleitet ist das Verbum *reitern (reiterte, gereitert)* in der Bedeutung „sieben":

Die Mägde siebten das Getreide mit einer Reiter. Sie reiterten Sand.

d) Zu geographischen Namen wie *Reither* /(auch:) *Reiter Alpe* (Gebirgsstock in den Nördlichen Kalkalpen), *Reit im Winkl* (Ort in Bayern), *Rheidt* (Ort am Rhein in der Nähe Bonns), *Rheydt* (Stadt in Nordrhein-Westfalen) u. a. vgl. Duden, Wörterbuch geographischer Namen.

Zum Ei-Laut vgl. R 2, zum T-Laut und R-Laut R 9.

183 Rennpferd – Rentier

a) Der erste Bestandteil der Zusammensetzungen *das Rennpferd* „Pferd, das für Rennen bestimmt ist", *die Rennstrecke* „Strecke, auf der Rennen gefahren werden" und *der Rennwagen* „Auto, mit dem Rennen gefahren werden" ist der substantiviert gebrauchte Infinitiv des Verbs *rennen (rannte, gerannt) das Rennen* „Wettkampf im Laufen, Reiten oder Fahren". Das Verb *rennen* hat die Bedeutung „schnell laufen". Der geographische Name *Rennsteig*/(auch:) *Rennstieg* oder *Rennweg* (Höhenweg im Thüringer Wald und Frankenwald) ist ursprünglich wohl die Bezeichnung für einen schmalen Geh- und Reitweg gewesen.

b) Das aus dem Nordischen entlehnte Substantiv *das Ren* (Plural: *die Rens*) ist der Name für eine subarktische Hirschgattung. Wenn es mit *langem e* gesprochen wird, dann lautet die Pluralform *die Rene*. Statt *Ren* wird heute häufiger die Zusammensetzung *das Rentier* gebraucht. Durch volksetymologische Anlehnung an *rennen* (vgl. a) entstand die häufig anzutreffende, aber falsche Schreibung *das Renntier*.

Zum N-Laut vgl. R 5 f.

184 Rhus – Ruß

a) Das aus dem Griechischen stammende Substantiv *der Rhus* ist der Name des Essigbaumes.

b) Das Substantiv *der Ruß* (Genitiv: *des Rußes*) hat die Bedeutung „tiefschwarzes feines Pulver aus Kohlenstoff". Ableitungen sind das Verb *rußen (rußte, gerußt)* und das Adjektiv *rußig*:

Der Schornsteinfeger ist schwarz von Ruß.

c) Zu geographischen Namen wie *der Ruß* (Mündungsarm der Memel), *Rußbach* (Nebenfluß der Donau) vgl. etwa Duden, Wörterbuch geographischer Namen.

Zum Auslaut vgl. R 7, zum R-Laut R 9.

185 Ried – riet, rieten – Riten

a) Das Substantiv *das Ried* (Plural: *die Riede*) wird vor allem im Norddeutschen gebraucht und bedeutet „Schilf, Röhricht; mit Schilf bewachsene Gegend, Sumpf". Eine Zusammensetzung ist *das Riedgras:*
Die Hütte hatte ein Dach aus Ried.
Auf der Wanderung kamen sie in ein Ried.

b) Die Formen *(er) riet, (sie) rieten* gehören zu dem Verb *raten (riet, geraten)* „einen Rat geben; etwas durch Vermuten herausfinden":
Er riet ihm, zum Arzt zu gehen.
Sie rieten, wie das Spiel ausgegangen war.

c) Die Form *die Riten* ist der Plural von *der Ritus* „festgelegte feierliche Handlung; Zeremonie". Das Wort stammt aus dem Lateinischen. Das Wort *rite* ist das niedrigste Prädikat bei Doktorprüfungen:
Der Gottesdienst verlief nach festen Riten.

d) *Rita* ist ein weiblicher Vorname und eine Kurzform von *Margherita* oder *Maritta*.

e) Zu geographischen Namen wie *Ried im Innkreis* (Stadt in Österreich), *Riedlingen* (Stadt in Baden-Württemberg), *Rietberg* (Stadt in Nordrhein-Westfalen) vgl. etwa Duden, Wörterbuch geographischer Namen.
Zum I-Laut vgl. R 1, zum Auslaut R 7.

186 Riegel – Rigel

a) Das Substantiv *der Riegel* (Plural: *die Riegel*) kommt nur im Deutschen vor und bezeichnet einen bestimmten Verschluß. Daneben hat es die Bedeutung „unterteiltes, stangenartiges Stück":
Er schob den Riegel an der Tür zurück. Er aß einen Riegel Schokolade.

b) Das aus dem Arabischen stammende Wort *der Rigel* ist der Name eines Sterns.
Zum I-Laut vgl. R 1.

187 Rind – rinnt – Rand – gerannt

a) Das Substantiv *das Rind* (Plural: *die Rinder*) ist die Bezeichnung für ein Haustier. Zusammensetzungen sind *das Rindfleisch, das Rindvieh* u.a.:
Sie haben das Rind geschlachtet.

b) Die Form *(es) rinnt* gehört zu dem Verb *rinnen (rann, geronnen)* in der Bedeutung „in kleineren Mengen langsam und stetig fließen":
Das Blut rinnt aus der Wunde.

c) Das Substantiv *der Rand* (Plural: *die Ränder*) hat u.a. die Bedeutung „Begrenzung, Grenzstreifen":
Der Rand der Decke war ausgefranst.

d) Die Formen *(er) rannte, (er war) gerannt* gehören zu dem Verb *rennen (rannte, gerannt)* „sehr schnell laufen u.a.":
Er rannte schnell über die Straße. Sie waren nach Hause gerannt.
Zum N-Laut vgl. R 5, zum Auslaut R 7.

188 Rute – Route – Ruthenium – ruhte

a) Das Substantiv *die Rute* (Plural: *die Ruten*) ist bereits im Althochdeutschen belegt. Es bedeutet heute u.a. „langer Zweig; Bündel von Zweigen; Schwanz bestimmter Tiere". Zusammensetzungen sind *die Zuchtrute, die Wünschelrute* „gegabelter Zweig, der durch Ausschlagen Bodenschätze oder Wasser anzeigt" und *die Spießrute*. Das letztere Substantiv bedeutet ursprünglich „biegsamer Zweig, der als Reitgerte oder zur Züchtigung dient". Die Wendung *Spießruten laufen* bezeichnet ursprünglich eine harte militärische Strafe; heute hat sie die Bedeutung „in einer peinlichen Situation vielen spöttischen o.ä. Blicken ausgesetzt sein":
Er schnitt eine Rute ab. Er züchtigte das Kind mit einer Rute. Der Hund wedelte mit seiner buschigen Rute.

b) Das Substantiv *die Route* [sprich: ru̱te] (Plural: *die Routen*) hat die Bedeutung „festgelegter Reiseweg, festgelegte Marschrichtung". Es ist im 17./18. Jahrhundert aus dem Französischen entlehnt worden. Ebenfalls aus dem Französischen stammt das Substantiv *die Routine* „praktisches Wissen, Erfahrung":
Sie änderten die Route. Ihm fehlt die Routine.

c) Das Substantiv *das Ruthenium* bezeichnet einen chemischen Grundstoff, ein Edelmetall (Zeichen: Ru). Es ist gebildet nach dem alten Namen für die Ukraine, nämlich Ruthenien.

d) Die Formen *(er) ruhte, (sie) ruhten* gehören zu dem Verb *ruhen (ruhte, geruht)* „sich durch Nichtstun erholen, zum Ausruhen liegen u.a.":
Nach dem Essen ruhte er, ruhten sie eine Stunde.

e) *Ruth* ist ein aus der Bibel übernommener weiblicher Vorname; *Ruthard* und *Ruthilde* sind alte deutsche Vornamen.

Zum U-Laut vgl. R 1, zum T-Laut R 9.

S

189 Saal — -sal — Salweide

a) Das Substantiv *der Saal* (Plural: *die Säle*) bedeutet heute „großer [und hoher] Raum für Feste, Versammlungen o. ä.". Ursprünglich bezeichnet es das altgermanische Einraumhaus. Zusammensetzungen sind *die Saaltochter* „(schweizerisch für:) Kellnerin" und *der Tanzsaal*. Ein Verkleinerungswort ist *das Sälchen:*
Die Tische des festlich geschmückten Saales waren alle besetzt.

b) Der zweite Bestandteil der Substantive *die Drangsal* (Plural: *die Drangsale*), *die Mühsal* (Plural: *die Mühsale*), *die Trübsal* (Plural: *die Trübsale*) o. ä., die Silbe *-sal*, ist ein altes Ableitungssuffix. In anderen Ableitungen wie *das Häcksel, der Wechsel* o. ä. erscheint es als *-sel*. Von Substantiven auf *-sal* abgeleitete Adjektive wie etwa *trübselig* oder *mühselig* werden oft irrtümlich zu *selig* (vgl. 206, b) gestellt:
Er ist in großer Trübsal. Er bläst Trübsal (ugs. für: „er ist sehr deprimiert, traurig").

c) Der erste Bestandteil des Substantivs *die Salweide* kommt heute als selbständiges Wort nicht mehr vor. Er bedeutet schon im Althochdeutschen selbst „Weide", so daß *Salweide* eine verdeutlichende Zusammensetzung ist, d. h., der zweite Bestandteil *Weide* erläutert in der Zusammensetzung *Salweide* das heute unbekannte Wort *Sal*. Der erste Bestandteil *Sal* ist etymologisch verwandt mit der Wortgruppe um *Salz*, für die man die ursprüngliche Bedeutung „schmutziggrau" ermitteln kann. Die Weidenart ist nach der Farbe ihrer Blätter benannt worden:
Am Rand des Baches standen mehrere Salweiden.

d) Das Substantiv *das Salband* (Plural: *die Salbänder*) bezeichnet landschaftlich die Gewebekante, die Gewebeleiste. Andere Bezeichnungen sind *die Salleiste* und *die Salkante.*

e) Das aus dem Lateinischen stammende Wort *Salier* bezeichnet in der Pluralform *die Salier* bestimmte Priestergruppen im alten Rom; *der Salier* bezeichnet einmal den Angehörigen einer Stammesgruppe der Franken, zum anderen den Angehörigen eines deutschen Kaisergeschlechtes (1024 - 1125).

f) Zu geographischen Namen wie *die Saale* (Nebenfluß der Elbe), *Saaler Bodden* (Bucht an der Ostsee) vgl. etwa Duden, Wörterbuch geographischer Namen.
Zum A-Laut vgl. R 1.

190 Saat – saht

a) Das Substantiv *die Saat* (Plural: *die Saaten*) hat die Bedeutung „Samen, der zum Säen bestimmt ist; noch junges Getreide". Es ist etymologisch verwandt mit *säen* und mit *der Samen*:
Die Bauern hatten die Saat schon in die Erde gebracht. Die Saat steht gut.

b) Die Formen *(ihr) saht, (sie) sahen* gehören zu dem Verb *sehen (sah, gesehen)* in der Bedeutung „mit den Augen wahrnehmen; überblicken":
Ihr saht doch, daß das Auto vor euch plötzlich stoppte.
Zum A-Laut vgl. R 1.

191 säen – sähen

a) Die Formen *(ich) säe, (er) sät* gehören zu dem Verb *säen (säte, gesät)* „(Korn, Samen) werfen, ausstreuen". Etymologisch verwandt ist *die Saat* und *der Samen*:
Die Bauern säen das Korn.

b) Die Formen *(er) sähe, (ihr) säht, (sie) sähen, (er) sah* gehören zu dem Verb *sehen (sah, gesehen)* „mit den Augen wahrnehmen; überblicken":
Wenn sie die Zusammenhänge richtig sähen, würden sie anders urteilen.
Zum Ä-Laut vgl. R 1.

192 Saite – Seite – seihte

a) Das Substantiv *die Saite* (Plural: *die Saiten*) hat heute die Bedeutung „gedrehter Darm; gespannter Metallfaden". Früher bedeutete es darüber hinaus „Strick, Schlinge, Fessel". Es ist mit dem Substantiv *das Seil* etymologisch verwandt. Die Schreibung mit **ai** statt mit **ei** ist im 17. Jahrhundert eingeführt worden, um *Saite* von dem Substantiv *die Seite* „Seitenfläche" (vgl. b) auch im Schriftbild zu unterscheiden. Eine im 18. Jahrhundert gebildete Ableitung ist das Verb *besaiten (besaitete)* mit dem auch übertragen gebrauchten 2. Partizip *besaitet*. Das landschaftlich gebrauchte Substantiv *der Saitling* bedeutet „Darm zur Saitenherstellung, getrockneter Darm":
Die Gitarre ist mit sechs Saiten bespannt. Er ist zart besaitet. (Bildlich:) andere Saiten aufziehen.

b) Das Substantiv *die Seite* (Plural: *die Seiten*) bezeichnet wie seine germanischen Entsprechungen ursprünglich die Seite des menschlichen und tierischen Körpers. Heute bezeichnet es allgemein Seitenflächen von Dingen und die Buchseite. Ableitungen sind die Präposition *seitens*, die den Genitiv regiert, und das Verb *beseitigen (beseitigte, beseitigt)*. Etymologisch verwandt ist die Konjunktion und Präposition *seit*:
Er stieß ihn in die Seite. Dieser Satz steht auf Seite 20. Er zeigte

sich von seiner besten Seite. Wir lernten ihn von einer ganz anderen Seite kennen. Seitens der Bundesregierung bestehen keine Bedenken gegenüber der Unterzeichnung dieses Vertrages. Alle Schwierigkeiten sind beseitigt worden. (Unterscheide:) auf / von / zu der Seite, aber: auf / von / zu seiten, beiseite.

c) Die Formen *(er, ich) seihte, (sie, wir) seihten* gehören zu dem in Süddeutschland und in Österreich gebrauchten Verb *seihen (seihte, geseiht)* „(Flüssigkeiten) filtern". Es ist etymologisch verwandt mit *sickern:*
Er seihte, sie seihten den Kaffee.
Zum Ei-Laut vgl. R 2.

193 Schaft — schafft — -schaft
a) Das Substantiv *der Schaft* (Plural: *die Schäfte*) bezeichnet heute den länglichen [Holz]teil an Waffen, Werkzeugen u. ä. Darüber hinaus bezeichnet es u. a. auch den Oberteil von Stiefeln. Eine Ableitung ist das Verb *schäften (schäftete, geschäftet)* in der Bedeutung „mit einem Schaft versehen":
Der Schaft des Speeres war zerbrochen.

b) Die Formen *(er) schafft, (sie) schaffen* gehören zu dem Verb *schaffen* „hervorbringen, gestalten u. a." *(schuf, geschaffen),* „bewältigen; (landschaftlich für:) arbeiten u. a." *(schaffte, geschafft).*

In Verbindungen wie *Abhilfe schaffen, Ordnung schaffen* lauten die Stammformen: *schuf/schaffte, geschaffen.* Zu diesem Verb gehören das präfigierte Verb *beschäftigen (beschäftigte, beschäftigt)* sowie die Substantive *das Geschäft* (Plural: *die Geschäfte*) und *der Schaffner:*
Er schafft die Kisten in den Keller. Er hat heute viel geschafft. Im Geschäft war heute viel zu tun.

c) Die Silbe *-schaft* etwa in *Gesellschaft, Freundschaft* ist heute ein Ableitungssuffix. Ursprünglich ist es ein selbständiges Wort in der Bedeutung „Beschaffenheit" gewesen. Es gehört etymologisch zu dem Verb *schaffen* (vgl. b).
Zum F-Laut vgl. R 5.

194 schallt — schalt
a) Die Formen *schallt, schallte, schallten* gehören zu dem Verb *schallen (schallte / [seltener:] scholl, geschallt)* „laut tönen". Es ist eine Ableitung von dem Substantiv *der Schall:*
Der Ruf schallt, schallte durch die Nacht. Die Lieder schallten mir noch in den Ohren.

b) Die Formen *(er) schalt, (sie) schalten* gehören zu dem veralteten Verb *schelten (schalt, gescholten)* „laut tadeln, schmähen". Eine Ableitung ist das Substantiv *die Schelte:*

Er schalt, sie schalten ihn wegen seines Benehmens.

c) Die Formen *schalt, schalte* gehören zu dem Verb *schalten (schaltete, geschaltet)* „einstellen, einschalten; einen [anderen] Gang einlegen [bei Kraftfahrzeugen] u.a.". Eine Ableitung ist das Substantiv *der Schalter:*
Ich schalte in den vierten Gang.
Nun schalt doch endlich.
Zum L-Laut vgl. R 5.

195 schelten – schellten

a) Das Verb *schelten (schalt, gescholten)* ist veraltet und hat die Bedeutung „laut tadeln, schmähen". Das Substantiv *die Schelte* (Plural: *die Schelten*) ist eine Ableitung:
Sie schelten ihn wegen seines Benehmens. Er bekam arge Schelte.

b) Die Formen *(sie) schellten, (er) schellte* gehören zu dem Verb *schellen (schellte, geschellt)* „läuten". Es ist eine Bildung zu dem Substantiv *die Schelle:*
Sie standen vor der Tür und schellten ununterbrochen. Er schellte dreimal kurz.

c) Die Formen *(sie) zerschellten, (er) zerschellte* gehören zu dem Verb *zerschellen (zerschellte, zerschellt)* „gegen etwas prallen und auseinanderbrechen":
Das Schiff zerschellte, die Schiffe zerschellten an der Klippe.
Zum L-Laut vgl. R 5.

196 schenken, Schenke – Ausschänke

a) Das Verb *schenken (schenkte, geschenkt)* hat u.a. die Bedeutung „unentgeltlich geben". Eine Form ist *(ich) schenke*, eine Ableitung *das Geschenk* (Plural: *die Geschenke*). Die ursprüngliche Bedeutung von *schenken*, „zu trinken geben", ist heute noch faßbar in den Zusammensetzungen *ausschenken* und *einschenken* und in der veralteten Ableitung *die Schenke* (Plural: *die Schenken*) „kleines Wirtshaus". Zusammensetzungen mit *Schenke* sind *die Burgschenke, Klosterschenke* und *Waldschenke* sowie *der Schenkwirt, die Schenkwirtschaft:*

Ich schenke meinem Vater ein Buch. Der Gastgeber schenkte seinen Gästen Wein ein. An Kinder soll man keinen Alkohol ausschenken. Sie kehrten in einer Schenke ein.

b) *Die Schänke* ist die Pluralform zu *der Schank*, das veraltet ist und „Ausschank" bedeutet. *Der Ausschank* hat in der Bedeutung „Raum, in dem alkoholische Getränke ausgeschenkt werden" die Pluralform *die Ausschänke.*

Schank ist eine Bildung zu *schenken, Ausschank* zu *ausschenken* (vgl. a):

Dieser Ausschank war wie alle anderen Ausschänke der Stadt überfüllt.
Zum kurzen Ä-Laut vgl. R 4.

197 Schiene — Maschine
a) Das Substantiv *die Schiene* (Plural: *die Schienen*) hat die Bedeutung „Eisenbahn-, Straßenbahnschiene; Stütze zur Ruhigstellung von gebrochenen Knochen". Früher bedeutete es wie noch heute die Zusammensetzung *das Schienbein* „vorderer Knochen des Unterschenkels":
In der Stadt werden Schienen für die Straßenbahn gelegt. An den gebrochenen Arm wurde eine Schiene angelegt. Er hat das Schienbein gebrochen.

b) Das Substantiv *die Maschine* (Plural: *die Maschinen*) „Vorrichtung, Apparat, der selbständig Arbeit leistet; Flugzeug" ist im 17. Jahrhundert aus dem Französischen übernommen worden. Es ist ursprünglich ein griechisches Wort:
Die Maschine wurde geölt. Die Maschine nach Paris hat Verspätung.
Zum I-Laut vgl. R 1.

198 schilt — Schild
a) Die Form *schilt* ist der Imperativ des veralteten Verbs *schelten (schalt, gescholten)* in der Bedeutung „laut tadeln; schmähen":
Schilt ihn nicht so wegen seines Benehmens!

b) Das Substantiv *der Schild* (Plural: *die Schilde*) hat die Bedeutung „Schutzschild, Schutzwaffe". Es ist dasselbe Wort wie *das Schild* (vgl. c):
Er fing die Lanze mit seinem Schild auf.

c) Das Substantiv *das Schild* (Plural: *die Schilder*) hat die Bedeutung „Erkennungszeichen, Aushängeschild". Es ist dasselbe Wort wie *der Schild* (vgl. b):
Auf dem Schild an seiner Tür stand nur sein Nachname.

d) Zu geographischen Namen wie *Schildberg* (Stadt in Posen) und *Schilthorn* (Gipfel im Berner Oberland) vgl. etwa Duden, Wörterbuch geographischer Namen.
Zum Auslaut vgl. R 7.

199 schlemmen — schlämmen
a) Das Verb *schlemmen (schlemmte, geschlemmt)* hat die Bedeutung „reichlich und ausgiebig essen und trinken". Es gehört etymologisch zu *schlampampen* „schlemmen, prassen", *schlampen* „unordentlich sein" und *die Schlampe* „unordentliche Frau", doch ist es, wohl unter Einfluß von *Schlamm* (vgl. b), zur heutigen Form umgebildet worden. Ableitungen sind *der Schlemmer* und *die Schlemmerei*:
Sie lassen sich viel Zeit bei den Mahlzeiten und schlemmen. Sie schlemmten und praßten. Sie ha-

ben immer in Saus und Braus gelebt und geschlemmt.
b) Das Verb *schlämmen (schlämmte, geschlämmt)* ist eine Ableitung von dem Substantiv *der Schlamm* und hat die Bedeutung „von Schlamm reinigen; im Wasser von gröberen Bestandteilen befreien". Eine Zusammensetzung ist *die Schlämmkreide:*
Sie schlämmten den Teich. Sie haben das Erz geschlämmt.
Zum kurzen Ä-Laut vgl. R 4.

200 schmelzen – schmälzen

Das Verb *schmelzen (schmolz, geschmolzen)* hat die Bedeutungen „durch Wärme flüssig werden, flüssig machen". Zu *schmelzen* gehören *die Schneeschmelze* und *der Zahnschmelz* sowie das Substantiv *der Schmalz* „ausgelassenes weiches Fett von Tieren". Von *Schmalz* abgeleitet ist das landschaftlich gebrauchte Verb *schmälzen (schmälzte, geschmälzt)* „mit Schmalz zubereiten", das auch in der Form *schmalzen* gebraucht wird:
Der Schnee wird bald schmelzen. Sie schmelzen das Metall. Vergiß nicht, den Braten zu schmälzen.
Zum kurzen Ä-Laut vgl. R 4.

201 schneuzen – großschnäuzig

Das Verb *sich schneuzen (schneuzte, geschneuzt)* hat die Bedeutung „sich [durch kräftiges Ausschnauben] die Nase putzen". Verwandt mit *schneuzen* sind *schnauben* und das Substantiv *die Schnauze* (Plural: *die Schnauzen*), das im 16. Jahrhundert als *Schnauße* erscheint, dann aber unter Einfluß von *schneuzen* zu *Schnauze* verändert wird. Zu *Schnauze* gehören *das Schnäuzchen, das Schnäuzlein* sowie *schnauzen* und *großschnäuzig, großschnauzig:*
Er schneuzte sich laut die Nase.
Sei nicht so großschnäuzig.
Auf die Schreibung *schneuzen* mit **eu** ist besonders zu achten. Zum Eu-Laut vgl. R 2.

202 schweigen, Schweiger – schwaigen, Schwaiger

a) Das Verb *schweigen (schwieg, geschwiegen)* hat die Bedeutung „nichts sagen, keine Antwort geben". Eine Form des Verbs ist *(ich) schweige.* Eine Ableitung ist das Substantiv *der Schweiger:*
Ich schweige zu diesen Vorwürfen.
b) Das Substantiv *die Schwaige* (Plural: *die Schwaigen*) hat die Bedeutung „Sennhütte". Zu diesem Wort gehören das Verb *schwaigen (schwaigte, geschwaigt)* „eine Alm bewirtschaften; Käse zubereiten" und das Substantiv *der Schwaiger* „Senner". Diese Wörter werden in Österreich und in Bayern gebraucht.
c) Zu geographischen Namen wie *Schwaigern* (Stadt in Baden-Württemberg) vgl. etwa Duden, Wör-

terbuch geographischer Namen. Zum Ei-Laut vgl. R 2.

203 schwemmen, Schwemme – schwämme, schwämmen – Schwämme

a) Das Verb *schwemmen (schwemmte, geschwemmt)* ist mit dem Verb *schwimmen* (vgl. b) verwandt und bedeutet ursprünglich „schwimmen machen". Heute hat es die Bedeutung „durch die Strömung von etwas entfernen". Es wird mit einem Akkusativobjekt gebraucht. Zusammensetzungen sind *anschwemmen, fortschwemmen* und *wegschwemmen*. Eine Ableitung von *schwemmen* ist das Substantiv *die Schwemme* (Plural: *die Schwemmen*) in den Bedeutungen „Badeplatz für Vieh; Gastwirtschaftsraum". Eine Zusammensetzung ist *die Bierschwemme: Das Wasser hat die Erde vom Ufer geschwemmt. Er sieht, daß die Fluten das Ufer fortschwemmen. Das Vieh wurde zur Schwemme getrieben.*

b) *Schwämme, schwämmen* sind Konjunktivformen des Verbs *schwimmen (schwamm, geschwommen) : er schwämme, schwamm, sie schwämmen, schwammen.* Es wird in der Regel ohne Akkusativobjekt gebraucht. Zusammensetzungen sind *fortschwimmen* und *wegschwimmen:*

Wenn er jeden Tag einige Stunden schwämme und eisern trainierte, könnte er zur Spitzengruppe der Schwimmer gehören. Wenn sie doch jetzt fortschwämmen!

c) Die Form *die Schwämme* ist der Plural des Substantivs *der Schwamm* in den Bedeutungen „Gegenstand zum Waschen; Pilz": *Im Bad lagen drei Schwämme. Sie suchten im Wald nach Schwämmen.* Zum kurzen Ä-Laut vgl. R 4.

204 schwenke – Schwänke, Schwank – schwang

Das Verb *schwenken (schwenkte, geschwenkt)* hat u.a. die Bedeutung „hin und her bewegen". Eine Form ist *(ich) schwenke.* Eine Ableitung ist das Substantiv *der Schwenker. Schwenken* ist etymologisch verwandt mit *schwanken (schwankte, geschwankt)* „sich hin und her oder auf und nieder bewegen u.a." und mit *schwingen (schwang, geschwungen)* „mit weiten Bewegungen hin und her schwenken u.a.". Zu dieser Gruppe gehört ebenfalls das Substantiv *der Schwank* (Plural: *die Schwänke*) „kurze, heitere Geschichte von komischen Begebenheiten oder Streichen": *Ich schwenke die Fahne. Er erzählte Schwänke, einen Schwank aus seiner Jugendzeit. Der Mast schwankte im Wind. Er schwang die Fahne.*

Zum kurzen Ä-Laut vgl. R 4.
B e a c h t e : Bei richtiger Aussprache werden die Wörter *schwang* und *Schwank* unterschieden; nur *Schwank* hat ein *hartes k* im Auslaut. Häufig jedoch, vor allem in der Umgangssprache, wird auch *schwang* mit einem harten Auslaut gesprochen, so daß *schwang* und *Schwank* gleichklingen.
Zum Auslaut vgl. R 7.

205 sechs, sechste – Sexte – Sex
a) Das Zahlwort *sechs* „6" hat in vielen germanischen und indogermanischen Sprachen seine Entsprechungen, so etwa das lateinische Wort *sex* (vgl. b). Die Substantivierung lautet *die Sechs*, eine Ableitung ist *sechste*:

Er hat sich sechs Bücher gekauft. Er ist der sechste in der Reihe. Er hat einen sechsten Sinn für solche Neuigkeiten. Er hat eine Sechs gewürfelt.

b) Die Substantive *die Sexta* (Plural: *die Sexten*) „unterste Klasse an Gymnasien", *die Sexte* (Plural: *die Sexten*) „sechster Ton [vom Grundton an]" und *der Sextant* (Plural: *die Sextanten*) „Instrument zum Messen eines Winkels" stammen aus dem Lateinischen. Dem ersten Bestandteil lateinisch *sex* „6" entspricht im Deutschen das Zahlwort *sechs* „6" (vgl. a):

Er geht in die Sexta. Er bedient den Sextanten.

c) Das Substantiv *der Sex* „Sexualität; geschlechtliche Anziehungskraft" ist in diesem Jahrhundert aus dem Englischen, das Substantiv *der Sex-Appeal* „starke erotische Anziehungskraft" aus dem Englisch-Amerikanischen übernommen worden. Bereits seit dem 18./19. Jahrhundert finden sich als Fremdwörter im Deutschen die Adjektive *sexual* (seltener), *sexuell* „geschlechtlich" und die Ableitung *die Sexualität* „alles, was mit dem Geschlechtstrieb zusammenhängt". Das Substantiv *der Sexus*, das gehoben für „Geschlechtstrieb" gebraucht wird, ist direkt aus dem Lateinischen übernommen worden. Das lateinische Wort *sexus* liegt letztlich allen Wörtern dieser Gruppe zugrunde:

Man spricht heute viel von Sex. Sie hat viel Sex, viel Sex-Appeal. Die Kinder müssen sexuell, sexual frühzeitig aufgeklärt werden. Er behandelte in seinem Vortrag Fragen der Sexualität. Der Sexus spielt eine wichtige Rolle im menschlichen Verhalten.
Zum X-Laut vgl. R 13.

206 Seele, seelisch – selig –sela
a) Das Substantiv *die Seele* (Plural: *die Seelen*) bezeichnet den nach dem Glauben vieler Religio-

den unsterblichen Teil des Menschen; zum andern hat es die Bedeutung „Gesamtheit der geistigen Kräfte und der Empfindungen; Gemüt". Die Bezeichnung ist in vielen germanischen Sprachen belegt und ist wahrscheinlich mit *See* etymologisch verwandt. Nach alter germanischer Vorstellung wohnten die Seelen der Ungeborenen und der Toten im Wasser. Ableitungen sind das Adjektiv *seelisch* „das Gefühl, Gemüt, Empfinden eines Menschen betreffend" und das Verb *beseelen (beseelte, beseelt)* „mit Seele, Leben erfüllen; innerlich erfüllen":
Der Mensch besitzt eine Seele. Er ist mit ganzer Seele bei der Sache. Er ist aus dem seelischen Gleichgewicht geraten. Der Schauspieler hat diese Gestalt neu beseelt. Ein heißes Verlangen beseelte ihn.

b) Das Adjektiv *selig* hat im kirchlichen Bereich die Bedeutung „nach dem Tode im Zustand des ewigen Lebens seiend"; sonst bedeutet es „sehr glücklich". Da das Seligsein sich auf die Seele (vgl. a) bezieht, besteht die Neigung, beide Wörter auch etymologisch in Verbindung zu bringen; doch sind sie nicht miteinander verwandt. Ableitungen von *selig* sind *die Seligkeit* „Zustand des inneren Friedens; beseligendes Gefühl" und das Verb *beseligen (beseligte, be-*

seligt) „mit größtem Glück erfüllen". Zusammensetzungen sind *glückselig* und *gottselig*. Zu *trübselig* und *mühselig* vgl. 189, b:
Nur durch Gottes Gnade kann der Mensch selig werden. Er war selig, daß er die Prüfung bestanden hatte. Er wird die ewige Seligkeit erlangen. Ihre Anwesenheit beseligte ihn.

c) Das aus dem Hebräischen stammende Wort *sela* wird umgangssprachlich gebraucht in der Bedeutung „abgemacht!, Schluß!".

d) Zu geographischen Namen wie *Seligenstadt* (Stadt in Hessen) vgl. etwa Duden, Wörterbuch geographischer Namen.
Zum E-Laut vgl. R 1.

207 sehen — Seen

a) Das Verb *sehen (sah, gesehen)* hat die Bedeutung „mit den Augen wahrnehmen; überblicken":
Wenn sie die Zusammenhänge richtig sehen, werden sie anders urteilen.

b) Die Form *die Seen* ist der Plural zu *der See* „größere, mit Wasser gefüllte Vertiefung auf dem Festland". Das Substantiv *die See* „Meer" hat keine Pluralform:
Alle Seen waren zugefroren.
Zum E-Laut vgl. R 1.

208 seit — seid, seien — seiht, seihen

a) Die Partikel *seit* ist etymologisch verwandt mit dem Substantiv *die Seite.* Sie wird heute als Präposition mit dem Dativ und als Konjunktion gebraucht. Die Partikel *seitdem* wird als Adverb und als Konjunktion verwendet:

Er ist seit einem Jahr in Amerika. Seit er wieder arbeitet, haben wir uns nicht mehr gesehen. Seitdem sind drei Jahre vergangen. Seitdem sie weiß, wie er wirklich denkt, traut sie ihm nicht mehr.

b) Die Formen *(ihr) seid, seid!* gehören zu dem auch als Hilfsverb zur Bildung umschriebener Verbformen gebrauchten Verb *sein (war, gewesen).* Statt des **t**, das in entsprechenden Formen anderer Verben steht *(ihr lob-t, lob-t!),* haben die Formen von *sein* ein **d** erhalten, damit sie sich auch im Schriftbild von der Partikel *seit* (vgl. a) unterscheiden. Eine weitere Form des Verbs *sein* ist *(sie, wir) seien:*

Ihr seid spät gekommen. Ihr seid doch Schlaumeier. Seid pünktlich! Er sagte, sie seien da. Seien Sie bitte so freundlich, und helfen Sie mir.

c) Die Form *(er, ihr) seiht* gehört zu dem in Süddeutschland und in Österreich gebrauchten Verb *seihen (seihte, geseiht)* „(Flüssigkeiten) filtern". Es ist etymologisch verwandt mit *sickern:*

Kaffee, Tee seihen; man seiht das Getränk durch ein feines Sieb und serviert es kalt.
Zum Ei-Laut vgl. R 2, zum Auslaut R 7.

209 sengt, versengt – senkt, versenkt

a) Die Form *(er) sengt* gehört zu dem selten gebrauchten Verb *sengen (sengte, gesengt)* „an der Oberfläche leicht verbrennen, anbrennen". Häufiger ist die Präfixbildung *versengen (versengte, versengt):*

Sie sengt mit dem Bügeleisen die Wäsche. Der Rasen war von der großen Hitze versengt.

b) Die Form *(er) senkt* gehört zu dem Verb *senken (senkte, gesenkt)* „neigen; hinabgleiten lassen; leiser werden u.a.". Es gehört etymologisch zu dem Verb *sinken (sank, gesunken).* Eine Präfixbildung ist das Verb *versenken (versenkte, versenkt)* „bewirken, daß etwas im Wasser untergeht; sich in etwas vertiefen u.a.":

Er senkt den Kopf. Die Stimme senkte sich. Das Schiff wurde versenkt. Sie versenkten sich in ihre Bücher.

B e a c h t e : Bei richtiger Aussprache werden die Formen der Verben *sengen, versengen* wie *(er) sengt, versengt* von den Formen der Verben *senken, versenken* wie *er senkt, versenkt* unterschieden;

nur die letzteren haben ein *hartes k* im Auslaut. Häufig jedoch, vor allem in der Umgangssprache, werden auch die Formen von [ver]sengen mit einem harten Auslaut gesprochen, so daß etwa *(er) sengt* und *(er) senkt* gleichklingen. Zum Auslaut vgl. R 7.

210 senken – sänken

a) Das Verb *senken (senkte, gesenkt)* hat u.a. die Bedeutungen „neigen; hinabgleiten lassen; leiser werden". Es wird mit einem Akkusativobjekt oder mit *sich* gebraucht. Es gehört etymologisch zu dem Verb *sinken* (vgl. b). Ableitungen sind *die Senke* (Plural: *die Senken*) „Vertiefung, Tal" und *der Senker* „in die Erde gesenktes Reis". Eine Präfixbildung ist das Verb *versenken (versenkte, versenkt)* „bewirken, daß etwas im Wasser untergeht; sich in etwas vertiefen u.a.":

Sie senken den Kopf. Sie senken den Sarg in die Erde. Die Stimmen senken sich. Sie versenken die feindlichen Schiffe. Sie versenken sich in die Bücher.

b) Die Formen *(sie) sänken, sanken* gehören zu dem Verb *sinken (sank, gesunken)* „untergehen; niedriger, geringer werden". Es wird ohne Akkusativobjekt gebraucht. Eine Präfixbildung ist das Verb *versinken (versank, versunken)* „untergehen; in einen bestimmten Zustand geraten u.a.": *(sie) versänken, versanken: Wenn die Schiffe [ver]sänken, so wäre das ein großer Verlust. Wenn doch die Preise sänken! Sie versanken in Trauer.*
Zum kurzen Ä-Laut vgl. R 4.

211 setze – Sätze – Gesetze

Die Formen *setze!, (ich) setze* gehören zu dem Verb *setzen (setzte, gesetzt)*. Zu diesem Verb sind die Substantive *das Gesetz* (Plural: *die Gesetze*), *der Satz* (Plural: *die Sätze*) und *der Setzer* gebildet. Vergleiche die entsprechenden Wörter *absetzen, der Absatz* (Plural: *die Absätze*), *einsetzen, der Einsatz* (Plural: *die Einsätze*), *untersetzen, der Untersatz* (Plural: *die Untersätze*), *der Untersetzer* usw.:

Ich setze mich auf den Boden. Setze die Mütze auf den Kopf. Der Bundestag hat drei neue Gesetze verabschiedet. Das Kind kann noch keine vollständigen Sätze sprechen.

Zum kurzen Ä-Laut vgl. R 4.

212 Sigle, Sigel – Siegel

a) Das Substantiv *die Sigle* (Plural: *die Siglen*) hat die Bedeutung „festgelegtes Abkürzungszeichen; Kürzel". Es ist aus dem Französischen entlehnt worden. Eine eingedeutschte Form ist *das Sigel* (Plural: *die Sigel*):

213 Silo – Siele

Die Liste der in diesem Buch verwendeten Siglen / Sigel befindet sich auf S. 365.

b) Das Substantiv *das Siegel* (Plural: *die Siegel*) hat die Bedeutung „Stempel; [amtliches] Zeichen". Es ist aus dem Lateinischen entlehnt worden. Eine Ableitung ist das Verb *siegeln (siegelte, gesiegelt)* „mit einem Siegel versehen", dazu gebildet sind die Verben *besiegeln* und *versiegeln*:

Die Urkunde trug ein Siegel der Stadt. Das ist für mich ein Buch mit sieben Siegeln.

B e a c h t e : Die Wörter der Gruppe a u. b gehen letztlich auf dasselbe lateinische Wort zurück, das als Lehnwort auch im Deutschen vorkommt: *das Signum* „verkürzte Unterschrift".

c) Der erste Bestandteil des weiblichen Vornamens *Sieglind[e]* ist das Substantiv *der Sieg*.
Zum I-Laut vgl. R 1.

213 Silo – Siele – Siel

a) Das Substantiv *der Silo* (Plural: *die Silos*) hat die Bedeutung „großer Speicher für Getreide, Erz u. ä.; hoher Behälter [für gegorenes Futter]". Es ist im 19. Jahrhundert aus dem Spanischen entlehnt worden. Zusammensetzungen sind *der Futtersilo, der Getreidesilo* und *der Zementsilo*:

Auf der Baustelle stand ein Silo für Zement. Der Bauer holte Futter aus dem Silo.

b) Das Substantiv *die Siele* (Plural: *die Sielen*) „Riemen, Riemenwerk der Zugtiere" ist mit dem Wort *das Seil* verwandt. Im allgemeinen Sprachgebrauch findet es sich vor allem in bestimmten Wendungen:
sich in die Sielen legen (= „anfangen, schwer zu arbeiten"); *in den Sielen sterben* (= „im Dienst, während der Arbeit sterben").

c) Das Substantiv *der* oder *das Siel* (Plural: *die Siele*) ist im allgemeinen landschaftlich und mundartlich und bedeutet „Deichschleuse; Röhrenleitung für Abwässer".

d) *Persil* und *Sil* sind Warenzeichen und Namen für Waschmittel.
Zum I-Laut vgl. R 1.

214 singt – sinkt, versinkt

a) Die Formen *(er, ihr) singt* gehören zu dem Verb *singen (sang, gesungen)* „seine Stimme ertönen lassen; ein Lied hören lassen". Zu *singen* stellt sich *der [Ge]sang* (Plural: *die [Ge]sänge*):
Er singt in einem Chor. Sie sang Lieder von Schubert.

b) Die Formen *(er, ihr) sinkt* gehören zu dem Verb *sinken (sank, gesunken)* „untergehen; niedriger werden". Eine Präfixbildung ist das Verb *versinken (versank, versunken)* „untergehen; in einen bestimmten Zustand geraten u.a.": *Das Schiff [ver]sinkt. Der Preis für dieses Radio sank um 20 %. Er versank in Trauer.*

B e a c h t e : Bei richtiger Aussprache werden die Formen des Verbs *singen* wie *(er) singt, sang* von den Formen der Verben *sinken, versinken* wie *er sinkt, versank* unterschieden; nur die letzteren haben ein *hartes k* im Auslaut. Häufig jedoch, vor allem in der Umgangssprache, werden auch die Formen von *singen* mit einem harten Auslaut gesprochen, so daß etwa *(er) singt, sang* und *(er) sinkt, sank* gleichklingen.
Zum Auslaut vgl. R 7.

215 sinnt, Sinn — sind — Sintflut, Singrün

a) Die Form *(er) sinnt* gehört zu dem Verb *sinnen (sann, gesonnen)* in der Bedeutung „nachdenken, seine Gedanken auf etwas richten". Es gehört der gehobenen Sprache an. Eine Zusammensetzung ist *nachsinnen*. Mit dem Verb verwandt ist das Substantiv *der Sinn* „Bedeutung; Sinnesorgan; Gefühl, Neigung":

Er sinnt darüber nach, was zu tun ist. Ich verstehe nicht den Sinn seiner Worte.

b) Die Form *(sie) sind* gehört zu dem auch als Hilfsverb zur Bildung umschriebener Verbformen gebrauchten Verb *sein (war, gewesen):*

Peter und Frank sind Schüler. Sie sind zu spät gekommen.

c) Das Substantiv *die Sintflut* ist die Bezeichnung für die vernichtende Überschwemmung, mit der Gott die sündigen Menschen bestrafte (Altes Testament). Der erste Bestandteil *sin* bedeutet ursprünglich „immerwährend, gewaltig". Das *t* ist als Gleitlaut, der die Aussprache erleichtert, eingeschoben worden. Volksetymologisch wurde *die Sintflut* („gewaltige Flut") umgedeutet zu *die Sündflut.* Das Adjektiv *vorsintflutlich* hat die Bedeutung „völlig veraltet, altmodisch". Das Substantiv *das Singrün* ist eine Bezeichnung der Pflanze Immergrün. Der erste Bestandteil ist dasselbe Wort wie in *Sin(tflut):*

Von der Sintflut wird im Alten Testament berichtet. Sie hatte einen vorsintflutlichen Hut auf.

d) Zu geographischen Namen wie *Sindfeld* / (auch:) *Sintfeld* (Gebiet in Nordrhein-Westfalen) vgl. etwa Duden, Wörterbuch geographischer Namen.
Zum N-Laut vgl. R 5 f., zum Auslaut R 7.

216 Sold — sollt

a) Das Substantiv *der Sold* (Plural: *die Solde*) in der Bedeutung „Lohn" ist aus dem Lateinischen über das Französische ins Deut-

217 Sole – Sohle

sche eingedrungen. Eine Zusammensetzung ist *das Soldbuch*:
Die Soldaten hatten den Sold erhalten.
b) Die Formen *(ihr) sollt, (sie) sollten* gehören zu dem Modalverb *sollen (sollte, gesollt)*:
Ihr sollt endlich kommen!
Zum L-Laut vgl. R 5, zum Auslaut R 7.

217 Sole – Sohle – Sol

a) Das Substantiv *die Sole* (Plural: *die Solen*) hat die Bedeutung „Lösung aus Salz und Wasser". Es stammt aus dem Niederdeutschen und ist etymologisch mit *Salz* verwandt. Zusammensetzungen sind *das Solei, das Solbad* und *das Solwasser*:
Die Sole wird in die Saline geleitet.
b) Das Substantiv *die Sohle* (Plural: *die Sohlen*) hat die Bedeutungen „untere Fläche des Fußes; Teil des Schuhs, Tal- oder Fußboden". Es stammt aus dem Lateinischen. Zusammensetzungen sind *die Fußsohle, die Talsohle* und *die Schuhsohle*. Eine Ableitung ist das Verb *sohlen (sohlte, gesohlt)* „mit Sohlen versehen", für das heute zumeist *besohlen (besohlte, besohlt)* gebraucht wird. Das umgangssprachliche Verb *versohlen* hat die Bedeutung „verprügeln". Möglicherweise bedeutet es ursprünglich „mit der Schuhsohle oder mit dem Pantoffel verprügeln"
Er hat Blasen an den Sohlen. Seine Schuhe haben Sohlen aus Leder. Die Sohle des Tales ist mehrere Kilometer lang.
c) *Sol* ist der Name des römischen Sonnengottes. Er geht zurück auf das lateinische Wort für „Sonne". Das gilt auch für das spanische Wort *der Sol* (Plural: *die Sol* oder *Sols*), mit dem eine peruanische Münzeinheit bezeichnet wird.
d) Das in der chemischen Fachsprache gebrauchte Wort *das Sol* (Plural: *die Sole*) bezeichnet eine kolloide Lösung. Es ist ein Kunstwort.
e) Das aus dem Italienischen entlehnte Wort *solo* hat die Bedeutung „allein, ohne Begleitung". Es wird wie das entsprechende Substantiv *das Solo* (Plural: *die Solis* und *die Soli*) heute nicht nur in der Musik gebraucht, sondern vielfach auf andere Bereiche wie den Sport übertragen:
Er singt heute solo. Beckenbauer schloß sein tolles Solo mit einem Tor ab.
f) *Solon* ist der Name eines griechischen Gesetzgebers. Eine Ableitung ist das Adjektiv *solonisch*.
g) Zu geographischen Namen wie *Solingen* (Stadt in Nordrhein-Westfalen) vgl. Duden, Wörterbuch geographischer Namen.
Zum O-Laut vgl. R 1.

218 sonst – sonnst

a) Das Adverb *sonst* hat die Bedeutungen „anderenfalls, außerdem; im allgemeinen". Eine Ableitung ist das Adjektiv *sonstig*, eine Zusammensetzung das Adverb *umsonst*:

Wir müssen ihm helfen, weil er sonst nicht fertig wird. Haben Sie sonst noch eine Frage? Er ist sonst viel freundlicher.

b) Die Form *(du) sonnst (dich)* gehört zu dem Verb *sich sonnen (sonnte, gesonnt)* „ein Sonnenbad nehmen". Das Verb ist von dem Substantiv *die Sonne* abgeleitet:

Du liegst schon wieder im Liegestuhl und sonnst dich, während wir arbeiten müssen.

Zum N-Laut vgl. R 5.

219 spät – späht

a) Das Adjektiv *spät* ist das Gegenwort zu *früh*. Eine veraltete Form ist *spat*:

Er kam am späten Abend. Er kam spät nach Hause.

b) Die Formen *(sie) spähten, (er) späht* gehören zu dem Verb *spähen (spähte, gespäht)* in der Bedeutung „forschend blicken":

Er späht, die Kinder spähten aus dem Fenster, um das Auto zu entdecken.

Zum Ä-Laut vgl. R 1.

220 Sperrgebiet – Sperling, Sperber – Sperma

a) Der erste Bestandteil der Zusammensetzungen *das Sperrgebiet* „für den gewöhnlichen Verkehr gesperrtes Gebiet", *das Sperrholz* „aus Holzschichten unter Kreuzung der Faserrichtung zusammengeleimtes Holz" und *der Sperrsitz* „bestimmter Sitzplatz im Kino u.ä." ist das Verb *sperren (sperrte, gesperrt)*, das u.a. die Bedeutung „den Zugang oder den Aufenthalt verbieten" hat:

Wegen der Seuche wurde die Gegend zum Sperrgebiet erklärt. Sie bauten aus Sperrholz eine Puppenstube. Wir nehmen Sperrsitz.

b) Das Substantiv *der Sperling* (Plural: *die Sperlinge*) ist der Name eines Vogels; man nennt ihn auch *Spatz*. Das Substantiv *der Sperber* ist der Name eines Raubvogels, der vor allem Sperlinge und Finken schlägt. Der erste Bestandteil beider Vogelnamen, nämlich *Sper-*, ist wahrscheinlich etymologisch dasselbe Wort, so daß der Sperber wohl nach seiner häufigsten Beute benannt ist.

c) Das aus dem Griechischen stammende Substantiv *das Sperma* (Plural: *die Spermen* und *die Spermata*) bezeichnet die männliche Keimzellen enthaltende Samenflüssigkeit der Tiere und Menschen.

Es wird vornehmlich in der Biologie gebraucht.
Zum R-Laut vgl. R 5 f.

221 Spind – Spint – spinnt, spinnst, Gespinst

a) Das Substantiv *das*, (auch:) *der Spind* (Plural: *die Spinde*) stammt aus dem Niederdeutschen. Es bedeutet „Kleiderschrank, Vorratsschrank":

In seinem Spind herrschte ein heilloses Durcheinander.

b) Das Substantiv *der* oder *das Spint* (Plural: *die Spinte*) bezeichnet im Bayrischen das weiche Holz zwischen Rinde und Kern.

c) Die Formen *(er) spinnt, (du) spinnst* gehören zu dem Verb *spinnen (spann, gesponnen)*. Eine Ableitung ist das Substantiv *das Gespinst* (Plural: *die Gespinste*), das den 2. Bestandteil der Zusammensetzung *das Hirngespinst* bildet:

Ach, laß ihn doch, der spinnt ja. Hör schon auf, du spinnst ja. Das Gespinst von Lügen war unentwirrbar.

Zum N-Laut vgl. R 5, zum Auslaut R 7.

222 sprengen – sprängen

a) Das Verb *sprengen (sprengte, gesprengt)* ist mit dem Verb *springen* (vgl. b) verwandt und bedeutet ursprünglich „springen machen". Heute hat es u.a. die Bedeutungen „durch Sprengstoff zerstören; begießen, spritzen". Es wird in der Regel mit einem Akkusativobjekt gebraucht. Präfixbildungen sind *besprengen* „durch Spritzen leicht befeuchten" und *versprengen*, das heute vor allem in der Form *versprengt* „auseinandergejagt" gebraucht wird. Zu *sprengen* gehört das Substantiv *der Sprengel*, das ursprünglich „Weihwasserwedel" bedeutete. Dieser galt als Sinnbild der geistlichen Gewalt, so daß in Übertragung mit *Sprengel* der kirchliche Amtsbezirk bezeichnet wurde und wird:

Sie werden die Flugzeuge in die Luft sprengen. Sie müssen den Rasen noch sprengen. Die versprengten Truppen sammelten sich zum Angriff.

b) *(Sie) sprängen, sprangen* sind Formen des Verbs *springen (sprang, gesprungen)* „einen Sprung machen u.a.". Es wird in der Regel ohne ein Akkusativobjekt gebraucht:

Da das ganze Treppenhaus des brennenden Hauses in Flammen steht, könnten die Bewohner nur gerettet werden, wenn sie aus dem Fenster sprängen.

Zum kurzen Ä-Laut vgl. R 4.

223 Stämme – stemme

a) Die Form *die Stämme* ist der Plural des Substantivs *der Stamm* „Baumteil; Geschlecht":

Die Stämme der Bäume waren hohl; die deutschen Stämme.

b) Die Form *(ich) stemme* gehört zu dem Verb *stemmen (stemmte, gestemmt)* „durch starkes Drücken zu bewegen o. ä. versuchen":
Ich stemme ein Gewicht in die Höhe.
Zum kurzen Ä-Laut vgl. R 4.

224 Stängelchen − Stengel, Stengelchen

Die Substantive *das Stängelchen* und *das Stänglein* sind Verkleinerungswörter, *das Gestänge* eine Ableitung von dem Substantiv *die Stange* „langer und dünner Gegenstand aus Holz oder Metall". Während *die Stange* in vielen germanischen Sprachen ihre Entsprechungen hat, kommt die Ableitung *der Stengel* „Blatt- oder Blumenstiel" nur im Deutschen vor. *Das Stengelchen* und *das Stenglein* sind Verkleinerungswörter von *der Stengel*:
Das ist keine Stange, sondern ein Stängelchen. Der Stengel der Blüte war gebrochen.
Zum kurzen Ä-Laut vgl. R 4.

225 stanzt − standst

a) Die Form *(er) stanzt* gehört zu dem Verb *stanzen (stanzte, gestanzt)* „in eine bestimmte Form pressen; durch Pressen in bestimmter Form herausschneiden":
Er stanzt Bleche. Er stanzt Löcher in ein Stück Leder.

b) Die Form *(du) standst* gehört zu dem Verb *stehen (stand, gestanden)*, das u. a. die Bedeutung „sich in aufrechter Haltung auf den Beinen befinden; nicht liegen oder sitzen" hat:
Du standst doch vor der Tür.
Zum Z-Laut vgl. R 14.

226 Stärke − Sterke

a) Das Substantiv *die Stärke* (Plural: *die Stärken*) „Kraft" ist eine Ableitung von dem Adjektiv *stark.* Von dem abgeleiteten Verb *stärken (stärkte, gestärkt)* in der Bedeutung „Wäsche steif machen" ist *die Stärke* in der Bedeutung „Mittel zum Steifmachen der Wäsche" gebildet:
Seine körperliche Stärke war enorm. Mathematik und Physik sind seine Stärken. Sie muß die Wäsche noch stärken.

b) Die Bezeichnung *die Sterke* (Plural: *die Sterken*) für die junge Kuh, die noch nicht gekalbt hat, wird heute wohl zur Unterscheidung von *die Stärke* „Kraft" mit e geschrieben. Das Wort wird im Norddeutschen gebraucht:
In anderen Gebieten als im Norddeutschen heißt die junge Kuh nicht Sterke, sondern Färse (vgl. 66, b).
Zum kurzen Ä-Laut vgl. R 4.

227 Statt, Stätte − Stadt, Städte − stattlich

a) Das Substantiv *die Statt* hat ursprünglich die Bedeutung „Ort, Stelle" (vgl. b). Es wird heute nur

227 Stadt – Statt

noch in bestimmten Fügungen (*an meiner Statt* „an meiner Stelle, statt meiner") oder als Grundwort in Zusammensetzungen gebraucht: *die Bettstatt, die Walstatt* (veraltet für: „Kampfplatz"). Hier wird die Weiterbildung *die Stätte* (Plural: *die Stätten*) „Ort, Platz" entweder neben *Statt* wie in *die Lagerstatt* oder *die Lagerstätte, die Ruhestatt* oder *Ruhestätte* und *die Werkstatt* oder *Werkstätte* gebraucht oder allein wie in *die Brandstätte, die Gaststätte, die Heilstätte, die Raststätte, die Wohnstätte* usw. Aus *Statt* mit dem Inhalt der Stellvertretung (*an meiner Statt*) hat sich die Partikel *anstatt* oder *statt* entwickelt, die als Präposition oder als Konjunktion gebraucht wird. Vgl. auch *eidesstattlich*.

Die Verben *abstatten (stattete ab, abgestattet; einen Besuch abstatten), erstatten (erstattete, erstattet)* „ersetzen", *bestatten (bestattete, bestattet)* „beerdigen" und *stattfinden (fand statt, stattgefunden)* „geschehen, sich ereignen" sowie *statthaft (etwas ist nicht statthaft), zustatten (kommen)* und *vonstatten (gehen)* sind Bildungen zu Wörtern dieser Familie, die heute ausgestorben sind.

Das Substantiv *der Statthalter* „jemand, der an Stelle eines anderen regiert" ist nach dem Vorbild einer lateinischen Fügung gebildet worden:
An deiner Statt hätte ich das nicht getan. Er nahm ihn an Kindes Statt an. Er hat die Erklärung an Eides Statt abgegeben. Er kommt statt meiner. Er gab das Geld ihr statt ihm.

b) Das Substantiv *die Statt* (vgl. a) wird in der Sonderbedeutung „Wohnstätte, Siedlung, Stadt" seit dem 18. Jahrhundert auch in der Schreibung *die Stadt* (Plural: *die Städte*) von *Statt* „Ort, Stelle" durchgängig unterschieden. Diese Bedeutung findet sich in Ortsnamen wie *Eichstätt* (Stadt in Bayern), *Eichstetten* (Ort in Baden-Württemberg), *Helmstedt* (Stadt in Niedersachsen), *Rastatt* (Stadt in Baden-Württemberg) (vgl. Duden, Wörterbuch geographischer Namen). Ableitungen von *Stadt* sind *der Städter* (dazu *verstädtern*) und *städtisch*, Zusammensetzungen z.B. *die Großstadt, die Hauptstadt, die Kleinstadt:*
Er ist vom Land in die Stadt gezogen

c) Das Adjektiv *stattlich* in der Bedeutung „ansehnlich, von großer und kräftiger Statur" ist eine Ableitung von dem Substantiv *der Staat* „Prunk, Aufwand". Auf die Schreibung mit **tt** ist besonders zu achten:
Er ist ein stattlicher Mann.
Zum T-Laut vgl. R 5 ff.

228 stäubt, staubt, Staub – stäupt

a) Die Form *(es) stäubt* gehört zu dem Verb *stäuben (stäubte, gestäubt)* „in kleinen Teilen umherwirbeln". Es ist wie das Verb *stauben (staubte, gestaubt)* „aufwirbeln [lassen]" verwandt mit dem Substantiv *der Staub* „Erde o. ä. in ganz feiner Form", von dem das Adjektiv *staubig* abgeleitet ist:
Der Schnee stäubt von den Zweigen. Auf den Straßen staubte es sehr. Die Möbel waren mit Staub bedeckt.

b) Die Form *(er) stäupt* gehört zu dem veralteten Verb *stäupen (stäupte, gestäupt)* „auspeitschen". Das Verb gehört zu dem ebenfalls veralteten Substantiv *die Staupe* „Züchtigung". Beide Wörter sind Wörter der Rechtssprache:
Der Verbrecher wurde an einen Pfahl gebunden und gestäupt.

B e a c h t e : Das auch heute gebräuchliche Substantiv *die Staupe*, mit dem eine Hundekrankheit bezeichnet wird, ist mit den vorstehenden Wörtern nicht verwandt. Zum Auslaut vgl. R 7.

229 Stelle – Ställe

Das Substantiv *die Stelle* (Plural: *die Stellen*) „Ort, Platz; Stellung" ist eine Ableitung von dem Verb *stellen (stellte, gestellt).* Eine Form dieses Verbs ist *(ich) stelle.* Mit *stellen* etymologisch verwandt ist das Substantiv *der Stall* „Raum für Tiere", dessen Pluralform *die Ställe* lautet:
Der Unfall geschah an dieser Stelle. Er hat eine neue Stelle. Ich stelle die Vase auf den Tisch. Sie trieben das Vieh in die Ställe.
Zum kurzen Ä-Laut vgl. R 4.

230 stelzt – stellst

a) Die Form *(du) stelzt* gehört zu dem Verb *stelzen (stelzte, gestelzt)* „mit steifen Beinen gehen":
Er stelzt über den Hof.

b) Die Form *du stellst* gehört zu dem Verb *stellen (stellte, gestellt),* das u. a. die Bedeutung hat „so an einen Platz bringen, daß es steht":
Du stellst die Flasche auf den Tisch.
Zum Z-Laut vgl. R 14, zum L-Laut R 5.

231 Stil – Stiel – stiehl

a) Das Substantiv *der Stil* (Plural: *die Stile*) hat die Bedeutungen „Art des Ausdrucks, Darstellungsweise; durch typische Merkmale gekennzeichnete Art eines Kunstwerks". Es ist aus dem Lateinischen entlehnt und im Deutschen seit dem 15. Jahrhundert belegt. Eine Ableitung ist das Adjektiv *stillos* „geschmacklos":
Er hat einen guten Stil. Diese Kirche ist in barockem Stil gebaut.

b) Das Substantiv *der Stiel* (Plural: *die Stiele*) hat die Bedeutungen „fester Griff an einem Gerät; Stengel". Es ist bereits im Alt-

hochdeutschen belegt. Ob es eine frühe Entlehnung des lateinischen Substantivs ist, das dem Lehnwort *der Stil* (vgl. a) zugrunde liegt, oder ob es mit ihm urverwandt ist, ist nicht geklärt. Eine Ableitung ist das Adjektiv *stiellos* „ohne Stiel":
Der Stiel des Besens ist abgebrochen. Die Rose hatte einen langen Stiel.
c) Die Form *stiehl* gehört zu dem Verb *stehlen (stahl, gestohlen)* „unerlaubterweise wegnehmen": *stiehl nicht.*
Zum I-Laut vgl. R 1.

232 stopp, Stopp – stop
a) Die ursprünglich besonders in der Seemannssprache übliche Form *stopp!* „halt!" gehört als Befehlsform zu dem Verb *stoppen (stoppte, gestoppt)* „zum Stillstand bringen; anhalten". In der Sportsprache bedeutet das Verb „bei einem Lauf oder Rennen die benötigte Zeit ermitteln". Das Verb ist die niederdeutsch-mitteldeutsche Form des hochdeutschen Verbs *stopfen*. Die Substantivierung der Befehlsform lautet *der Stopp* (Plural: *die Stopps*) „Einhalt". Zusammensetzungen sind *die Stoppuhr, das Stopplicht, die Stoppstraße, der Autostopp* und *das Atomteststoppabkommen*:
Sie stoppten die Produktion.
Stopp sofort die Maschine. Stopp!

Nicht weiterfahren. Er stoppte den 100-m-Lauf: 11 sec. Der Stopp der Maschinen bedeutet einen großen Verlust für die Firma
b) Die Form *stop!* „halt!" stammt aus dem Englischen. Diese Form wird im Deutschen nicht substantiviert gebraucht (vgl. a). Sie wird vor allem im technischen Bereich und im Telegrammverkehr – hier in der Bedeutung „Punkt" – gebraucht. Die Aufschrift des neuen Verkehrsschildes wird ebenfalls mit einem *p* geschrieben: *Stop: Maschine stop! UNTERREDUNG MIT DIREKTOR GÜNSTIG VERLAUFEN STOP ERBITTE WEITERE ANWEISUNGEN*
Zum P-Laut vgl. R 5 ff.

233 Strenge, anstrengen – Stränge, anstränge
a) Das Substantiv *die Strenge* ist eine Ableitung von dem Adjektiv *streng*, das mit seinen germanischen Entsprechungen ursprünglich die Bedeutung „fest, gedreht, straff" hat und mit *der Strang* (vgl. b) etymologisch verwandt ist. Das wohl zu *streng* gehörende Verb [*sich*] *anstrengen (strengte an, angestrengt)* hat die Bedeutung „[sich] bemühen, die Kräfte anspannen", doch hat dabei auch *anstränge* in der Bedeutung „an die Stränge legen" (vgl. b) eingewirkt:
Seine Strenge war unerbittlich. Er strengte sich bei der Arbeit sehr a

) Die Form *die Stränge* ist die
Pluralform zu *der Strang* in der
Bedeutung „Strick". Das Verb *an-
trängen (strängte an, angesträngt)*
hat die Bedeutung „[Pferde] an
die Stränge legen, anspannen"
(vgl. a):
*Das Pferd legte sich in die Stränge.
Wir müssen die Pferde noch an-
trängen.*
Zum kurzen Ä-Laut vgl. R 4.

234 strikt – strickt

a) Das aus dem Lateinischen entlehnte Adjektiv *strikt* hat die Bedeutung „streng; peinlich genau;
bedingungslos":
*Sie hatten strikten Befehl, nicht
zu schießen. Er befolgte die An-
ordnung strikt.*

b) Die Formen *(sie) strickt, strick-
te* gehören zu dem Verb *stricken
(strickte, gestrickt)* „mit Hilfe von
Nadeln aus Wolle herstellen". Das
Verb ist eine Ableitung von dem
Substantiv *der Strick:*
Sie strickt einen roten Pullover.
Zum K-Laut vgl. R 5 ff.

235 Stuck – Stukkateur

a) Das Substantiv *der Stuck* (Genitiv: *des Stuckes*) bezeichnet eine
Mischung aus Gips, Kalk und Sand,
mit der Verzierungen und Plasti-
ken an Wänden und Decken gebildet werden, sowie die Erzeugnisse
aus dieser Mischung. Es ist aus
dem Italienischen ins Deutsche
übernommen worden:
*An den Wänden des Schlosses
bröckelte der Stuck ab.*

b) Das Substantiv *der Stukkateur*
(Plural: *die Stukkateure*) bezeich-
net jemanden, der berufsmäßig
Stuckarbeiten ausführt. Es ist aus
dem Italienischen über das Franzö-
sische ins Deutsche gekommen:
Er ist Stukkateur.
Zum K-Laut vgl. R 5 f.

236 Sulfid – Sulfit

Das Substantiv *das Sulfid* (Plural:
die Sulfide) bezeichnet das Salz
der Schwefelwasserstoffsäure.
Das Substantiv *das Sulfit* (Plural:
die Sulfite) bezeichnet das Salz
der schwefligen Säure.
Zum Auslaut vgl. R 7.

T

237 Talg – Talk

a) Das im 16. Jahrhundert aus dem
Niederdeutschen ins Hochdeutsche
übernommene Substantiv *der Talg*
(Genitiv: *des Talges*) hat die Bedeutung „durch Schmelzen gewon-
nenes tierisches Fett". Eine Zusammensetzung ist das Substantiv *die
Talgdrüse*, eine Ableitung das Adjektiv *talgig:*

135

Aus Talg werden Kerzen hergestellt.

b) Das Substantiv *der Talk* (Genitiv: *des Talkes*) bezeichnet ein bestimmtes Mineral. Es ist ursprünglich ein arabisches Wort und ist im 16. Jahrhundert aus dem Französischen ins Deutsche übernommen worden. Dazu stellt sich das Substantiv *das Talkum*, das einmal soviel wie *Talk* bedeutet, zum anderen aber auch den feingemahlenen Talk bezeichnet, der u.a. als Polier- oder Gleitmittel verwendet wird:

Das feuerfeste Gefäß war aus Talk.
Zum Auslaut vgl. R 7.

238 Tang – Tank

a) Das Substantiv *der Tang* (Plural: *die Tange*) bezeichnet verschiedene Arten von Braunalgen. Es ist im 18. Jahrhundert aus dem Nordischen entlehnt worden. Eine Zusammensetzung ist *der Seetang:*
Das Meer hatte viel Tang angeschwemmt.

b) Das Substantiv *der Tank* (Plural: *die Tanks*) hat die Bedeutung „Behälter für Flüssigkeiten". Früher bezeichnete es auch den Panzerwagen. Das Wort stammt aus dem Englischen und ist seit dem 18. Jahrhundert belegt. Eine Ableitung ist das Verb *tanken (tankte, getankt)* „Treibstoff o.ä. in einen Behälter füllen [lassen]", Zusammensetzungen sind *der Wassertank* und *der Benzintank:*
Er ließ seinen Tank mit Super füllen.

B e a c h t e : Bei richtiger Aussprache werden *Tang* und *Tank* unterschieden, nur *Tank* hat einen harten Auslaut. Häufig jedoch, vor allem in der Umgangssprache, wird auch *Tang* mit hartem Auslaut gesprochen, so daß *Tang* und *Tank* gleichklingen.
Zum Auslaut vgl. R 7.

239 Tip, Tippzettel – Tippfehler – tipptopp

a) Das Substantiv *der Tip* (Plural: *die Tips*) hat umgangssprachlich die Bedeutung „Hinweis, Wink, nützlicher Rat", in der Sportsprache bedeutet es „versuchte Vorhersage eines Ergebnisses". Es ist aus dem Englischen entlehnt worden. Zu diesem Substantiv gehört das Verb *tippen (tippte, getippt)* „etwas annehmen; im Toto oder Lotto wetten", das erster Bestandteil der Zusammensetzung *der Tippzettel* ist:
Er gab ihm einen guten Tip. Mein Tip für dieses Fußballspiel lautet 3:2 für die Heimmannschaft. Er hat seinen Tippzettel abgegeben.

b) Der erste Bestandteil der mehr umgangssprachlich gebrauchten Substantive *der Tippfehler* „Schreibfehler", *das Tippfräulein* und *die Tippse* „Maschineschrei-

erin" wird gebildet von dem Verb *tippen (tippte, getippt)* „maschineschreiben". Das Verb ist nach dem Vorbild eines gleichbedeutenden englischen Verbs gebildet worden:
Sie hat in diesem Brief drei Tippfehler gemacht. Sie ist in der Firma Meier Tippfräulein.
) Das nicht attributiv gebrauchte umgangssprachliche Adjektiv *tipptopp* hat die Bedeutung „tadellos, fein". Es stammt aus dem Englischen:
Das Zimmer ist wieder tipptopp.
Zum P-Laut vgl. R 5 ff.

240 toll, Tollhaus – Tolle – tolerieren – Tolpatsch – Tölpel

a) Das Adjektiv *toll* hat die Bedeutung „wild, übermütig; aufregend, unglaublich; verrückt". Zusammensetzungen sind *tollkühn* „überaus kühn", *das Tollhaus* „Irrenhaus" und *die Tollwut*, Bezeichnung für eine Hundekrankheit. Eine Ableitung ist das Verb *tollen (tollte, getollt)* „wild umherspringen". Zu der Form *doll* vgl. 48, a:
Er ist ein toller Bursche. Das ist ja toll! Er ist toll. Die Kinder tollen durch den Garten.
b) Das Substantiv *die Tolle* (Plural: *die Tollen*) „Haarbüschel" gehört zu dem Substantiv *die Dolde*.
c) Zu dem aus dem Lateinischen entlehnten Verb *tolerieren (tolerierte, toleriert)* „dulden, gelten lassen" gehören das Adjektiv *tolerant* „duldsam, nachsichtig" und das Substantiv *die Toleranz*:
Sie toleriert seine Meinung. Er hat eine tolerante Gesinnung.

d) Das Substantiv *der Tolpatsch* (Plural: *die Tolpatsche*) hat die Bedeutung „unbeholfener, ungeschickter Mensch". Es stammt aus dem Ungarischen und war ursprünglich ein Spitzname für den ungarischen Fußsoldaten. Eine Ableitung ist das Adjektiv *tolpatschig* „unbeholfen, ungeschickt":
Du bist aber ein Tolpatsch! Er benimmt sich sehr tolpatschig.

e) Das Substantiv *der Tölpel* hat die Bedeutung „einfältiger, ungeschickter Mensch". Das zugrundeliegende Wort bedeutet „Bauer". Eine Ableitung ist das Adjektiv *tölpelhaft* „einfältig, ungeschickt":
Du bist aber ein Tölpel! Ein tölpelhaftes Benehmen!
Zum L-Laut vgl. R 5 f.

241 Tor – Thor – Thorax

a) Das Substantiv *das Tor* (Genitiv: *des Tor[e]s*, Plural: *die Tore*) ist ein altgermanisches Wort und bedeutet zunächst „große Tür"; es wird außerdem im Sport gebraucht. Im Sport übliche Zusammensetzungen sind *der Torhüter, der Torwart*. Das Substantiv *das Tor* ist mit dem Substantiv *die Tür* verwandt:

Das Tor der Scheune war verschlossen. Die Mannschaft gewann mit 3:2 Toren.

b) Das Substantiv *der Tor* (Genitiv: *des Toren*, Plural: *die Toren*) ist seit dem Mittelhochdeutschen belegt und bedeutet „Dummkopf, törichter Mensch". Ableitungen dazu sind *die Torheit* und das Adjektiv *töricht*:

Du Tor, wie konntest du dies nur tun.

c) *Thor* ist der Name des Gewittergottes in der germanischen Mythologie. Thor steht außerdem in besonderer Beziehung zum bäuerlichen Leben. Er gehört zu dem Göttergeschlecht der Asen. Der Name *Thor* stammt aus dem Altnordischen; daneben gibt es für diesen Gott auch den Namen *Donar*, der aus dem Althochdeutschen stammt:

In der altwestnordischen Saga wird die Stellung Thors als Lieblingsgott des einfachen Mannes besonders betont.

d) Das aus dem Griechischen stammende Fremdwort *der Thorax* (Genitiv: *des Thorax[es]*, Plural: *die Thoraxe*) wird vor allem in der Medizin gebraucht und bedeutet „Brust, Brustkorb":

Die Durchleuchtung des Thorax ergab, daß der Kranke einen Lungentumor hatte.

Zum T-Laut vgl. R 9.

242 tot, tot- — Tod, tod-

a) Das Adjektiv *tot* hat die Bedeutungen „gestorben; abgestorben". Wie das Adjektiv werden auch alle Zusammensetzungen mit *tot*, zu denen viele Verben gehören, mit **t** geschrieben:

Seine Eltern sind tot. Ein toter Vogel lag auf dem Weg.

(Zusammensetzungen mit tot:)
sich totarbeiten („so arbeiten, daß man völlig erschöpft, wie tot ist"), *totfahren, totfallen, die Totgeburt, totküssen, sich totlachen, totmachen, totsagen, totschießen, totschlagen, der Totschläger, totschweigen, sich totstellen, sich totstürzen, tottreten usw.; halbtot, mausetot, scheintot.*

b) Das Substantiv *der Tod* (Genitiv: *des Todes*) hat die Bedeutung „das Sterben, Ende des Lebens". Wie das Substantiv werden auch alle Zusammensetzungen mit *Tod*, zu denen viele Adjektive gehören, mit **d** geschrieben:

Er war dem Tode nahe.

(Zusammensetzungen mit Tod:)
todbang („zu Tode bang"), *todblaß, todbleich, todelend, todernst, todfeind, der Todfeind, todkrank, (Ableitung:) tödlich, todmatt, todmüde, todschick, todsicher, todstill, die Todsünde, todunglücklich usw.; der Freitod, der Scheintod.*

Zum Auslaut vgl. R 7.

243 treu – Troyer, Troier – Troygewicht

a) Das Adjektiv *treu* hat die Bedeutung „beständig in seiner Gesinnung; fest zu jemandem oder zu etwas stehend". Es kam erst im 14. Jahrhundert auf. Älter ist das Adjektiv *getreu* „treu", das heute in gehobener Sprache gebraucht wird. Zu diesen Wörtern gehört das Substantiv *die Treue* „beständige Gesinnung", zu dem sich das Verb *betreuen (betreute, betreut)* „sich um jemanden oder etwas kümmern" stellt:

Er ist ein treuer Freund. Er hat ihm die Treue geschworen.

b) Das aus dem Niederdeutschen übernommene Substantiv *der Troyer* /(auch:) *Troier* hat die Bedeutung „warmes Unterhemd der Seeleute".

c) Das Substantiv *das Troygewicht* ist die Bezeichnung für ein Gewichtsmaß, das in England und in den USA für Edelmetalle und Edelsteine verwendet wird. Der erste Bestandteil dieser Zusammensetzung ist der Name der französischen Stadt Troyes.

d) Zu geographischen Namen wie *Treuen* (Stadt im Vogtland) vgl. etwa Duden, Wörterbuch geographischer Namen.
Zum Eu-Laut vgl. R 2.

244 Trift, Drift – trifft, triftig

a) Das Substantiv *die Trift* (Plural: *die Triften*) bedeutet „Weide; Holzflößung". Es ist eine alte Bildung zu dem Verb *treiben* und bedeutet demnach eigentlich „das Treiben [des Viehs, des Holzes]". Das Verb *triften (triftete, getriftet)* ist eine Ableitung und bedeutet „loses Holz flößen". Ebenfalls zu *treiben* gehört das seemannssprachliche Substantiv *die Drift* (Plural: *die Driften*), das „vom Wind bewirkte Bewegung an der Meeresoberfläche; Abtreiben des Schiffes vom Kurs" bedeutet. Eine Ableitung ist das Verb *driften (driftete, gedriftet)* „treiben". Das Substantiv *die Abtrift* (Plural: *die Abtriften*) bedeutet einmal „Treiben des Viehs von den Almen"; in der Seemanns- und Fliegersprache bedeutet es „Abtreiben vom Kurs". Eine seltene Nebenform ist *die Abdrift*:

Zum Winter wird das Vieh von den Triften genommen. Die Abtrift des Schiffes betrug nur wenige Grade.

b) Die Form *(er) trifft* gehört zu dem Verb *treffen (traf, getroffen)*, das u. a. die Bedeutung „mit einem Schuß, Schlag o. ä. erreichen" hat. Ableitungen sind *[vor]trefflich* „vorzüglich, ausgezeichnet" und *triftig*, das ursprünglich „zutref-

fend", heute aber „stichhaltig"
bedeutet:
Der Schütze trifft genau die Mitte der Scheibe. Die Spikes an unserem Auto haben sich trefflich bewährt. Er hat für seine Entscheidung triftige Gründe vorgebracht.
Zum F-Laut vgl. R 5.

245 tschau – ciao – Chow-Chow
a) *tschau* bedeutet soviel wie *tschüs*, *Servus* und ist ein salopper Gruß, ein Abschiedsgruß, der besonders unter Jugendlichen verbreitet ist. Er ist aus dem Italienischen entlehnt. Die italienische Form ist *ciao* [sprich: tsch<u>au</u>]:
„Tschau", sagte er und tippte mit dem Finger leicht an die Mütze.

b) Das Substantiv *der Chow-Chow* [sprich: tschau-tsch<u>au</u>] (Plural: *die Chow-Chows*) ist die Bezeichnung einer Hunderasse, die zu den Spitzen zählt. Das Wort ist aus dem Chinesischen über das Englische ins Deutsche eingedrungen.
Zum Au-Laut vgl. R 2.

246 tun – Thunfisch – Tunika
a) Das Verb *tun (tat, getan)* hat u. a. die Bedeutungen „machen, ausführen, vollbringen; arbeiten, schaffen". Eine Ableitung ist das Adverb *tunlichst* „möglichst":
Sie tun ihre Pflicht. Er hat viel zu tun.

b) Der erste Bestandteil des Fischnamens *der Thunfisch* stammt ursprünglich aus dem Griechischen:
Er kaufte eine Dose Thunfisch.

c) Das Substantiv *die Tunika* (Plural: *die Tuniken*) ist aus dem Lateinischen übernommen worden und bezeichnet das Untergewand des römischen Bürgers:
Er trug eine lange Tunika aus weißer Wolle.

d) Zu geographischen Namen wie *Thun* (Stadt im Erzgebirge; Stadt in der Schweiz), *Thuner See* (See in der Schweiz) vgl. etwa Duden, Wörterbuch geographischer Namen.
Zum T-Laut vgl. R 9.

247 Tür – Tyr – Thüringen
a) Das Substantiv *die Tür* (Plural: *die Türen*) hat in vielen germanischen und indogermanischen Sprachen seine Entsprechungen. Mit ihm verwandt ist das Substantiv *das Tor*:
Er trat ein und verschloß die Tür.

b) *Tyr* ist der Name des Himmels- und Kriegsgottes in der germanischen Mythologie. Er gehört zu dem Göttergeschlecht der Asen. Der Name *Tyr* stammt aus dem Altnordischen; daneben gibt es für diesen Gott auch die Namen *Tiu* und *Ziu*, die aus dem Altsächsischen bzw. aus dem Althochdeutschen stammen:
Der germanische Gott Tyr entspricht dem griechischen Gott Zeus und dem römischen Gott Jupiter.

c) *Thüringen* ist der Name eines Gebietes in Mitteldeutschland, das heute zur DDR gehört. Eine Ableitung ist das Adjektiv *Thüringer*, das vor allem in den Namen *Thüringer Becken* und *Thüringer Wald* vorkommt.
Zum Ü-Laut vgl. R 1, zum T-Laut R 9.

U / V

248 überschwenglich — schwänge
Das Adjektiv *überschwenglich* „in Gefühlsäußerungen übersteigert [und übertrieben]" ist eine Ableitung von dem Substantiv *der Überschwang* „Übermaß an Gefühl" und wie dies mit dem Verb *schwingen (schwang, geschwungen)* verwandt. *(Er) schwänge, schwang* sind Formen dieses Verbs:
Er dankte ihm überschwenglich für das Geschenk. Er sagte, wenn er die Fahne schwänge, könnten wir nachkommen.
Auf die Schreibung mit e ist bei dem Wort *überschwenglich* besonders zu achten.
Zum kurzen Ä-Laut vgl. R 4.

249 Uhr — Ur — ur-, Ur-
a) Das Substantiv *die Uhr* (Plural: *die Uhren*) bezeichnet ein Gerät, das die Zeit mißt. Es ist über das Französische aus dem Lateinischen entlehnt worden. Zusammensetzungen sind *die Armbanduhr, die Sanduhr, die Taschenuhr, die Uhrfeder, der Uhrmacher, das Uhrwerk*:
Die Uhr geht nach. Er zog seine Uhr auf.
b) Das Substantiv *der Ur* (Plural: *die Ure*) ist eine im 18. Jahrhundert erneuerte altdeutsche Form für „Auerochse".
c) Das Präfix *ur-* wird in Verbindung mit Substantiven und Adjektiven gebraucht. Die älteste Bedeutung „[her]aus, von — her" findet sich noch in Wörtern wie *der Ursprung* „Beginn, Anfang", *die Ursache* „Veranlassung". Heute bezeichnet es vor allem in Verbindung mit Substantiven das im Anfang Vorhandene [das als Grundlage für Späteres dient], so in *das Urbild, der Urmensch, das Urgestein, die Urfehde*. In Verwandtschaftsbezeichnungen kennzeichnet es eine vorhergehende Stufe, so in *die Ureltern, der Urgroßvater*. Bei Adjektiven wirkt es zumeist verstärkend, so in *urkomisch, urplötzlich*. Bei Verben entspricht dem *ur-* ein *er-*; dies wird deutlich an dem Nebeneinander von *erlauben* und *der Ur-*

laub. Eine Ableitung ist *urig*, das landschaftlich für „urtümlich, originell" gebraucht wird.
d) Zu geographischen Namen wie *Urach* (Stadt in Baden-Württemberg), *[Kanton] Uri* (in der Schweiz) vgl. etwa Duden, Wörterbuch geographischer Namen.
Zum U-Laut vgl. R 1.

250 Veilchen – Feile – feilbieten

a) Das Substantiv *das Veilchen* ist der Name einer Blume. Es ist das Verkleinerungswort zu einem heute ausgestorbenen Substantiv, das aus dem Lateinischen entlehnt ist:
Das Veilchen gehört zu den ersten Blumen im Frühling.
b) Das Substantiv *die Feile* bezeichnet ein Werkzeug zum Bearbeiten von Metall oder Holz. Eine Ableitung davon ist das Verb *feilen (feilte, gefeilt)* „mit einer Feile bearbeiten":
Er nahm eine Feile und feilte den Schraubenkopf ab.
c) Das heute veraltete Adjektiv *feil* „käuflich" ist der erste Bestandteil der Zusammensetzungen *feilbieten (bot feil, feilgeboten)* und *feilhalten (hielt feil, feilgehalten)*, die in gehobener Sprache für „zum Verkauf anbieten" gebraucht werden. Das veraltete Adjektiv *wohlfeil* hat die Bedeutung „billig, preiswert":
Die Händler boten Teppiche feil.
Sie bieten wohlfeile Waren an.

d) *Der Feiler* ist der Name eines Berges in Tirol.
Zum F-Laut vgl. R 10.

251 Versand – versandt – Sandsannt

a) Das Substantiv *der Versand* (Genitiv: *des Versandes*) in der Bedeutung „das Versenden von Waren" ist eine Bildung zu dem Verb *versenden (versandte/versendete, versandt/versendet)* „an einen Kreis von Personen, Kunden senden" (vgl. b). Eine Zusammensetzung ist *das Versandhaus:*
Der Versand der Bücher muß noch vor Weihnachten abgeschlossen sein.

b) Die Form *versandt* gehört zu dem Verb *versenden* (vgl. a): *er hat versandt*. Dies Verb ist eine Präfixbildung von *senden (sandte/sendete, gesandt/gesendet)*, das die Bedeutung „schicken" hat. *Gesandt* ist eine Form dieses Verbs: *er hat gesandt*. Die Substantivierung *der Gesandte* (Plural: *die Gesandten*) bezeichnet einen Diplomaten, der im Rang unter dem Botschafter steht. Das davon abgeleitete Substantiv *die Gesandtschaft* bezeichnet die Vertretung eines Staates im Ausland:
Er hat die Prospekte bereits alle versandt. Er hat den Brief mit der Post gesandt. Er ist als Gesandter viel im Ausland.

c) Das Substantiv *der Sand* (Genitiv: *des Sandes*) ist eine Stoffbezeichnung. Zusammensetzungen sind *die Sandbank* und *die Sanduhr*. Eine Ableitung ist *sandig*:
Zum Bauen gebraucht man Sand.
d) Die Form *sannt* gehört zu dem Verb *sinnen (sann, gesonnen)* in der Bedeutung „nachdenken, seine Gedanken auf etwas richten":
ihr sannt. Es gehört der gehobenen Sprache an. Eine Zusammensetzung ist *nachsinnen*:
Ihr sannt noch darüber nach, was zu tun sei, als schon alles längst vorbei war.
Zum Auslaut vgl. R 7 f., zum N-Laut R 5.

252 versengen, sengen — sängen
a) Das Verb *versengen (versengte, versengt)* ist eine Präfixbildung zu dem selteneren Verb *sengen (sengte, gesengt)* „an der Oberfläche leicht verbrennen, anbrennen". Dazu stellen sich das Adjektiv *sengerig* sowie das Substantiv *die Senge* (Plural), das im Nord- und Mitteldeutschen „Prügel" bedeutet:
Er wird seinen Mantel versengen. Das Bügeleisen wird die Wäsche sengen, wenn du es so einstellst. Du wirst gleich Senge beziehen.
b) Die Formen *(sie) sängen, sangen* gehören zu dem Verb *singen, (sang, gesungen)* „seine Stimme ertönen lassen; ein Lied hören lassen". Dazu stellen sich *der [Ge]sang* (Plural: *die [Ge]sänge*) und *der Sänger*:
Wenn sie doch wenigstens richtig sängen! Er ist von Beruf Sänger.
Zum kurzen Ä-Laut vgl. R 4.

253 verzeihen, zeihen — prophezeien
a) Das Verb *verzeihen (verzieh, verziehen)* hat die Bedeutung „nicht nachtragen, nicht übelnehmen; entschuldigen". Es ist eine Präfixbildung zu dem nur noch in gehobener Sprache gebrauchten Verb *zeihen (zieh, geziehen)* „bezichtigen, beschuldigen". Eine Ableitung von *verzeihen* ist das Substantiv *die Verzeihung*:
Diese Äußerung wird er mir nicht verzeihen. Er bat sie um Verzeihung. Du hast ihn zu Unrecht dieses Vergehens geziehen.
b) Das Verb *prophezeien (prophezeite, prophezeit)* hat die Bedeutung „voraussagen". Es ist eine Ableitung zu dem aus dem Griechischen stammenden Wort *die Prophetie* „Weissagung". Eine Ableitung von *prophezeien* ist *die Prophezeiung*:
Sie prophezeien ihm eine große Zukunft. Er hat mit seinen Prophezeiungen recht behalten.
Zum Ei-Laut vgl. R 2.

254 viel   Vielfraß   fiel
a) Das unbestimmte Für- und Zahlwort *viel* bezeichnet eine ziemlich

große Menge oder Fülle. Die Bezeichnung ist in vielen germanischen Sprachen belegt:
Er hat viel Geld. Die vielen Bücher!
b) Das Substantiv *der Vielfraß* „der Gefräßige" ist bereits im Althochdeutschen belegt. Zum Namen der nordischen Marderart wurde es wahrscheinlich im 15. Jahrhundert durch volksetymologische Umdeutung des norwegischen Namens des Tieres *fjeldfross* „Bergkater" zu „Vielfresser".
c) Die Formen *(er) fiel, (sie) fielen* gehören zu dem Verb *fallen (fiel, gefallen)* „sich rasch abwärts bewegen; sinken u.a.":
Das Kind fiel in das Wasser. Die Haare fielen ihr auf die Schulter.
Zum F-Laut vgl. R 10.

255 Vlies – fließt, Fließheck – fliehst
a) Das aus dem Niederländischen stammende Substantiv *das Vlies* (Plural: *die Vliese*) hat die Bedeutung „[Schaf]fell; Rohwolle des Schafes":
Das Goldene Vlies spielt in der griechischen Argonautensage eine zentrale Rolle. Nach ihm ist der Orden des Goldenen Vlieses benannt.
b) Die Form *(er) fließt* gehört zu dem Verb *fließen (floß, geflossen)* „sich gleichmäßig fortbewegen, strömen", das auch den ersten Bestandteil der Zusammensetzungen *die Fließarbeit, das Fließband, das Fließheck, das Fließpapier* bildet:
Der Bach fließt durch das Tal. Das Auto hat ein Fließheck.
c) Die Form *(du) fliehst* gehört zu dem Verb *fliehen (floh, geflohen)* „aus Furcht heimlich einen bestimmten Ort verlassen":
Du fliehst ins Ausland?
Zum F-Laut vgl. R 10, zum Auslaut R 7.

256 Volt – Volte – wollt, wollte
a) Das Substantiv *das Volt* (Genitiv: *des Volt* und *Voltes*) ist die Einheit der elektrischen Spannung (Zeichen: V). Dem Wort liegt der Name des italienischen Physikers A. Volta (1745 - 1827) zugrunde. Eine Zusammensetzung ist *das Voltmeter*:
Eine Spannung von 220 Volt.
b) Das aus dem Französischen übernommene Substantiv *die Volte* (Plural: *die Volten*) ist die Bezeichnung einer Reitfigur, eines Kunstgriffes im Kartenspiel sowie einer Verteidigungsart im Fechtsport:
Der Reiter ritt eine Volte.
c) Die Formen *(ihr) wollt, (er) wollte, (sie) wollten* gehören zu dem Verb *wollen (wollte, gewollt)*, das auch als Modalverb gebraucht wird:
Ihr wollt alles haben, was ihr seht. Er wollte ein Rumpsteak.

d) Das Substantiv *die Revolte* (Plural: *die Revolten*) „Aufstand, Aufruhr" ist im 17. Jahrhundert aus dem Französischen entlehnt worden:

Die Revolte der Arbeiter führte endlich zu den schon längst fälligen Lohnerhöhungen.

Zum W-Laut vgl. R 12, zum L-Laut R 5.

257 vordere – fordern

a) Das nur attributiv gebrauchte Adjektiv *vordere* hat die Bedeutung „sich vorn befindend". Es ist eine Bildung zu der Partikel *vor.* Zusammensetzungen sind *der Vordergrund* „vorderer Teil eines Raumes o. ä." und *der Vordermann* „jemand, der sich vor jemandem befindet":

Sie saßen in den vorderen Reihen. Der vordere Teil des Hauses war eingestürzt. Im Vordergrund des Bildes stehen einige Figuren. Er klopfte seinem Vordermann auf die Schulter.

b) Das Verb *fordern (forderte, gefordert)* hat u. a. die Bedeutung „mit Nachdruck verlangen, haben wollen". Es ist eine alte Ableitung von dem unter a behandelten Adjektiv *vordere:*

Er forderte die Bestrafung des Täters. Sie fordern für die Arbeit 100,- DM.

c) Zu geographischen Namen wie *die Vorderpfalz* (Teil der Pfalz) und *der Vorderrhein* (Quellfluß des Rheins) vgl. etwa Duden, Wörterbuch geographischer Namen. Zum F-Laut vgl. R 10.

W/Z

258 Wagen – Waage – wagen – vage

a) Das Substantiv *der Wagen* hat die Bedeutung „Fahrzeug". Es ist etymologisch verwandt mit dem Verb *bewegen* und bedeutet ursprünglich „das sich Bewegende, das Fahrende". Eine Ableitung ist das Substantiv *der Wagner,* das landschaftlich für „Wagenbauer, Stellmacher" gebraucht wird:

Er ist viel mit dem Wagen unterwegs.

b) Das Substantiv *die Waage* (Plural: *die Waagen*) bezeichnet ein Gerät, das zum Wiegen dient. Auch dies Substantiv ist etymologisch verwandt mit dem Verb *bewegen* und bedeutet eigentlich „das Auf- und Abschwingende". Bis zum Jahre 1927 schrieb man das Wort für das Wiegegerät mit

einem einfachen a. Um Verwechslungen mit dem Substantiv *der Wagen* „Fahrzeug" (vgl. a) zu vermeiden, setzte man 1927 die heute gültige Schreibung mit aa fest. Zu diesem Substantiv gehören die Bildungen *waagerecht, die Einwaage* „Gewichtsverlust beim Wiegen, (fachsprachlich:) in die Dose eingewogene Menge" und *die Zuwaage* „(landschaftlich für:) Knochen[zugabe] zum Fleisch":
Die Verkäuferin legte das Fleisch auf die Waage; es wog 200 g.
c) Das Verb *wagen (wagte, gewagt)* ist eine Ableitung von dem Substantiv *die Waage* (vgl. b). Es bedeutet ursprünglich „etwas in die Waage setzen; etwas riskieren":
Ich wage nicht, dies zu behaupten. Wir müssen dies Experiment wagen.
d) Das Substantiv *die Waag* ist landschaftlich und bedeutet „Flut, Wasser".
e) Das Adjektiv *vage* hat die Bedeutung „nicht eindeutig, nur flüchtig angedeutet". Es ist aus dem Französischen übernommen worden; ursprünglich ist es ein lateinisches Wort. Eine Ableitung ist das Substantiv *die Vagheit:*
Er hat nur eine vage Vorstellung von diesem Unternehmen.
f) Zu geographischen Namen wie *die Waag* (Nebenfluß der Donau), *Waginger See* (See in Bayern) vgl.

etwa Duden, Wörterbuch geographischer Namen.
Zum A-Laut vgl. R 1, zum W-Laut R 12.

259 wahren – wahr – Ware – war
a) Das Verb *wahren (wahrte, gewahrt)* hat die Bedeutung „erhalten, schützen, verteidigen". Es gehört zu einem Substantiv, das im Neuhochdeutschen untergegangen ist, aber noch den ersten Bestandteil des Verbs *wahrnehmen (nahm wahr, wahrgenommen)* „erfassen, merken; berücksichtigen" und des Substantivs *das Wahrzeichen* „Symbol, charakteristisches Zeichen" bildet. Zu *wahren* gehören die Präfixbildungen *bewahren (bewahrte, bewahrt)* „behüten; aufheben" und *verwahren (verwahrte, verwahrt)* „aufheben; Widerspruch erheben":
Er wahrt konsequent seine Interessen. Sie nahmen einen unangenehmen Geruch wahr. Er wird die Interessen seiner Firma wahrnehmen. Das Wahrzeichen des Vereins ist eine Rose. Er bewahrte die Bilder in einem Kästchen. Er verwahrte sich gegen diese Unterstellung.
b) Das Adjektiv *wahr* hat die Bedeutung „wirklich, tatsächlich, nicht erfunden". Ableitungen sind *wahrhaft[ig]* „tatsächlich, wirklich" und *die Wahrheit,* Zusammensetzungen die Verben *wahrsagen (sagte wahr, wahrgesagt)* „voraussagen" und *wahrhaben* in

der Wendung *etwas nicht wahrhaben wollen* „etwas bestreiten":
Dies ist eine wahre Geschichte. Er hat wahrhaftig recht behalten. Die Zigeunerin wahrsagte ihm die Zukunft.

c) Das Substantiv *die Ware* (Plural: *die Waren*) hat die Bedeutung „zum Kauf angebotener Gegenstand". Zusammensetzungen sind *das Warenhaus* „Kaufhaus" und *das Warenzeichen* „gesetzliche Kennzeichnung für bestimmte Waren":
Die bestellten Waren sind noch nicht gekommen. Das Warenzeichen Bayer *ist gesetzlich geschützt.*

d) Die Formen *(er) war, (sie) waren* gehören zu dem Verb *sein (war, gewesen)*. Das Verb wird auch als Hilfsverb zur Bildung umschriebener Formen der Verben gebraucht:
Er war früher Redakteur in einem Verlag. Nach fünf Jahren war er aus Amerika zurückgekommen.

e) Zu geographischen Namen wie *Wahrenbrück* (Stadt bei Cottbus), *Warendorf* (Stadt in Nordrhein-Westfalen) vgl. etwa Duden, Wörterbuch geographischer Namen. Zum A-Laut vgl. R 1.

260 während – wären

a) Das Verb *während (währte, gewährt)* wird in der gehobenen Sprache verwendet und bedeutet „dauern". Aus dem Partizip I hat sich die Präposition und Konjunktion *während* entwickelt:
Möge das Glück noch lange währen. Während des Krieges lebte er im Ausland. Während ich bei dem Kranken blieb, holte mein Bruder den Arzt.

b) Die Formen *(sie) wären, waren* gehören zu dem Verb *sein (war, gewesen)*, das auch als Hilfsverb zur Bildung umschriebener Verbformen gebraucht wird:
Wenn sie hier wären, könnten sie mit uns ins Theater gehen. Wären sie doch gekommen.
Zum Ä-Laut vgl. R 1.

261 Wal – Wahl – Waal

a) Das Substantiv *der Wal* (Plural: *die Wale*) ist der Name eines im Meer lebenden Säugetiers. Zusammensetzungen sind *der Walfang* und – mit kurzem a – *der Walfisch, der Walrat* „fettartige Masse" und *das Walroß*:
einen Wal fangen.

b) Das Substantiv *die Wahl* (Plural: *die Wahlen*) „das Auswählen; Abstimmung" ist eine Bildung zu dem Verb *wählen (wählte, gewählt)*:
Der Kandidat des linken Flügels hat die Wahl angenommen.

c) Zu geographischen Namen wie *die Waal* (Mündungsarm des Rheins) vgl. etwa Duden, Wörterbuch geographischer Namen. Zum A-Laut vgl. R 1.

262 Wald – [ge]wallt – Gewalt

a) Das Substantiv *der Wald* (Plural: *die Wälder*) hat die Bedeutung „mit Bäumen dicht bewachsene Fläche":
Sie wanderten durch den verschneiten Wald.

b) Die Form *(es) wallt* gehört zu dem gehobenen Verb *wallen (wallte, gewallt)* „sprudeln, bewegt fließen":
Das Meer braust und wallt. Das Meer hat gewallt.

c) Die Form *(er) wallt* gehört zu dem veralteten Verb *wallen (wallte, gewallt)* „gehen, pilgern":
Er wallt zu den Stätten der Kunst. Er war nach Rom gewallt.

d) Die Substantive *der Anwalt* (Plural: *die Anwälte*) und *die Gewalt* (Plural: *die Gewalten*) sind Bildungen zu dem gehobenen Verb *walten (waltete, gewaltet)* „herrschen, gebieten, sich auswirken":
Er nahm sich einen Anwalt. Er verabscheut jede Gewalt.

e) *Walthild* /(auch:) *Walthilde* ist ein weiblicher Vorname. Eine Nebenform ist *Waldhild* /(auch:) *Waldhilde*. *Waldtraut* ist eine Nebenform von *Waltraud*.

f) Zu geographischen Namen wie *Waldburg* (Ort und Schloß in Baden-Württemberg) vgl. etwa Duden, Wörterbuch geographischer Namen.

Zum L-Laut vgl. R 5, zum Auslaut R 7.

263 Wall – Wallfahrt – Walnuß – Walküre

a) Das Substantiv *der Wall* (Plural: *die Wälle*) „längere Erhebung im Gelände" ist aus dem Lateinischen entlehnt worden:
Die Festung war durch einen hohen Wall geschützt.

b) Die Wörter *die Wallfahrt, der Wallfahrer, wallfahren* und *wallfahrten* gehören zu dem veralteten Verb *wallen (wallte, gewallt)*, das die Bedeutung „gehen, pilgern" hat:
Sie machten eine Wallfahrt nach Lourdes.

c) Der erste Bestandteil des Substantivs *die Walnuß* ist etymologisch verwandt mit *welsch*. Die mit dem Substantiv bezeichnete Nuß, die aus Italien nach Deutschland gekommen ist, hieß früher auch *welsche Nuß*:
Er knackte die Schale der Walnuß auf.

d) Der erste Bestandteil der Zusammensetzungen *die Walhall[a]* „(in der nordischen Mythologie) Aufenthalt der im Kampf Gefallenen", *die Walküre* „(in der nordischen Mythologie) Kampfjungfrau, die die Toten nach Walhall geleitet", *die Walstatt* und *der Walplatz* „(veraltet für) Kampfplatz" ist ein im Neuhochdeutschen untergegangenes Substantiv, dessen weitere Verwandten u. a. "sterben" bedeuten. Die Substantive *der Walplatz* und *die Walstatt* werden auch mit *langem a* gesprochen.

e) *Walburg* /(auch:) *Walburga, Waldegund* /(auch:) *Waldegunde* sind weibliche Vornamen, *Waldebert, Waldemar, Walfried* und *Walram* männliche Vornamen.

f) Zu geographischen Namen wie *Walchensee* (See in Bayern), *Walsum* (Stadt in Nordrhein-Westfalen), *Wallberg* (Berg in Bayern) vgl. etwa Duden, Wörterbuch geographischer Namen.

Zum L-Laut vgl. R 5.

264 walten – wallten – Walter, Walther

a) Das gehobene Verb *walten (waltete, gewaltet)* hat die Bedeutung "herrschen, gebieten, sich auswirken". Eine Präfixbildung ist *verwalten*, von der das Substantiv *der Verwalter* abgeleitet ist:
Walte deines Amtes. Er wird dies Gut verwalten.

b) Die Formen *wallte, wallten* gehören zu dem gehobenen Verb *wallen (gewallt)*, das die Bedeutung "sprudeln, bewegt fließen" hat (vgl. aber c). Es ist etymologisch verwandt mit dem Substantiv *die Welle:*
Das Meer brauste und wallte.

c) Die Formen *wallte, wallten* gehören zu dem veralteten Verb *wallen (gewallt)*, das die Bedeutung "gehen, pilgern" hat:
Er wallte zu den Stätten der Kunst.

d) Der männliche Vorname *Walter* wird oft auch mit *h* geschrieben: *Walther*, so etwa in dem Namen des mittelhochdeutschen Dichters *Walther von der Vogelweide. Waltraud* /(auch:) *Waltraud, Waltrud* und *Waltrun* /(auch:) *Waltrune* sind weibliche Vornamen.

e) *Das Waltharilied* ist der Name eines Heldenepos.

f) Zu geographischen Namen wie *Waltershausen* (Stadt bei Erfurt), *Waltrop* (Stadt in Nordrhein-Westfalen) vgl. etwa Duden, Wörterbuch geographischer Namen.

Zum L-Laut vgl. R 5, zum T-Laut R 9.

265 Wanen – Wahn – Wahnwitz

a) Das Substantiv *der Wane* wird zumeist im Plural gebraucht: *die Wanen*. Die dazu gehörende adjektivische Ableitung ist *wanisch. Die Wanen* ist die aus dem Nordischen stammende Bezeichnung eines in der germanischen Mythologie vorkommenden Göttergeschlechtes, zu dem die Götter Njörd und Frey[r] sowie die Göttin Freyja gehören. Es gilt gegenüber den Asen (vgl. 10, a) als das ältere Göttergeschlecht. Es verkörpert nach Meinung bestimmter Forscher das weiblich-mütterliche Prinzip mit

starken Beziehungen zur Fruchtbarkeit, zum Wachstum und zum Frieden, entsprungen der statischen Welt bäuerlicher, erdgebundener Ackerbauvölker nichtindogermanischen Ursprungs, der Megalithbauern:
Die germanische Mythologie berichtet von dem Wanenkrieg, d.h. von dem Kampf zwischen den Asen und den Wanen, in dem sich die Auseinandersetzung der verschiedenen Kulturen der Streitaxtleute und der Megalithbauern widerspiegeln soll.

b) Das Substantiv *der Wahn* hat in vielen germanischen Sprachen seine Entsprechungen und bedeutet ursprünglich „Meinung, Hoffnung, Verdacht". Die heute übliche Bedeutung „krankhafte Einbildung" hat sich erst in neuester Zeit entwickelt, wohl auch unter Einfluß des Substantivs *der Wahnsinn* (vgl. c). Eine Ableitung von *der Wahn* ist das nur in gehobener Sprache gebrauchte Verbum *wähnen (wähnte, gewähnt)* in der Bedeutung „fälschlich annehmen, vermuten":
Er ist von dem Wahn befangen, ein großer Wissenschaftler zu sein. Er wähnte sich gerettet.

c) Das Substantiv *der Wahnwitz* ist seit dem 16. Jh. belegt. Es ist eine Bildung zu dem im Frühneuhochdeutschen von *wahnwitzig* verdrängten Adjektiv *wahnwitz*.

Der erste Bestandteil dieser Zusammensetzung, *wahn-*, ist mit entsprechenden Wörtern im Griechischen und Lateinischen urverwandt, die die Bedeutung „ermangelnd" und „leer" haben; der zweite Bestandteil, *-witz*, bedeutet eigentlich „Wissen; Verstand, Klugheit"; ursprünglich hat *wahnwitz* also die Bedeutung „des Verstandes ermangelnd". Neben *wahnwitzig* tritt seit dem 15. Jh. auch *wahnsinnig,* das heute weitgehend *wahnwitzig* verdrängt hat. Zu *wahnsinnig* ist im 15. Jh. das Substantiv *der Wahnsinn* gebildet worden, das die Bedeutung „geistige Umnachtung; Unsinn" hat:
Ein unheilbarer Wahnsinn hat ihn befallen. Das ist ja Wahnsinn! Er wurde nach dem Tod seiner Angehörigen wahnsinnig. Dieser Plan ist ein Wahnwitz. Er führt wahnwitzige Reden.

B e a c h t e : Das Substantiv *der Wahn* wird vor allem wegen der heutigen Bedeutung, aber auch wegen der Schreibung mit dem ersten Bestandteil *wahn-* in *Wahnwitz* usw. in Beziehung gebracht, doch ist es damit etymologisch nicht verwandt.

Zum A-Laut vgl. R 1.

266 weise – Weise – Waise

a) Das Adjektiv *weise* hat die Bedeutung „von Weisheit zeugend; klug". Es ist wie *die Weise* (vgl. b) etymologisch verwandt mit *wissen* und bedeutet ursprünglich „wissend". Die Substantivierung lautet *der* oder *die Weise* (Plural: *die Weisen*). Eine Ableitung von *weise* ist das Verb *weisen (wies, gewiesen)*, das ursprünglich „wissend machen", heute „zeigen; wegschicken" bedeutet. Das Substantiv *der Weisel* „Bienenkönigin" ist eine Bildung zu *weisen*. Es bedeutet ursprünglich „[An]führer [der Bienen]". Eine Präfixbildung von *weisen* ist *verweisen (verwies, verwiesen)* in der Bedeutung „hinweisen". Das heute lautlich damit zusammengefallene Verb *verweisen* in der Bedeutung „tadeln" gehört etymologisch ebenfalls zu den vorstehenden Wörtern:

Er hat sehr weise gehandelt. Er ist ein Weiser. Ich weise ihm den Weg. Er wies ihn aus dem Haus. Ich verweise hier auf eine frühere Stelle des Buches. Er verwies ihm diese Rede.

b) Das Substantiv *die Weise* (Plural: *die Weisen*) ist mit den Wörtern unter a etymologisch verwandt. Es hat die Bedeutung „Form, Art; Melodie". Die Bedeutung „Form, Art" findet sich auch in dem Ableitungssuffix *-weise* etwa in *glücklicherweise, klugerweise* usw.:

Die Art und Weise seines Auftretens gefällt mir nicht. Die Kapelle spielte schnulzige Weisen.

c) Das Substantiv *die Waise* (Plural: *die Waisen*) hat die Bedeutung „Kind, das seine Eltern verloren hat". Üblicher ist die Zusammensetzung *das Waisenkind*. Eine Ableitung ist das Verb *verwaisen (verwaiste, verwaist)* „Waise werden":
Die beiden Geschwister sind Waisen. Er ist schon früh verwaist.

d) *Die Weise* ist der Name eines Nebenflusses der Oder bei Frankfurt.

Zum Ei-Laut vgl. R 2.

267 Weisheit, weismachen — weiß — Weißmacher

a) Das Substantiv *die Weisheit* (Plural: *die Weisheiten*) „innere Reife, Klugheit; Erkenntnis" ist wie das Verb *weisen (wies, gewiesen)* „zeigen; wegschicken" eine Ableitung von dem Adjektiv *weise* „klug", das mit *wissen* etymologisch verwandt ist und ursprünglich „wissend" bedeutete. Zu *weise* gebildet ist *naseweis* und *wohlweislich. (Er) weist* ist eine Form von *weisen*. Das Verb *weismachen (machte weis, weisgemacht)* enthält als ersten Bestandteil ebenfalls das Adjektiv *weise*. Es hat heute die abwertende Bedeutung „vorschwindeln". Das Substantiv *der Verweis* (Plural: *die Verweise*) ist eine Bildung zu dem Verb *verweisen* „hinweisen;

tadeln", das etymologisch ebenfalls zu dieser Gruppe gehört:
Er ist ein Mensch von großer Weisheit. Er weist uns den Weg. Ihm kann man nichts weismachen. Hier steht ein Verweis auf eine frühere Stelle des Buches. Er erhielt einen Verweis wegen seines schlechten Betragens.

b) Die Formen *(ich) weiß, (du) weißt* gehören zu dem Verb *wissen (wußte, gewußt)*, das etymologisch mit den Wörtern der vorstehenden Gruppe verwandt ist:
Er weiß sehr viel. Du weißt jetzt alles über diesen Vorfall.

c) Von der Farbbezeichnung *weiß* ist das Verb *weißen (weißte, geweißt)* „weiß machen" abgeleitet. Eine Form davon ist *(er) weißt*. Weitere Bildungen sind das Adjektiv *weißlich* und das Substantiv *der Weißmacher*:
Die Decke ist ganz weiß. Er hat ein weißes Hemd an. Er weißt die Decke. Das Waschmittel mit den zwei Weißmachern. Sein Gesicht hatte eine weißliche Färbung angenommen.

d) Das Verb *weissagen (weissagte, weisgesagt)* in der Bedeutung „vorhersagen, prophezeien" enthält als ersten Bestandteil nicht das Adjektiv *weise* (vgl. a); es wurde aber volksetymologisch daran angelehnt und dadurch auch in der Schreibung bestimmt. Eine Ableitung ist das Substantiv *die Weissagung*:
Sie kann weissagen. Seine Miene weissagt mir nichts Gutes. Die Weissagung des Sehers hat sich erfüllt.

e) Zu geographischen Namen wie *Weismain* (Stadt in Bayern), *Weißeck* (Berg in Österreich) vgl. etwa Duden, Wörterbuch geographischer Namen.

Zum Auslaut vgl. R 7.

268 weit — Waid — Weide

a) Das Adjektiv *weit* hat u. a. die Bedeutung „von großer räumlicher Ausdehnung, ausgedehnt". Ableitungen sind das Substantiv *die Weite* (Plural: *die Weiten*) und das Verb *weiten (weitete, geweitet)* „ausdehnen, vergrößern":
Vor ihnen lag eine weite Ebene. Die Weite des Meeres war ein überwältigender Eindruck. Das Tal weitet sich zum Kessel.

b) Das Substantiv *der Waid* (Plural: *die Waide*) ist ein alter Name für eine Pflanze, die früher als Färbepflanze für blau gebraucht wurde.

c) Das Substantiv *die Weide* (Plural: *die Weiden*) ist der Name eines Baumes, der nach seinen biegsamen, zum Flechten geeigneten Zweigen benannt ist. Zusammensetzungen sind *das Weidenkätzchen* und *das Weidenröschen*. Das zu *Weide* gebildete Substantiv *der Weiderich* ist der Name verschie-

dener Pflanzen, deren Blätter denen der Weide ähneln:
Am Ufer standen drei Weiden.
d) Das Substantiv *die Weide* (Plural: *die Weiden*) hat heute die Bedeutung „Wiese für weidende Tiere, Grasland". Die schon im Althochdeutschen belegte Bedeutung „Jagd" findet sich heute in Zusammensetzungen wie *weidgerecht, der Weidmann, weidmännisch, das Weidwerk,* die fachsprachlich oft mit **ai** geschrieben werden (*waidgerecht* usw.). Das Wort *weidlich* „tüchtig, sehr" gehört ursprünglich wohl auch zu dieser Gruppe („dem Jagen gemäß"). Zu *Weide* in der Bedeutung „Grasland" gehört die Ableitung *weiden (weidete, geweidet)* „grasen; grasen lassen", die in Verbindung mit *sich* „sich an etwas erfreuen; schadenfroh betrachten" bedeutet. Zu *Weide* in der älteren Bedeutung „Futter, Speise" gehört *das Eingeweide* „alle Organe im Inneren des Leibes", das wohl aus der Jägersprache stammt; die Eingeweide des Wildes wurden den Hunden als Futter vorgeworfen. Dazu gehört das Verb *ausweiden* „die Eingeweide entfernen":
Die Kühe grasten auf der Weide. Kühe weideten auf der Wiese. Er weidet sich an seiner Unsicherheit.
e) Zu geographischen Namen wie *Weitra* (Stadt in Österreich), *Weidenau* (Stadt in Nordrhein-Westfalen), *Waidhofen an der Thaya* und *Waidhofen an der Ybbs* (Städte in Österreich) vgl. etwa Duden, Wörterbuch geographischer Namen.
Zum Ei-Laut vgl. R 2, zum Auslaut R 7.

269 Welle — Wälle
a) Das Substantiv *die Welle* (Plural: *die Wellen*) bedeutet u. a. „Wasserwoge; länglicher zylindrischer Körper; eine Turnübung". Von dem Substantiv ist das Verb *wellen (wellte, gewellt)* „wellig formen" abgeleitet. Zusammensetzungen sind *das Wellblech, das Wellfleisch, der Wellensittich:*
Er ließ sich von der Welle tragen. Er wurde von den Wellen verschlungen. Sie läßt sich die Haare wellen.
b) Die Form *die Wälle* ist der Plural zu dem Substantiv *der Wall,* das aus dem Lateinischen entlehnt worden ist:
Die Burg wurde von Wällen und Mauern geschützt.
Zum kurzen Ä-Laut vgl. R 4.

270 Wels — wälz, wälzt — wellst
a) Das Substantiv *der Wels* (Plural: *die Welse*) ist seit dem 15. Jahrhundert belegt. Es ist der Name eines bestimmten Fisches:
Der Wels hat am Oberkiefer zwei lange, am Unterkiefer vier kürzere Barthaare.

b) Die Formen *wälz!*, *(er) wälzt* gehören zu dem Verb *wälzen (wälzte, gewälzt)*, das mit dem Verb *walzen* etymologisch verwandt ist:
Wälz den Stein nicht so weit. Er wälzt sich am Boden.
c) Die Form *(du) wellst* gehört zu dem Verb *wellen (wellte, gewellt)* „wellig formen", das von dem Substantiv *die Welle* abgeleitet ist:
Du wellst dir die Haare.
d) Zu geographischen Namen wie *Wels* (Stadt in Österreich), *Welzheim* (Stadt in Baden-Württemberg) vgl. Duden, Wörterbuch geographischer Namen.
Zum kurzen Ä-Laut vgl. R 4, zum Z-Laut R 14.

271 Wende, wende – wände – Wände

a) Das Substantiv *die Wende* „Umschwung, entscheidende Veränderung" ist eine Ableitung von dem Verb *wenden*, das „umdrehen" *(wendete, gewendet)* und „in eine bestimmte Richtung drehen" *(wendete/wandte, gewendet/gewandt)* bedeutet. Eine Form ist *(ich) wende*. Weitere Bildungen zu *wenden* sind *wendig* „beweglich, flink", wozu wohl *auswendig* „aus dem Gedächtnis" und *inwendig* „im Innern" gebildet sind, und die Verben *aufwenden* „aufbringen, einsetzen" und *einwenden* „Bedenken vorbringen", zu denen *der Aufwand* und *der Einwand* (Plural: *die Einwände*) gebildet sind. Ob das Adjektiv *aufwendig* „kostspielig" zu *Aufwand* oder zu *aufwenden* gebildet worden ist, ist nicht sicher; nach dem Muster der anderen Adjektive wird es jedoch mit **e** geschrieben:
Dieser Sieg ist die Wende in diesem Krieg. Ich wende den Braten. Ich wende den Kopf zur Seite.
b) Die Formen *(er) wände, wand* und *(sie) wänden, wanden* gehören zu dem Verb *winden (wand, gewunden)*. Sowohl *wenden* usw. (vgl. a) als auch *die Wand* (vgl. c) sind mit *winden* etymologisch verwandt:
Wenn er sich in seinen Antworten nicht immer so wände!
c) *Die Wände* ist die Pluralform von *die Wand* „seitliche Begrenzung eines Raumes":
Die Wände der Universität waren mit Parolen bemalt.
Zum kurzen Ä-Laut vgl. R 4.

272 Wergeld – wert – wehrt, Wehr – Vera, Weert

a) Das Substantiv *das Wergeld* bezeichnet im germanischen Recht das Sühnegeld, das für die Tötung eines Mannes von dem Täter oder seiner Sippe an die Sippe des Getöteten zu zahlen war. Das Substantiv *der Werwolf* bezeichnet nach einem früher weit verbreiteten Volksglauben einen Menschen, der sich zeitweise in einen Wolf

verwandelt. Außerdem ist es der Name einer Freischärlerbewegung, die von der nationalsozialistischen Führung in den letzten Monaten des 2. Weltkrieges ins Leben gerufen wurde.
Der erste Bestandteil der beiden Zusammensetzungen hat die Bedeutung „Mann, Mensch". Er wird als selbständiges Wort nicht mehr gebraucht.

b) Das Substantiv *der Wermut* ist der Name einer Heilpflanze, die reich an ätherischen Ölen ist, und die Bezeichnung eines aus dieser Pflanze gewonnenen alkoholischen Getränks.

c) Das Adjektiv *wert* hat die Bedeutung „einen bestimmten Preis habend, würdig". Die Substantivierung *der Wert* (Plural: *die Werte*) hat die Bedeutungen „Preis; Bedeutung, Wichtigkeit; gemessene Zahl". Eine Ableitung vom Adjektiv ist das Verb *werten (wertete, gewertet)* in der Bedeutung „einschätzen, bewerten":
Der Schmuck ist 10000 DM wert, hat einen Wert von 10000 DM. Seine Tat ist der Bewunderung wert. Seine Hilfe war uns von großem Wert. Er las die Werte von einem Meßgerät ab. Seine Mühe ist nicht richtig gewertet worden.

d) Die Formen *(er) wehrt, (sie) wehrten* gehören zu dem Verb *wehren (wehrte, gewehrt)* „sich widersetzen; bekämpfen". Mit dem Verb verwandt sind die Substantive *die Wehr* in der Wendung *sich zur Wehr setzen* „sich verteidigen" und *das Wehr* (Plural: *die Wehre*) „Stauwerk":
Er wehrt, sie wehrten sich heftig gegen die Vorwürfe. (Gehoben:) Wehrt den Anfängen, damit sich das Übel nicht weiter ausbreiten kann! Das Wehr staut das Wasser.

e) *Vera*, (seltener:) *Wera* ist ein aus dem Russischen entnommener weiblicher Vorname. *Weert*, (auch:) *Wert* ist ein männlicher Vorname und eine friesische Kurzform von *Wichard*. Die weibliche Form ist *Weerta*, (auch:) *Werta*.

f) Zu geographischen Namen wie *Weert* (Stadt in den Niederlanden), *Wehra* (Nebenfluß des Rheins), *Werther* (Stadt in Nordrhein-Westfalen) vgl. etwa Duden, Wörterbuch geographischer Namen.
Zum E-Laut vgl. R 1, zum W-Laut R 12, zum T-Laut R 9.

273 Werk — Werg

a) Das Substantiv *das Werk* (Plural: *die Werke*) hat die Bedeutungen „Arbeit; Fabrik; Getriebe". Eine Ableitung ist das Verb *werken (werkte, gewerkt)* „tätig sein, arbeiten" (vgl. b):
Dies ist ein mühevolles Werk. Er arbeitet in diesem Werk. Das Werk der Uhr mußte ersetzt werden. Er werkt von früh bis spät.

b) Das Substantiv *das Werg* (Genitiv: *des Werges*) hat die Bedeutung „Abfall von Flachs, Hanf". Es ist ursprünglich dasselbe Wort wie *Werk* (vgl. a) und bedeutet eigentlich „was bei der Arbeit abfällt". Erst im Neuhochdeutschen wurden *Werg* und *Werk* auch in der Schreibung unterschieden:
Die Leitungsrohre wurden mit Werg umwickelt.
Zum Auslaut vgl. R 7.

274 wieder – wider

a) Die Partikel *wieder* ist ein Adverb und bedeutet „nochmals, erneut; zurück [zur früheren Tätigkeit, zum früheren Zustand]". Wie *wieder* werden auch die damit gebildeten Zusammensetzungen mit **ie** geschrieben:
Heute regnete es wieder. Er kam wieder nach Hause.
(Zusammensetzungen:) *wiederaufnehmen, -finden, -geben, -holen, -kehren, -kommen, -sehen, -vereinigen, -vergelten, -wählen* usw.; *die Wiederaufnahme, die Wiedergabe, die Wiederwahl* usw.
Beachte auch: unwiederbringlich.

b) Die Partikel *wider* ist eine Präposition und bedeutet „gegen, entgegen". Sie wird im allgemeinen nur in gehobener Sprache verwendet. Wie *wider* werden auch die damit gebildeten Zusammensetzungen und Ableitungen mit **i** geschrieben:

wider besseres Wissen aussagen, etwas wider seinen Willen tun, das Für und Wider eines Vorschlags erwägen.
(Zusammensetzungen und Ableitungen:) *dawider, erwidern, die Erwiderung, widerfahren, -hallen, -legen, widerlich, widernatürlich, der Widerpart, widerrechtlich, die Widerrede, widerrufen, widersetzen, widersprechen, -stehen, der Widerwille[n], widrig, zuwider* usw.
Beachte auch: unwiderlegbar, unwiderruflich, unwiderstehlich.

B e a c h t e : Die beiden Wörter *wieder* und *wider* sind sprachgeschichtlich dasselbe Wort. Die unterschiedliche Schreibung von Präposition (*wider*) und Adverb (*wieder*) geht auf Gelehrte des 17. Jahrhunderts zurück.
Zum I-Laut vgl. R 1.

275 Willkür, gewillt – Wilhelm – wild

a) Das Substantiv *die Willkür* hat die Bedeutung „rücksichtslose, nur von den eigenen Wünschen bestimmte Handlungsweise". Eine Ableitung davon ist das Adjektiv *willkürlich*.

Das Adjektiv *willkommen* hat die Bedeutung „angenehm, erfreulich".

Das gehobene Verb *willfahren (willfahrte, willfahrt)* oder *willfahren (willfahrte, gewillfahrt)* hat ie Bedeutung „zu Willen sein, gehorchen".

Der erste Bestandteil all dieser Wörter ist das Substantiv *der Wille* „das Wollen", das mit *wollen (will, wollte, gewollt)* verwandt ist und zu dem auch *gewillt* „entschlossen" gehört:

Sie waren der Willkür eines launischen Vorgesetzten ausgesetzt. Das ist eine willkommene Nachricht. Sie willfahrte dem Wunsch ihrer Eltern. Er war gewillt, seinen Plan in die Tat umzusetzen.

b) Das Substantiv *der Wille* (vgl. a) steckt ebenfalls in den alten deutschen Vornamen *Wilburg, Wilfried, Wilhelm, Wiltrud* usw. *Will* ist ein männlicher Vorname und eine Kurzform der mit *Wil-* oder *Willi-* gebildeten Vornamen, meist aber von *Wilhelm*.

c) Das Adjektiv *wild* hat u. a. die Bedeutung „in der freien Natur lebend oder wachsend". Das Substantiv *das Wild* (Genitiv: *des Wildes*) „Tiere, die gejagt werden dürfen" ist wahrscheinlich eine Bildung dazu:

Sie suchten wilde Erdbeeren. Sie fütterten im Winter das Wild.

Zum L-Laut vgl. R 5 f., zum Auslaut R 7.

276 Wind — gewinnt

a) Das Substantiv *der Wind* (Plural: *die Winde*) hat die Bedeutung „spürbare, stärkere Bewegung der Luft". Es ist verwandt mit *wehen: Der Wind kommt von Osten.*

b) Die Form *(er, ihr) gewinnt* gehört zu dem Verb *gewinnen (gewann, gewonnen)* „einen Sieg erringen":

Er gewinnt das Spiel.

Zum N-Laut vgl. R 5, zum Auslaut R 7.

277 Wirrkopf, verwirrt — Wirsing — Wirt — wird

a) Der erste Bestandteil der Substantive *der Wirrkopf* „jemand, der nur verwirrte Vorstellungen von etwas hat" und *die Wirrnis* „Unordnung" ist das Adjektiv *wirr* „durcheinander, verwirrt, unklar". Es gehört wie die Präfixbildung *verwirren (verwirrte, verwirrt)* „in Unordnung bringen; durcheinander geraten; unsicher machen" zu einem heute ungebräuchlichen Verb *wirren*, das auch in *der Wirrwarr* „großes Durcheinander" enthalten ist:

Er ist ein Wirrkopf. Er gab ganz wirre Antworten. Der Wind verwirrte ihre Haare. Das Garn hat sich verwirrt. Sie waren von dem Anblick ganz verwirrt. Sie machten einen verwirrten Eindruck.

b) Das aus dem Italienischen entlehnte Substantiv *der Wirsing* ist der Name eines als Kochgemüse verwendeten Kohls. Eine Zusammensetzung ist das Substantiv *der Wirsingkohl.*

c) Das Substantiv *der Wirt* (Plural: *die Wirte*) hat die Bedeutung „Inhaber oder Pächter eines Restaurants". Ableitungen davon sind *die Wirtschaft,* das u. a. die Bedeutung „Lokal, Gaststätte, Restaurant" hat, und *unwirtlich* „einsam, unfruchtbar":
Er rief den Wirt und bestellte ein Bier. Er wohnt in einer unwirtlichen Gegend.

d) Die Form *(er) wird* gehört zu dem Verb *werden (wurde, geworden),* das auch als Hilfsverb bei der Bildung umschriebener Verbformen gebraucht wird:
Er wird Lehrer. Er wird morgen kommen.

Zum R-Laut vgl. R 5f., zum Auslaut R 7.

278 Woge – Wooge – gewogen – bewogen

a) Das Substantiv *die Woge* (Plural: *die Wogen*) ist gehoben und bedeutet „große Welle". Die heutige Form des Wortes ist seit Luther fest. Eine Ableitung ist das Verb *wogen (wogte, gewogt):*
Die Wogen schlugen über ihm zusammen.

b) Das Substantiv *der Woog* (Plural: *die Wooge*) ist mundartlich und bedeutet „Teich; tiefe Stelle im Fluß". Es ist etymologisch verwandt mit *die Woge* (vgl. a).

c) Das Adjektiv *gewogen* in der Bedeutung „zugetan, wohlgesonnen" ist etymologisch verwandt mit *wiegen* (vgl. d):
Er ist ihm nicht sonderlich gewogen.

d) *Gewogen* (vgl. auch c) ist das 2. Partizip von *wiegen (wog, gewogen):*
Sie hatte das Fleisch bereits gewogen. Es wog 200 g.

e) *Bewogen* ist das 2. Partizip von *bewegen (bewog, bewogen)* in der Bedeutung „veranlassen":
Dieser Vorfall hatte ihn bewogen, seine kritische Einstellung öffentlich zu äußern.

Zum O-Laut vgl. R 1.

279 Zither – Zitterpappel

a) Das Substantiv *die Zither* (Plural: *die Zithern*) bezeichnet ein Saiteninstrument. Es ist aus dem Griechischen ins Lateinische und von dort ins Deutsche übernommen worden. Eine Zusammensetzung ist das *Zitherspiel.*

b) Das Verb *zittern (zitterte, gezittert)* tritt als erster Bestandteil in den Zusammensetzungen *der Zitteraal, die Zitterpappel* und *der Zitterrochen* auf.

Zum T-Laut vgl. R 9.

Verzeichnis der gebrauchten Fachausdrücke

Ableitung = Bildung eines Wortes etwa durch Lautveränderung oder durch das Anfügen von Suffixen (*Trank* von *trinken*, *kräftig* von *Kraft*)

Ableitungssuffix: Nachsilbe, die als selbständiges Wort nicht mehr vorkommt; dient zur Ableitung neuer Wörter (*-schaft* in *Gesellschaft*)

Adjektiv: Eigenschaftswort, Artwort, Beiwort (*schön, müde, blau*)

adjektivisch: als Adjektiv gebraucht, zum Adjektiv gehörend

Adverb: Umstandswort (*bald, dort*)

Akkusativ: Wenfall, 4. Fall

Artikel: Geschlechtswort (*der* Mann, *die* Frau, *das* Kind; *ein* Mann, *eine* Frau, *ein* Kind)

Dativ: Wemfall, 3. Fall

Deklination: Beugung des Substantivs, Adjektivs und Pronomens

Deklinationsform: [gebeugte] Form eines Substantivs (der *Aal* – die *Aale*), Adjektivs (*dürr* – *dürre* Zweige) und Pronomens (*das* Kind – *des* Kindes)

erstes Partizip: Partizip Präsens, Mittelwort der Gegenwart (laufen – *laufend*)

etymologisch: die Herkunft, den Ursprung, die Familie eines Wortes betreffend

Form: vgl. Deklinationsform, vgl. Konjugationsform

Genitiv: Wesfall, 2. Fall

Imperativ: Befehlsform des Verbs (*lauf!, lauft!, laufen Sie!*)

Infinitiv: Grundform, Nennform des Verbs (*laufen, gehen*)

Interjektion: Ausrufewort, Empfindungswort (*hei!*)

Komparativ: 1. Steigerungsstufe, Höherstufe, Mehrstufe vor allem des Adjektivs (kalt – *kälter*)

Konjugation: Beugung des Verbs

Konjugationsform: [gebeugte] Form eines Verbs (*singen* – wenn sie *sängen*)

Konjunktion: Bindewort (*daß*)

Nominativ: Werfall, 1. Fall

Partikel: Zusammenfassende Bezeichnung für Adverbien, Konjunktionen und Präpositionen

Partizip: Mittelwort; vgl. erstes Partizip, vgl. zweites Partizip

Plural: Mehrzahl (die Hand – die *Hände*)

Präfix: Vorsilbe, die als selbständiges Wort nicht vorkommt (*be-, ent-, un-* in: *be*-graben, *ent*-kommen, *un*-ruhig)

Verzeichnis der Fachausdrücke

Präfixbildung: mit einem Präfix gebildetes Wort (*ver-senken*)

Präposition: Verhältniswort (*vor* dem Haus)

Pronomen: Fürwort (das Buch, *das...*)

Singular: Einzahl (das *Haus* – die Häuser)

Substantiv: Dingwort, Nennwort, Hauptwort, Namenwort (*Haus, Tisch*)

substantiviert: als Substantiv gebraucht (gesandt – *der Gesandte*)

Suffix: vgl. Ableitungssuffix

Superlativ: 2. Steigerungsstufe, Höchststufe, Meiststufe vor allem des Adjektivs (dürr – der *dürrste* Zweig)

Umlaut: Änderung von *a* zu *ä* (alt – *älter*), *o* zu *ö* (Ohr – *Öhr*), *u* zu *ü* (gut – *Güte*); die Laute *ä, ö* und *ü* selber

Veranlassungswort: veranlassendes Verb (*tränken* = trinken machen)

Verb: Zeitwort, Tätigkeitswort, Tuwort (*laufen, läuten, schaffen*)

Vergleichsform: vgl. Komparativ, vgl. Superlativ

Verkleinerungswort: mit bestimmten Ableitungssuffixen gebildete Wörter, die eine Verkleinerung kennzeichnen (Haus – *Häuschen*, Stange – *Stänglein*)

Volksetymologie: Umdeutung eines unbekannten Wortes durch Anlehnung an bekannte, klangähnliche Wörter (*Hinterbacke* an die Backe)

Zusammensetzung: Kompositum, zusammengesetztes Wort (*Leitplanke, Haustür*)

zweites Partizip: Partizip Perfekt, Mittelwort der Vergangenheit (laufen – *gelaufen*)

Literaturverzeichnis

B a c h, Adolf: Geschichte der deutschen Sprache; 8. Auflage. Heidelberg 1965.

D u d e n : Aussprachewörterbuch; bearbeitet von Max M a n g o l d in Zusammenarbeit mit Paul G r e b e und weiteren Mitarbeitern der Dudenredaktion. Der Große Duden, Band 6. Mannheim 1962.

D u d e n : Bedeutungswörterbuch; bearbeitet von Paul G r e b e, Rudolf K ö s t e r, Wolfgang M ü l l e r und weiteren Mitarbeitern der Dudenredaktion. Der Große Duden, Band 10. Mannheim 1970.

D u d e n : Etymologie – Herkunftswörterbuch der deutschen Sprache; bearbeitet von Günther D r o s d o w s k i, Paul G r e b e und weiteren Mitarbeitern der Dudenredaktion. Der Große Duden, Band 7. Mannheim 1963.

D u d e n : Fremdwörterbuch; bearbeitet von Karl-Heinz A h l h e i m unter Mitwirkung von zahlreichen Fachgelehrten. 2., verbesserte und vermehrte Auflage. Der Große Duden, Band 5. Mannheim 1966.

D u d e n : Grammatik der deutschen Gegenwartssprache; 2., vermehrte und verbesserte Auflage, bearbeitet von Paul G r e b e unter Mitwirkung von Helmut G i p p e r, Max M a n g o l d, Wolfgang M e n t r u p und Christian W i n k l e r. Der Große Duden, Band 4. Mannheim 1966.

D u d e n : Hauptschwierigkeiten der deutschen Sprache; bearbeitet von Günther D r o s d o w s k i, Paul G r e b e, Wolfgang M ü l l e r und weiteren Mitarbeitern der Dudenredaktion. Der Große Duden, Band 9. Mannheim 1965.

D u d e n - Lexikon, Das Große; 8 Bände; Mannheim 1964 - 1968.

D u d e n : Rechtschreibung der deutschen Sprache und der Fremdwörter; 16., erweiterte Auflage, neu bearbeitet von der Dudenredaktion unter Leitung von Dr. phil. habil. Paul G r e b e. Mannheim 1967.

D u d e n : Stilwörterbuch der deutschen Sprache; 5. Auflage, neu bearbeitet von der Dudenredaktion unter Leitung von Dr. phil. habil. Paul G r e b e in Zusammenarbeit mit Dr. Gerhart S t r e i t b e r g. Der Große Duden, Band 2. Mannheim 1963. (6. Auflage 1971).

D u d e n - T a s c h e n b ü c h e r : Eine Sonderreihe zum Großen Duden
Band 3: Die Regeln der deutschen Rechtschreibung; von Wolfgang
M e n t r u p. Mannheim 1968.
Band 4: Lexikon der Vornamen; von Günther D r o s d o w s k i.
Mannheim 1968.
Band 6: Wann schreibt man groß, wann schreibt man klein? ; von Wolf
gang M e n t r u p und weiteren Mitgliedern der Dudenredaktion.
Mannheim 1969.
Band 8: Wie sagt man in Österreich? ; von Jakob E b n e r. Mannheim
1969.

D u d e n : Wörterbuch geographischer Namen (ohne Sowjetunion); bearbeitet und herausgegeben von dem Ständigen Ausschuß für geographische Namen unter dem Vorsitz von Professor Dr. E. M e y n e n und unter Mitwirkung des Instituts für Landeskunde. Duden-Wörterbücher. Mannheim 1966.

D u d e n : Wörterbuch medizinischer Fachausdrücke; bearbeitet vom Referat Fachwort der Dudenredaktion, Leitung: Karl-Heinz A h l h e i m; auf Grund einer Materialsammlung von Hermann L i c h t e n s t e r n, Leiter des Lektorats des Georg Thieme Verlags, Stuttgart. Duden-Wörterbücher. Mannheim/Stuttgart 1968.

K l u g e, Friedrich: Etymologisches Wörterbuch der deutschen Sprache; 18. Auflage, neu bearbeitet von Walther M i t z k a. Berlin 1960.

M a t e r, Erich: Rückläufiges Wörterbuch der deutschen Gegenwartssprache. Leipzig 1965.

N a u m a n n, Rudolf: Schreibteufeleien. 5., ergänzte Auflage. Frankfurt am Main 1964.

P a u l, Hermann: Deutsches Wörterbuch; 6. Auflage, bearbeitet von Werner B e t z. Tübingen 1966.

P o k o r n y, Julius: Indogermanisches etymologisches Wörterbuch, I. Band. Bern/München 1959.

S p r a c h b r o c k h a u s, der; 7., durchgesehene Auflage. Wiesbaden 1964.

Literaturverzeichnis

t r o h, Friedrich: Handbuch der germanischen Philologie. Berlin 1952.

U l l s t e i n : Lexikon der deutschen Sprache; herausgegeben und bearbeitet von Dr. Rudolf K ö s t e r unter Mitarbeit von Harald H a h m a n n, Heribert H a r t m a n n und Franz M e h l i n g. Frankfurt 1969.

V r i e s, Jan de: Altnordisches etymologisches Wörterbuch. Leiden 1961.

W a h r i g, Gerhard: Deutsches Wörterbuch; herausgegeben in Zusammenarbeit mit zahlreichen Wissenschaftlern und anderen Fachleuten; mit einem „Lexikon der deutschen Sprachlehre"; einmalige Sonderausgabe. Gütersloh 1968.

Wörterbuch der deutschen Gegenwartssprache. Bearbeitet von R. K l a p p e n b a c h und H. M a l i g e - K l a p p e n b a c h. Berlin 1961 ff.

Wortregister

Das Wortregister enthält die in den Artikeln 1 - 279 (S. 21 bis 158) behandelten Wörter, Wortformen und Namen in alphabetischer Reihenfolge. Die im Verweis (z.B.: Aal, der vgl. 1, a.) angeführte Zahl bezieht sich auf die Nummer des Artikels, in dem das gesuchte Wort behandelt ist; der im Verweis angegebene Buchstabe bezieht sich auf den Unterabschnitt des betreffenden Artikels.

A

Aal, der 1,a.
Aale, die (Plural) 1,a.
aalen, sich 1,a.
Aalen (Name) 1,c.
aalglatt 1,a.
Aar, der 9,b.
Aar, die (Name) 9,d.
Aarau (Name) 9,d.
Aarberg (Name) 9,d.
Aarburg (Name) 9,d.
Aare, die (Name) 9,d.
Aare, die (Plural) 9,b.
Aargau (Name) 9,d.
Aaron (Name) 9,e.
aas (aasen) 2,a.
Aas, das 2,a.
Aasblume, die 2,a.
aase (aasen) 10,b.
Aase, die (Plural) 10,b.
aasen 10,b.
Aasgeier, der 2,a.
aasig 10,b.
aast (aasen) 2,a.
Abdrift, die 244,a.
Abend, der 55,a.
abendlich 55,a.
Abendmahl, das 146,d.
abheuern 5,c.

Abnahme, die 161,b.
Abonnent, der 55,b.
Absätze, die (Plural) 211.
absetzen 211.
abstatten 227,a.
Abtrift, die 244,a.
Achse, die 4,b.
Achsel, die 4,a.
Achselgriff, der 4,a.
Achselzucken, das 4,a.
achsial (falsch für: axial) 4,c.
achsig 4,b.
Achsigkeit, die 4,b.
Acetat, das 3,a.
Aceton, das 3,a.
Acetyl, das 3,a.
Acidität, die 3,b.
Acidose, die 3,b.
Acidum, das 3,b.
Agent, der 55,b.
Ahle, die 1,b.
Ahlen (Name) 1,c.
Ahlen, die (Plural) 1,b.
ahmte nach (nachahmen) 160,a.
ahoi 5,a.
Ahr, die (Name) 9,d.

Ähre, die 6,a.
Ähren, die (Plural) 6,a.
Ahrweiler (Name) 9,d.
Aitel, der 53,b.
Alb (Fränkische, Schwäbische Alb) 7,a.
Alben, die (Plural) 7,b.
Alberich (Vorname) 7,b.
Albin (Vorname) 7,b.
Alboin (Vorname) 7,b.
Älchen, das 1,a.
allemal 146,b.
allenfalls 60,a.
Alp, der 7,b.
Alp, die 7,a.
Alpdruck, der 7,b.
Alpdrücken, das 7,b.
Alpe, die 7,a.
Alpen, die (Name; Plural) 7,a.
Alptraum, der 7,b.
als das [Buch] 45,a.
als daß [wir kommen] 45,b.
altbacken 11,c.
älter (alt) 23,b.
amen 160,b.
Amen, das 160,b.

Wortregister

Ammann, der 147,a.
-and (z.B. in: Informand) 8,a.
angeraint (anrainen) 180,c.
angesträngt (ansträngen) 233,b.
angestrengt (anstrengen) 233,a.
Anklagebank, die 17,b.
anmuten 159,a.
Annahme, die 161,b.
anrainen 180,c.
Anrainer, der 180,c.
Anrainermacht, die 180,c.
Anrainerstaat, der 180,c.
anschwemmen 203,a.
anstatt 227,a.
ansträngen 233,b.
anstrengen 233,a.
anstrengend 55,a.
-ant (z.B. in: Informant) 8,b.
Anteilnahme, die 161,b.
Anwalt, der 262,d.

Ar, das oder der 9,a.
Ara, der 9,c.
Ära, die 6,b.
Are, die (Plural) 9,a.
Ären, die (Plural) 6,b.
Armbanduhr, die 249,a.
Aronstab, der 9,e.
arrogant 8,c.
Arschbacke, die 11,a.
Äsche, die 58,b.
Äsche, die (Plural) 58,c.
Äschen, die (Plural) 58,b.
Ase, der 10,a.
Asen, die (Plural) 10,a.
äsen 10,b.
Äser, die (Plural) 10,b.
asisch 10,a.
Aspirant, der 8,b.
aß (essen) 2,b.
aßt (essen) 2,b.
äste (äsen) 2,a.
atem[be]raubend 55,a.
Atomteststoppabkommen, das 232,a.

auffallend 55,a.
aufhält (aufhalten) 98,b.
aufhellt (aufhellen) 98,c.
Aufnahme, die 161,b.
aufwenden 271,a.
aufwendig 271,a.
Augenlid, das 135,b.
ausgibt (ausgeben) 85.
ausgiebig 85.
Ausnahme, die 161,b.
Ausschänke, die (Plural) 196,b.
ausschenken 196,a.
ausweiden 268,d.
auswendig 271,a.
Autostopp, der 232,a.
Axe (falsch für: Achse) 4,b.
Axel (Vorname) 4,e.
axial 4,c.
Axialität, die 4,c.
Axiom, das 4,d.
axiomatisch 4,d.
Azid, das 3,c.

B

Baar, die (Name) 19,g.
Baas, der 20,c.
Baase, die (Plural) 20,c.
Baaskerl, der 20,c.
Backe, die 11,a.
backen 11,c.
Backen, der 11,a.
Backen, die (Plural) 11,a.
Bad, das 12,a.
Bad Dürkheim (Name) 12,a.
Bahn, die 13,a.
bahnen 13,a.
Bahnen, die (Plural) 13,a.
Bahnhof, der 13,a.

Bahnsteig, der 13,a.
Bahre, die 19,e.
Baht, der 12,c.
Bai, die 24,c.
Baien, die (Plural) 24,b.
Baiersdorf (Name) 24,g.
Baikalsee (Name) 24,g.
bairisch 24,e.
Bakken, der 11,b.
bald 14,a.
baldig 14,a.
Ballast, der 127,a.
Bällchen, das 15,a.
ballst (ballen) 16,b.
ballt (ballen) 14,b.

ballte (ballen) 14,b.
ballten (ballen) 14,b.
Balte, der 14,c.
Balten, die (Plural) 14,c.
Balz, die 16,a.
balzt (balzen) 16,a.
Ban, der (Plural: die Bane) 13,b.
Ban, der (Plural: die Bani) 13,c.
band (binden) 17,a.
Band, das (Plural: die Bande) 17,d.
Band, das (Plural: die Bänder) 17,c.

166

Wortregister

Band, der (Plural: die Bände) 17,b.
bandst (binden) 17,b.
Bane, die (Plural) 13,b.
bang 18,a.
Bani, die (Plural) 13,c.
Bank, die (Plural: die Bänke) 18,b.
Bank, die (Plural: die Banken) 18,c.
bannst (bannen) 17,e.
bannt (bannen) 17,e.
Banschaft, die 13,b.
Banus, der 13,b.
bar 19,a.
Bar, das (Plural: die Bars) 19,c.
Bar, der (Plural: die Bare) 19,d.
Bar, die (Plural: die Bars) 19,b.
-bar (z.B. in: offenbar) 19,f.
Bardame, die 19,b.
Bare, die (Plural) 19,d.
barfuß 19,a.
Barkeeper, der 19,b.
Bars, die (Plural) 19,b u. c.
Barschaft, die 19,a.
Base, die 20,a und b.
Basen, die (Plural) 20,a und b.
basieren 20,b.
Basis, die 20,b.
basisch 20,b.
bat (bitten) 12,b.
Bayer (Warenzeichen) 24,d.
Bayer, der 24,e.
bayerisch 24,e.
Bayerischer Wald (Name) 24,g.
Bayern (Name) 24,e.
Bayern, die 24,e.

Bayreuth (Name) 24,g.
bedeutend 55,a.
Beere, die 56,b.
Beeren, die (Plural) 56,b.
Beet, das 21,a.
Beete, die (mundartlich für: Bete) 21,b.
Beete, die (Plural) 21,a.
befiehl (befehlen) 22.
befiehlt (befehlen) 22.
befiel (befallen) 22.
befreien 73,a.
Begehr, das 82,b.
begehren 82,b.
begehrlich 82,b.
behende 23,a.
Behendigkeit, die 23,a.
bei 24,a.
Bei, der 24,b.
Beie, die (Plural) 24,b.
Beileid, das 133,a.
Beiname, der 161,a.
Beis, die (Plural) 24,b.
bejahen 110,a.
Belche, die 15,b.
Belchen, der (Name) 15,b.
Belchen, die (Plural) 15,b.
belemmert 25.
Benzintank, der 238,b.
beredsam 26.
Beredsamkeit, die 26.
beredt 26.
Bergfex, der 67,a.
Bergmann, der 147,a.
Bernhard (Vorname) 95,a.
besaiten 192,a.
besaitet (besaiten) 192,a.
beschäftigen 193,b.
beseelen 206,a.
beseelt (beseelen) 206,a.
beseitigen 192,a.
beseitigt (beseitigen) 192,b.
beseligen 206,b.

beseligt (beseligen) 206,b.
besiegeln 212,b.
besohlen 217,b.
besprengen 222,a.
bestatten 227,a.
bete (beten) 21,c.
Bete, die 21,b.
Betel, der 21,d.
beten 21,c.
Beten, die (Plural) 21,b.
Bethel (Name) 21,e.
Bethlehem (Name) 21,e.
betreuen 243,a.
Bettstatt, die 227,a.
Beule, die 27,a.
Beulen, die (Plural) 27,a.
bewahren 259,a.
bewandt 84,b.
Bewandtnis, die 84,b.
bewogen (bewegen) 278,e.
Biedermann, der 147,a.
Bierschwemme, die 203,a.
bis 28,b.
bisher 28,b.
Biskuit, der 28,c.
bislang 28,b.
Bismark/Altmark (Name) 28,e.
biß (beißen) 28,a.
Biß, der 28,a.
bißchen 28,a.
Bißchen, das 28,a.
Bißlein, das 28,a.
Bistum, das 28,d.
bisweilen 28,b.
Blässe, die 30,a.
Bläßgans, die 30,a.
Bläßhuhn, das 30,a.
bläßlich 30,a.
bläuen 29,a.
Bläuling, der 29,a.
bläute (bläuen) 29,a.
Blesse, die 30,a.
Blessen, die (Plural) 30,a.

167

Wortregister

Blessur, die 30,b.
Blessuren, die 30,b.
Bleuel, der 29,b.
bleuen 29,b.
bleute (bleuen) 29,b.
Blues, der 32,b.
blühte (blühen) 31.
blühten (blühen) 31.
Bluse, die 32,a.
Blusen, die (Plural) 32,a.
Blutbank, die 17,c.
Blüte, die 31.
Blüten, die (Plural) 31.
Bohle, die 33,a.
Bohlen, die (Plural) 33,a.
bohren 34,a.
Bohrloch, das 34,a.
bohrte (bohren) 34,a.
Bohrturm, der 34,a.
Boiler, der 27,b.
Bol, der 33,e.
Bola, die 33,d.
Bolas, die (Plural) 33,d.
Boleslav (Vorname) 33,f.
Boleslaw (Vorname) 33,f.
Boli, die (Plural) 33,e.
Bolus, der 33,e.
Boot, das 35,c.
Boote, die (Plural) 35,c.
Bor, das 34,b.
Bora, die 34,c.
Boras, die (Plural) 34,c.
Borax, der 34,b.
Boreas, der 34,d.
bot (bieten) 35,a.
Bötchen, das 35,c.

Bote, der 35,b.
boten (bieten) 35,a.
Boten, die (Plural) 35,b.
bot feil (feilbieten) 250,c.
Bötlein, das 35,c.
Bowle, die 33,b.
Bowlen, die (Plural) 33,b.
Bowling, das 33,c.
Bowlings, die (Plural) 33,c.
Brand, der 78,b.
Brandbrief, der 78,b.
Brandmal, das 78,b und 146,c.
brandmarken 78,b.
Brandner Gletscher (Name) 78,c.
brandschatzen 78,b.
Brandsohle, die 78,b.
Brandstätte, die 227,a.
brannte (brennen) 78,a.
Branntkalk, der 78,a.
Branntwein, der 78,a.
braun 36,a.
Braun, das 36,a.
Braunfels (Name) 36,c.
Braunschweig (Name) 36,c.
Bremerhaven (Name) 91,a.
Bries (Name) 37,g.
Bries, das 37,b.
Brieschen, das 37,b.
Briese, die (Plural) 37,b.
Briesel, das 37,b.
Brise, die 37,a.
Brisen, die (Plural) 37,a.
Bröschen, das 37,b.

Brownhills (Name) 36,c.
Browning, der 36,b.
Brownings, die (Plural) 36,b.
Buchs, der 38,c.
Buchsbaum, der 38,c.
Buchse, die 38,b.
Buchse, die (Plural) 38,c.
Büchse, die 38,a.
Buchsen, die (Plural) 38,b.
Büchsen, die (Plural) 38,a.
Buhne, die 39,b.
Bühne, die 39,c.
Buhnen, die (Plural) 39,b.
Bühnen, die (Plural) 39,c.
Buhnenkopf, der 39,b.
Buna, der oder das 39,a.
Bunareifen, der 39,a.
Bund, das (Plural: die Bunde) 40,d.
Bund, der (Plural: die Bünde) 40,c.
Bündnis, das 40,c.
bunt 40,a.
Buntdruck, der 40,a.
Buntfilm, der 40,a.
Buntheit, die 40,a.
Burgschenke, die 196,a.
Büx, die 38,d.
Buxe, die 38,d.
Buxen, die (Plural) 38,d.
Büxen, die (Plural) 38,d.
Buxtehude (Name) 38,e.
bye-bye 24,f.

C/D

Café, das 41,a.
Cafés, die (Plural) 41,a.
Camera obscura, die 113,b.

Camp, das 114,b.
campen 114,b.
Camping, das 114,b.
Caravan, der 42.

Caravans, die (Plural) 42.
charmant 8,c.
Chlorid, das 43.

Chlorit, das 43.
Chlorit, der 43.
Chow-Chow, der 245,b.
ciao 245,a.
Cup, der 116,b.
Cups, die (Plural) 116,b.
Cuxhaven (Name) 91,a.
Dambock, der 44,b.
Damhirsch, der 44,b.
Damm, der 44,a.
Dammbruch, der 44,a.
Dammriß, der 44,a.
Dammschnitt, der 44,a.
Damwild, das 44,b.
das [Buch] 45,a.
dasjenige 45,a.
daß [du kommst] 45,b.
dasselbe 45,a.
daß-Satz, der 45,b.
Deckname, der 161,a.
dehnte (dehnen) 46,a.
dehnen 46,a.
denen 46,b.
Den Haag (Name) 92,c.
Denkmal, das 146,c.
Denunziant, der 8,b.
Dienstmann, der 147,a.

Dietmar (Vorname) 139,d.
Diplomand, der 8,a.
Dividend, der 55,a.
Dohle, die 47,a.
Dohlen, die (Plural) 47,a.
Doktorand, der 8,a.
Dolde, die 48,b.
Dolden, die (Plural) 48,b.
Dole, die 47,b.
Dolen, die (Plural) 47,b.
doll 48,a.
Dollberg (Name) 48,g.
Dollbord, der 48,c.
Dolman, der 48,d und 147,d.
Dolmane, die (Plural) 48,d.
Dolmar (Name) 48,g.
Dolmen, der 48,e.
dolmetschen 48,f.
Dolmetscher 48,f.
Doppellaibchen, das 132,b.
dorrt (dorren) 49,b.
dorrte (dorren) 49,b.
dort 49,a.
dortig 49,a.

Dreckfink, der 70,a.
Drehbank, die 18,b.
Drift, die 244,a.
driften 244,a.
Driften, die (Plural) 244,a.
dringend 55,a.
drückend 55,a.
Duellant, der 8,b.
Duldermiene, die 154,a.
Dung, der 50,a.
düngt (düngen) 50,a.
düngte (düngen) 50,a.
dünkt (dünken) 50,b.
dünkte (dünken) 50,b.
dünnste (dünn) 51,a.
dünnsten (dünn) 51,a.
Dunst, der 51;b.
dünste (dünsten) 51,b.
Dünste, die (Plural) 51,b.
dünsten 51,b.
dürrste (dürr) 52,a.
dürrsten (dürr) 52,a.
Durst, der 52,b.
dürste (dürsten) 52,b.
dürsten 52,b.
Dutzend, das 55,a.
dutzendmal 146,b.

E

Eberhard (Vorname) 95,a.
Edelmann, der 147,a.
Ehebund, der 40,c.
Ehrenmal, das 146,c.
Ehrenmann, der 147,a.
Ehrenname, der 161,a.
Eichstätt (Name) 227,b.
Eichstetten (Name) 227,b.
Eigenname, der 161,a.
eigentlich 55,b.
ein bißchen 28,a.
einbleuen 29,b.

eingebleut (einbleuen) 29,b.
Eingeweide, das 268,d.
einigemal 146,b.
einmal 146,b.
Einnahme 161,b.
Einsätze, die (Plural) 211.
einschenken 196,a.
einsetzen 211.
einverleiben 132,a.
Einwaage, die 258,b.
Einwände, die (Plural) 271,a.

einwenden 271,a.
eitel 53,a.
elegant 8,c.
Element, das 55,b.
Elend, das 55,a.
Elsässer Belchen (Name) 15,b.
Elter, das und der 23,b.
Eltern, die (Plural) 23,b.
Emanuel (Vorname) 143,d.
Emanuela (Vorname) 143,d.

Wortregister

empfiehl/empfiehlt (empfehlen) 22.
end- (z.B. in: endgültig, endlich) 54.
End- (z.B. in: Enderfolg, Endspurt) 54.
-end (z.B. in: anstrengend, Dividend) 55,b.
Endchen, das 57.
Enderfolg, der 54.
endgültig 54.
Endlein, das 57.
endlich 54.
Endspurt, der 54.
ent- (z.B. in: entbehren, entscheiden) 54.
Ent- (z.B. in: Entgelt, Entscheidung) 54.
-ent (z.B. in: eigentlich, Agent) 55,b.
entäußern, sich 54.
entbehre (entbehren) 56,a.
entbehren 54.
Entchen, das 57.
Entgelt, das 54 und 80,c.
entgelten 54 und 80,c.
entgleist (entgleisen) 86,a.
entgleise (entgleisen) 86,a.
entleiben, sich 132,a.
Entlein, das 57.
entscheiden 54.
Entscheidung, die 54.
erfrischend 55,a.
ergibt (ergeben) 85.
ergiebig 85.
erhält (erhalten) 98,b.
erhellt (erhellen) 98,c.
erläutern 134,c.
Ersatzmann, der 147,a.
erstatten 227,a.
erwidern 274,b.
Erwiderung, die 274,b.
Esch, der 58,a.
Esche, die 58,c.
Esche, die (Plural) 58,a.
Eschen, die (Plural) 58,c.
Eschenbach (Name) 58,d.
evident 55,b.
Examinand, der 8,a.

F

Fabrikant, der 8,b.
Fachmann, der 147,a.
Fahrrad, das 177,c.
fäll (fällen) 59,a.
fälle (fällen) 59,a.
Fälle, die (Plural) 59,b.
fällen 59,a.
falls 60,a.
fallt (fallen) 65,b.
fällt (fallen) 65,b.
fällt (fallen) 65,c.
fällte (fällen) 65,c.
fällten (fällen) 65,c.
Fältchen, das 65,d.
Falte, die 65,d.
fälteln 65,d.
falten 65,d.
Falten, die (Plural) 65,d.
Falz, der 60,b.
Familienname, der 161,a.
Familienrat, der 177,a.
fand (finden) 167,c.
Fant, der 167,b.
Fantasia, die 168,b.
Fantasie, die 168,b.
Färse, die 66,b.
Färsen, die (Plural) 66,b.
Fasnacht, die 61,d.
faß (fassen) 61,b.
Faß, das 61,b.
faßbar 61,b.
Faßbinder, der 61,b.
faßlich 61,b.
faßt (fassen) 61,b.
faßte (fassen) 61,b.
faßten (fassen) 61,b.
fast 61,a.
faste (fasten) 61,c.
Fastebene, die 61,a.
fasten 61,c.
fastete (fasten) 61,c.
Fastnacht, die 61,d.
faul 62,a.
faulen 62,a.
faulte (faulen) 62,a.
fechsen 67,b.
Fechser, der 67,b.
Feder, die 64,b.
Federn, die (Plural) 64,b.
Fee, die 63,a.
Feen, die (Plural) 63,a.
Feh, das 63,b.
Fehde, die 64,a.
Fehdebrief, der 64,a.
Fehdehandschuh, der 64,a.
Fehden, die (Plural) 64,a.
Fehe, die (Plural) 63,b.
Fehwerk, das 63,b.
feil 250,c.
feilbieten 250,c.
Feile, die 250,b.
feilen 250,b.
Feiler, der (Name) 250,d.

Wortregister

feilgeboten (feilhalten) 250,c.
feilgehalten (feilhalten) 250,c.
feilhalten 250,c.
Feld, das 65,a.
Feldberg (Name) 65,f.
Fell, das 59,c.
Fellbach (Name) 59,d.
Felle, die (Plural) 59,c.
Fernsehkamera, die 113,b.
Ferse, die 66,a.
Fersen, die (Plural) 66,a.
Fersengeld, das 66,a.
Festmahl, das 146,d.
Fex, der 67,a.
Fexe, die (Plural) 67,a.
Fexen, die (Plural) 67,a.
Fiber, die 68,b.
Fibern, die (Plural) 68,b.
Fibrille, die 68,b.
fibrös 68,b.
Fidel, die 69.
Fideln, die (Plural) 69.
Fieber, das 68,a.
fiebern 68,a.
fiebrig 68,a.
Fiedel, die 69.
fiedeln 69.
Fiedeln, die (Plural) 69.
Fiedler, der 69.
fiel (fallen) 254,c.
fielen (fallen) 254,c.
Filmkamera, die 113,b.
fing (fangen) 70,b.
Fink, der 70,a.
flehentlich 55,b.
fliehst (fliehen) 255,c.
Fließarbeit, die 255,b.
Fließband, das 255,b.
Fließheck, das 255,b.
Fließpapier, das 254,b.
fließt (fließen) 255,b.
Flughafen, der 91,a.
Föhn, der 71,a.
Föhne, die (Plural) 71,a.
föhnen 71,a.
föhnig 71,a.
föhnte (föhnen) 71,a.
Föhr (Name) 72,d.
Föhre, die 72,a.
Föhren, die (Plural) 72,a.
Fön, der (Warenzeichen) 71,b.
Föne, die (Plural) 71,b.
fönen 71,b.
fönte (fönen) 71,b.
Förde, die 72,c.
Förden, die (Plural) 72,c.
fordern 257,b.
Före, die 72,b.
fortschwämme (fortschwimmen) 203,b.
fortschwemmen 203,a.
foul 62,b.
Foul, das 62,b.
foulen 62,b.
foulte (foulen) 62,b.
Frankenalb, die (Name) 7,a.
Fränkische Alb, die (Name) 7,a.
frei 73,a.
Freiberg (Name) 73,e.
Freiburg [im Üechtland] (Name) 73,e.
Freiburg im Breisgau (Name) 73,e.
freien 73,b.
freier (frei) 73,a.
Freier, der 73,b.
Freier, ein (frei) 73,a.
Freiheit, die 73,a.
Freitag, der 73,d.
freite (freien) 73,b.
Freite, die 73,b.
Freitod, der 242,b.
Freund Hein 97,d.
Freundschaft, die 193,c.
Freundschaftsbund, der 40,c.
Frey (Name) 73,c.
Freyburg/Unstrut (Name) 73,e.
Freyja (Name) 73,c.
Freyr (Name) 73,c.
Friedrichshafen (Name) 91,a.
Frische Nehrung (Name) 162,a.
frißt (fressen) 74,b.
Frist, die 74,a.
fristen 74,a.
Fristen, die (Plural) 74,a.
Fronleichnam, der 123,c.
führ (führen) 75,b.
führen 75,b.
führst (führen) 75,b.
Fundament, das 55,b.
für 75,a.
fürliebnehmen 75,a.
Fürstein (Name) 75,c.
fürwahr 75,a.
Fürwitz, der 75,a.
fürwitzig 75,a.
Fußsohle, die 217,b.
Futtersilo, der 213,a.

G

galant 8,c.
galt (Adjektiv) 80,d.
galt (gelten) 80,c.
Gans, die 76,b.
ganz 76,a.
Garant, der 8,b.
Garbenbund, das 40,d.
Gärten, die (Plural) 77.
Gäste, die (Plural) 83,b.
Gastmahl, das 146,d.
Gaststätte, die 227,a.
geaast (aasen) 2,a.
geäst (äsen) 2,a.
Gebiß, das 28,a.
gebläut (bläuen) 29,a.
gebleut (bleuen) 29,b.
gebohrt (bohren) 34,a.
geboten (bieten) 35,a.
gebrandmarkt (brandmarken) 78,b.
gebrandschatzt (brandschatzen) 78,b.
gebrannt (brennen) 78,a.
gecampt (campen) 114,b.
gedehnt (dehnen) 46,a.
gedorrt (dorren) 49,b.
gedriftet (driften) 244,a.
gedüngt (düngen) 50,a.
gedünkt (dünken) 50,b.
gedünstet (dünsten) 51,b.
gedürstet (dürsten) 52,b.
Geest 79,a.
Geeste, die (Name) 79,c.
Geesten, die (Plural) 79,a.
Geesthacht (Name) 79,c.
Geestland, das 79,a.
gefallt (gefallen) 65,b.
gefällt (fällen) 65,c.
gefällt (gefallen) 65,b.
gefältelt (fälteln) 65,d.
gefaltet (falten) 65,d.
gefaßt (fassen) 61,b.

gefastet (fasten) 61,c.
gefault (faulen) 62,a.
gefechst (fechsen) 67,b.
gefeilt (feilen) 250,b.
gefiebert (fiebern) 68,a.
gefiedelt (fiedeln) 69.
geflissentlich 55,b.
geföhnt (föhnen) 71,a.
geföent (fönen) 71,b.
gefordert (fordern) 257,b.
gefoult (foulen) 62,b.
gefreit (freien) 73,b.
gefressen (fressen) 74,b.
gefristet (fristen) 74,a.
gegellt (gellen) 80,e.
Gegend, die 55,a.
gegleißt (gleißen) 86,b.
gegolten (gelten) 80,c.
gegrätscht (grätschen) 87,b.
gehallt (hallen) 93,c.
gehalten (halten) 93,a.
gehängt (hängen) 100,b.
geharrt (harren) 95,b.
gehaßt (hassen) 96,a.
gehastet (hasten) 96,a.
gehäutet (häuten) 105,b.
Geheimbund, der 40,c.
Geheimrat, der 177,a.
gehenkt (henken) 100,c.
geheut (heuen) 105,c.
gehext (hexen) 106,a.
geholt (holen) 107,b.
Gehrden (Name) 82,c.
Gehrenberg (Name) 82,c.
gehst (gehen) 79,b.
gejagt (jagen) 111,b.
gekahmt (kahmen) 112,a.
gekämpft (kämpfen) 114,a.
gekannt (kennen) 115,b.
gekantet (kanten) 115,a.
gekarrt (karren) 117,b.
gekartet (karten) 117,a.

gekeltert (keltern) 119,a.
gekneippt (kneippen) 121,a
gekneipt (kneipen) 121,b und c.
geküßt (küssen) 122,b.
gelaicht (laichen) 123,a.
geländet (länden) 125,a.
gelassen (lassen) 127,b.
gelastet (lasten) 127,a.
geläutert (läutern) 134,c.
geläutet (läuten) 134,b.
Geld, das 80,a.
geleckt (lecken) 129,a und b.
geleert (leeren) 131,b.
gelegentlich 55,b.
gelehnt (lehnen) 130,a.
gelehrig 131,a.
gelehrt (lehren) 131,a.
geleitet (leiten) 133,c.
gelitten (leiden) 133,b.
gell (Adjektiv) 80,e.
gell? (Interjektion) 80,b.
gelle? (Interjektion) 80,b.
gellen 80,e.
gellt (gellen) 80,e.
gellten (gellen) 80,e.
gelockt (locken) 137,c.
geloggt (loggen) 137,a.
gelt (Adjektiv) 80,d.
gelt? (Interjektion) 80,b.
gelten 80,c.
geluchst (luchsen) 138,a.
Gemahl, der 146,e.
gemahlen (mahlen) 142,a.
Gemahlin, die 146,e.
gemahnt (mahnen) 143,a.
gemalt (malen) 142,b.
gemärt (mären) 144,c.
gemehrt (mehren) 152,a.
gemerkt (merken) 148,b.
gemessen (messen) 153,a.

gemistet (misten) 155,a.
gemoppt (moppen) 156,b.
gemopst (mopsen) 156,c.
gemuht (muhen) 159,b.
gemüht (mühen) 158,a.
gemutet (muten) 159,a.
genachtmahlt (nachtmahlen) 146,d.
genas (genesen) 81,c.
genesen 81,c.
genest (genesen) 81,c.
genießen 81,b.
genießt (genießen) 81,b.
geniest (niesen) 81,a.
genoß (genießen) 81,b.
genossen (genießen) 81,b.
Genuß, der 81,b.
Gepäck, das 166,b.
gepackt (packen) 166,d.
gepikst (piksen) 170,a.
gepikt (piken) 170,a.
gepißt (pissen) 172,b.
gepoolt (poolen) 173,a.
gepriemt (priemen) 174,e.
gepriesen (preisen) 37,d.
gepult (pulen) 173,b.
Ger, der 82,a.
Gera (Name) 82,c.
gerächt (rächen) 175,a.
geraint (rainen) 180,c.
Gerald (Vorname) 82,a.
gerankt (ranken) 176,d.
gerannt (rennen) 187,d.
gerecht 175,c.
gerecht (rechen) 175,b.
geredet (reden) 178,a.
gereiht (reihen) 182,b.
gereinigt (reinigen) 180,a.
gereist (reisen) 181,b.
gereitert (reitern) 182,c.
Gerhard (Vorname) 82,a und 95,a.
Gerhart (Vorname) 82,a und 95,a.

Gerhild[e] (Vorname) 82,a.
gerissen (reißen) 181,a.
geritten (reiten) 182,a.
Gerold (Vorname) 82,a.
geronnen (rinnen) 187,b.
Gerte, die 77.
Gerten, die (Plural) 77.
geruht (ruhen) 188,d.
gerußt (rußen) 184,b.
gesandt (senden) 251,b.
Gesandte, der 251,b.
Gesandtschaft, die 251,b.
Gesang, der 214,a.
Gesänge, die (Plural) 252,b.
gesät (säen) 191,a.
geschaffen (schaffen) 193,b.
geschafft (schaffen) 193,b.
Geschäft, das 193,b.
geschäftet (schäften) 193,a.
Geschäftsmann, der 147,a.
geschallt (schallen) 194,a.
geschaltet (schalten) 194,c.
geschellt (schellen) 195,b.
Geschenk, das 196,a.
geschenkt (schenken) 196,a.
geschlämmt (schlämmen) 199,b.
geschlemmt (schlemmen) 199,a.
geschmälzt (schmälzen) 200.
geschmolzen (schmelzen) 200.
geschneuzt (schneuzen) 201.
gescholten (schelten) 194,b.
geschwaigt (schwaigen) 202,b.
geschwankt (schwanken) 204.

geschwemmt (schwemmen) 203,a.
geschwenkt (schwenken) 204.
geschwiegen (schweigen) 202,a.
geschwungen (schwingen) 204.
gesehen (sehen) 207,a.
geseiht (seihen) 208,c.
Gesellschaft, die 193,c.
gesengt (sengen) 209,a.
gesenkt (senken) 209,b.
Gesetz, das 211.
gesiegelt (siegeln) 212,b.
gesohlt (sohlen) 217,b.
gesollt (sollen) 216,b.
gespäht (spähen) 219,b.
gesperrt (sperren) 220,a.
Gespinst, das 221,c.
Gest, der oder die 83,c.
Gestänge, das 224.
gestärkt (stärken) 226,a.
gestaubt (stauben) 228,a.
gestäubt (stäuben) 228,a.
gestäupt (stäupen) 228,a.
Geste, die 83,a.
gestellt (stellen) 229.
gestemmt (stemmen) 223,b.
Gesten, die (Plural) 83,a.
Gestik, die 83,a.
gestoppt (stoppen) 232,a.
gestrickt (stricken) 234,b.
getankt (tanken) 238,b.
getippt (tippen) 239,a und b.
getollt (tollen) 240,a.
Getreidesilo, der 213,a.
getreu 243,a.
getriftet (triften) 244,a.
getroffen (treffen) 244,b.
gewagt (wagen) 258,c.
gewählt (wählen) 261,b.

Wortregister

gewähnt (wähnen) 265,b.
gewahrt (wahren) 259,a.
gewährt (währen) 260,a.
gewallt (wallen) 262,b und c.
Gewalt, die 262,d.
gewaltet (walten) 264,a.
gewälzt (wälzen) 270,b.
Gewand, das 84,a.
Gewandhaus, das 84,a.
Gewandschneider, der 84,a.
gewandt (wenden) 84,b.
gewannt (gewinnen) 84,c.
Gewehrhahn, der 94,c.
gewehrt (wehren) 272,d.
geweidet (weiden) 268,d.
geweitet (weiten) 268,a.
gewellt (wellen) 269,a.
gewendet (wenden) 271,a.
gewerkt (werken) 273,a.
gewertet (werten) 272,c.
gewiesen (weisen) 266,a.

gewillfahrt (willfahren) 275,a.
gewillt 275,a.
gewinnt (gewinnen) 276,b.
gewogen 278,c.
gewogen (wiegen) 278,d.
gewogt (wogen) 278,a.
gewollt (wollen) 256,c.
geziehen (zeihen) 253,a.
gezittert (zittern) 279,b.
gib (geben) 85.
gibst (geben) 85.
gibt (geben) 85.
Glasfiberstab, der 68,b.
Gleis, das 86,a.
Gleisdorf (Name) 86,d.
Gleisner, der 86,c.
gleisnerisch 86,c.
gleißt (gleißen) 86,b.
gleißte (gleißen) 86,b.
glückselig 206,b.
Gönnermiene, die 154,a.
gottselig 206,b.
Grabmal, das 146,c.

Grad, der 87,d.
Grat, der 87,a.
Grätsche, die 87,b.
grätschen 87,b.
Gratulant, der 8,b.
gräulich 88,a.
Greuel, der 88,b.
greulich 88,b.
Griesbach i. Rottal (Name) 89,c.
Griesgram, der 89,b.
griesgrämig 89,b.
Griesheim (Name) 89,c.
Grieß, der 89,a.
Grießbrei, der 89,a.
Grießmehl, das 89,a.
Grießspitzen (Name) 89,c.
Grießsuppe, die 89,a.
Großer Belchen (Name) 15,b.
großschnäuzig 201.
Großstadt, die 227,b.
Grus, der 90,b.
Gruß, der 90,a.

H

Haag, der (Name) 92,c.
Haan (Name) 94,d.
Haard (Name) 95,c.
Haardt (Name) 95,c.
Habilitand, der 8,a.
Hachse, die 106,b.
Häcksel, das oder der 106,c.
Hafen, der 91,a und b.
Häfen, die (Plural) 91,a und b.
Hafner, der 91,b.

Hag, der 92,a.
Hage, die (Plural) 92,a.
Hagebuche, die 92,a.
hagebuchen 92,a.
hagebüchen 92,a.
Hagebutte, die 92,a.
Hagedorn, der 92,a.
Hagen (Name) 92,c.
Hagen (Vorname) 92,a.
Hagestolz, der 92,a.
Hahn, der (Plural: die Hähne) 94,b.

Hahn, der (Plural: die Hähne oder Hahnen) 94,c.
Hahnen, die (Plural) 94,c.
Hahnenfuß, der 94,b.
Hahnenkamm, der 94,b.
Hahnenkamm (Name) 94,d.
Hahnrei, der 94,b und 179,e.
Hai, der 97,b.
Haie, die (Plural) 97,b.

Wortregister

Haifisch, der 97,b.
Hain, der 97,c.
Hainbuche, die 97,c.
Hainfeld (Name) 97,e.
Hainleite (Name) 97,e.
halbtot 242,a.
hallt (hallen) 93,c.
hallten (hallen) 93,c.
halt (Adverb) 93,b.
halt (halten) 93,b.
Halt, der 93,a.
hält (halten) 98,b.
Halte, die (Plural) 93,a.
halten 93,a.
Hampelmann, der 147,a.
Hände, die (Plural) 23,a.
hanebüchen 94,a.
hängst (hängen) 100,b.
hängt (hängen) 100,b.
hängte (hängen) 100,b.
Happy-End, das 54.
Hard (Vorname) 95,a.
Hardt (Name) 95,c.
harrt (harren) 95,b.
hart 95,a.
Hartbrandkohle, die 78,b.
Hartbrandziegel, der 78,b.
Hartmann (Vorname) 95,a.
Hartmut (Vorname) 95,a.
Hartwig (Vorname) 95,a.
Hartwin (Vorname) 95,a.
Haß, der 96,b.
haßt (hassen) 96,b.
haßten (hassen) 96,b.
hast (haben) 96,c.
Hast, die 96,a.
hasten 96,a.
Häuer, der 5,e.
Hauptstadt, die 227,b.
hausbacken 11,c.
Hausname, der 161,a.

Häute, die (Plural) 105,b.
häuten 105,b.
Haxe, die 106,b.
Hechse, die 106,b.
Heer, das 102,b.
Heere, die (Plural) 102,b.
Heerlen (Name) 102,d.
Heerschau, die 102,b.
Heerstraße, die 102,b.
hehr 102,c.
hei 97,a.
Heilstätte, die 227,a.
Hein (Vorname) 97,d.
Heinsberg (Rhld.) (Name) 97,e.
Heirat, die 177,a.
Hektar, das oder der 9,a.
Held, der 98,a.
Helmstedt (Name) 227,b.
Hemd, das 99,a.
hemmt (hemmen) 99,b.
Hengst, der 100,a.
Hengst (Name) 100,d.
Hengste, die (Plural) 100,a.
Hengste, die (Plural) 100,a.
Hengstpaß, der (Name) 100,d.
Henkel, der 101.
Henkell (Warenzeichen) 101.
henkst (henken) 100,c.
henkt (henken) 100,c.
henkte (henken) 100,c.
her 102,a.
Herberge, die 103,b.
Herbert (Vorname) 103,d.
Herborn (Name) 103,e.
herein 180,b.
Hermann (Vorname) 103,d.
Herr, der 103,a.
herrisch 103,a.
herrlich 103,a.

Herrnhut (Name) 103,e.
Herrschaft, die 103,a.
herrschen 103,a.
Hertz, das 104,b.
Herz, das 104,a.
Herzberg am Harz (Name) 104,c.
Herzberg/Elster (Name) 104,c.
Herzog, der 103,c.
Hetman, der 147,d.
Heu, das 5,b.
heuen 5,b.
heuer 5,d.
Heuer, der 5,b.
Heuer, die 5,c.
Heuerbaas, der 20,c.
heuern 5,c.
heurig 5,d.
Heurige, der 5,d.
Heuscheuer, die (Name) 5,f.
heute (Adverb) 105,a.
heute (heuen) 105,c.
heuten (heuen) 105,c.
Hexe, die 106,a.
hexen 106,a.
Hexenkopf (Name) 106,d.
hielt feil (feilhalten) 250,c.
Hinterbacke, die 11,a.
Hirngespinst, das 221,c.
hoffentlich 55,b.
Hoher Meißner (Name) 145,c.
hohl 107,a.
Hohlspiegel, der 107,a.
hol (holen) 107,b.
holen 107,b.
horrend 55,a.
hundertmal 146,b.

175

Wortregister

I/J

iah 110,b.
iahen 110,b.
Imbiß, der 28,a.
imposant 8,c.
Informand, der 8,a.
Informant, der 8,b.
intelligent 55,b.
Intendant, der 8,b.
inwendig 271,a.

Isobare, die 19,c.
ißt (essen) 109,a.
ist (sein) 109,b.
ja 110,a.
Jacht, die 111,c.
Jagd, die 111,a.
jagdbar 111,a.
Jagdflugzeug, das 111,a.
Jagdhund, der 111,a.

jagt (jagen) 111,b.
Jasager, der 110,a.
Jawort, das 110,a.
jedenfalls 60,a.
jedermann 147,a.
jedesmal 146,b.
Jugend, die 55,a.
Jugendbund, der 40,c.
jugendlich 55,a.

K

Kaffee, der 41,b.
Kaffee Hag 92,b.
Kaffeehaus, das 41,a.
Kaffees, die (Plural) 44,b.
Kahm, der 112,a.
Kahme, die (Plural) 112,a.
kahmen 112,a.
Kahmhaut, die 112,a.
kahmig 112,a.
Kaiman, der 147,d.
Kain (Name) 118,b.
Kainit, der 118,c.
Kainsmal, das 118,b und 146,c.
Kainszeichen, das 118,b.
Kälte, die 119,b.
kälter (kalt) 119,a.
kam (kommen) 112,b.
kamen (kommen) 112,b.
Kamen (Name) 112,c.
Kamera, die 113,b.
Kamerad, der 113,c.
Kameradschaft, die 113,c.
Kammer, die 113,a.
Kämpe, der 114,a.

kämpfen 114,a.
kannte (kennen) 115,b.
kannten (kennen) 115,b.
Kante, die 115,a.
kanten 115,a.
Kanten, der 115,a.
Kanten, die (Plural) 115,a.
Kanton Uri (Name) 249,d.
Kap, das 116,a.
Kap der Guten Hoffnung (Name) 116,a.
Kap Hoorn (Name) 116,a.
Kaps, die (Plural) 116,a.
Karawane, die 42.
Karawanen, die (Plural) 42.
karrte (karren) 117,b.
karrten (karren) 117,b.
Karte, die 117,a.
karten 117,a.
Karten, die (Plural) 117,a.
kein 118,a.
keinesfalls 60,a.
keinmal 146,b.
Kelt, der 119,d und e.
Kelte, der 119,c.

Kelte, die (Plural) 119,d und e.
Kelten, die (Plural) 119c.
Kelter, die 119,a.
Kelterbach (Name) 119,f.
keltern 119,a.
Keltern, die (Plural) 119,a.
Kempen (Name) 114,c.
Kempten (Name) 114,c.
Kennermiene, die 154,a.
Kilohertz, das 104,b.
Kirmes, die 153,c.
Kleinstadt, die 227,b.
klingt (klingen) 120,a.
klinkt (klinken) 120,b.
Klosterschenke, die 196,a.
Kneipe, die 121,b.
kneipen 121,b und c.
Kneipen, die (Plural) 121,b.
kneippen 121,a.
Kneippkur, die 121,a.
kneippte (kneippen) 121,a.
kneipte (kneipen) 121,b und c.

Wortregister

Kommandant, der 8,b.
Kommunikant, der 8,b.
Konfirmand, der 8,a.
Kugelschreibermine, die 154,b.
kunterbunt 40,b.
Kupfermine, die 154,b.

Kurische Nehrung (Name) 162,a.
Kuskus, der 122,d und e.
Küsnacht (ZH) (Name) 122,f.
Kuß, der 122,b.
Küßnacht am Rigi (Name) 122,f.

küßte (küssen) 122,b.
küßten (küssen) 122,b.
Küste, die 122,a.
Küsten, die (Plural) 122,a.
Küster, der 122,c.
Kustoden, die (Plural) 122,c.
Kustos, der 122,c.
Küstrin (Name) 122,f.

L

Lachs, der 128,b.
Lachse, die (Plural) 128,b.
Lagerstatt, die 227,a.
Lagerstätte, die 227,a.
Laib, der 132,b.
Laibach (Name) 132,c.
Laibchen, das 132,b.
Laibe, die (Plural) 132,b.
Laibung, die 132,b.
Laich, der 123,a.
Laiche, die (Plural) 123,a.
laichen 123,a.
Laichingen (Name) 123,d.
Laichkraut, das 123,a.
Laichplatz, der 123,a.
Laichwanderung, die 123,a.
Laichzeit, die 123,a.
Laie, der 124,a.
Laien, die (Plural) 124,a.
Lämmer, die (Plural) 25.
Lände, die 125,a.
länden 125,a.
Länden, die (Plural) 125,a.
Länder, die (Plural) 125,a.
Ländername, der 161,a.
Landnahme, die 161,b.
Lärche, die 126,a.
Lärchen, die (Plural) 126,a.

läßt (lassen) 127,b.
Last, die 127,a.
lasten 127,a.
Lasten, die (Plural) 127,a.
läuten 134,b.
läutern 134,c.
Läut[e]werk, das 134,b.
lax 128,a.
Laxheit, die 128,a.
leck 129,a.
Leck, das 129,a.
lecken 129,a und b.
leer 131,b.
Leer (Ostfriesland) (Name) 131,c.
Leere, die 131,b.
leeren 131,b.
Leeren, die (Plural) 131,b.
leerte (leeren) 131,b.
Leerung, die 131,b.
Lehne, die 130,a.
lehnen 130,a.
Lehnen, die (Plural) 130,a.
Lehnsessel, der 130,a.
Lehnstuhl, der 130,a.
Lehnwort, das 130,b.
Lehre, die 131,a.
lehren 131,a.

Lehren, die (Plural) 131,a.
Lehrer, der 131,a.
Lehrling, der 131,a.
lehrte (lehren) 131,a.
Lehrte (Name) 131,c.
Lei, die 124,c.
Leib, der 132,a.
Leibchen, das 132,a.
leiben 132,b.
Leiber, die (Plural) 132,a.
leibhaftig 132,a.
Leiblach (Name) 132,c.
leiblich 132,a.
Leibrente, die 132,a.
Leibschmerzen, die (Plural) 132,a.
leibt (wie er leibt und lebt) 132,a.
leibte (leiben) 132,b.
Leibung, die 132,b.
Leich, der 123,b.
Leich, die 123,c.
Leichdorn, der 123,c.
Leiche, die 123,c.
Leiche, die (Plural) 123,b.
Leichen, die (Plural) 123,c.
Leichlingen (Rheinland) (Name) 123,d.
Leichnam, der 123,c.

Wortregister

leid 133,a.
Leid, das 133,a.
leiden 133,b.
Leiden, das 133,b.
leidlich 133,b.
Leien (Plural) 124,c.
leihen 124,b.
leiht (leihen) 133,d.
Leitartikel, der 133,c.
Leitfaden, der 133,c.
Leitplanke, die 133,c.
Lek, der 129,c.
Lek, der (Name) 129,d.
Lena (Name) 130,d.
Lena (Vorname) 130,c.
Lende, die 125,b.
Lenden, die (Plural) 125,b.
Lene (Vorname) 130,c.
Leni (Vorname) 130,c.
Leopold (Vorname) 14,a.
Lerche, die 126,b.
Lerchen, die (Plural) 126,b.
Leute, die (Plural) 134,a.
Leutershausen (Name) 134,f.

Leuthen (Name) 134,f.
Leutnant, der 134,d.
leutselig 134,b.
Leutseligkeit, die 134,a.
Lid, das 135,b.
Lider, die (Plural) 135,b.
Lidkrampf, der 135,b.
Lidlohn, der 135,d.
Lido, der oder das 135,e.
Lidschatten, der 135,b.
Lied, das 135,a.
Lieder, die (Plural) 135,a.
Liederjahn, der 135,c.
liederlich 135,c.
liedhaft 135,a.
Liedlohn, der 135,d.
Liedrian, der 135,c.
liehst (leihen) 136,d.
lies (lesen) 136,a.
Liesbet (Vorname) 136,e.
Lieschen (Vorname) 136,e.
Liesl (Vorname) 136,e.
ließ (lassen) 136,b.
ließt (lassen) 136,b.

liest (lesen) 136,a.
Liestal (Name) 136,f.
Lisbeth (Vorname) 136,e.
Lloyd (Name) 134,e.
lock (locken) 137,c.
Lockruf, der 137,c.
lockte (locken) 137,c.
Lockvogel, der 137,c.
Log, das 137,a.
Logbuch, das 137,a.
Loggast, der 137,a.
loggte (loggen) 137,a.
Lok, die 137,b.
Loks, die (Plural) 137,b.
Lorelei, die (Name) 124,c.
Loreley, die (Name) 124,c.
Luchs, der 138,a.
Luchse, die (Plural) 138,a.
luchsen 138,a.
Ludwigshafen am Rhein (Name) 91,a.
Luftmine, die 154,b.
Lux, das 138,b.
Luxemburg (Name) 138,d.
Luxus, der 138,c.

M

Maar, das 139,a.
Maare, die (Plural) 139,a.
Maas, die (Name) 149,a.
Maastricht (Name) 149,b.
Maat, der 140,a.
Maate, die (Plural) 150,b.
Maaten, die (Plural) 150,b.
Maatje, der 140,a.
machte weis (weismachen) 267,a.
Mädchenname, der 161,a.
Made, die 141,a.

Maden, die (Plural) 141,a.
madig 141,a.
Magdalene (Vorname) 130,c.
Mahd, das (Plural: die Mähder) 140,b.
Mahd, die (Plural: die Mahden) 140,b.
Mahden, die (Plural) 141,b.
Mahl, das 146,d.
mahlen 142,a.
Mahlgang, der 142,a.

Mahlgeld, das 142,a.
Mahlgut, das 142,a.
Mahlschatz, der 146,e.
Mahlstatt, die 146,e.
Mahlstätte, die 146,e.
mahlte (mahlen) 142,a.
Mahlzeit, die 146,d.
Mahnbrief, der 143,a.
mahnen 143,a.
Mahner, der 143,a.
Mahnmal, das 143,a und 146,c.

mahnte (mahnen) 143,a.
Mahnung, die 143,a.
Mahr, der 139,b.
Mahre, die (Plural) 139,b.
Mähre, der 144,d.
Mähre, die 144,a.
Mähren (Name) 144,d.
Mähren, die (Plural) 144,a und d.
Mährer, der 144,d.
Mährische Pforte (Name) 144,d.
Mais, der 145,a.
Maiß, der 145,b.
Maissau (Name) 144,c.
mal 146,a.
Mal, das (Plural: die Male) 146,b und c.
malen 142,b.
Maler, der 142,b.
Malerei, die 142,b.
malerisch 142,b.
malnehmen 146,a.
malte (malen) 142,b.
man (Adverb) 147,c.
man (Pronomen) 147,b.
manchmal 146,b.
Manen, die (Plural) 143,b.
manisch 143,c.
manisch-depressiv 143,c.
Mann, der 147,a.
Mannheim (Name) 147,e.
männlich 147,a.
Mannschaft, die 147,a.
Manuel (Vorname) 143,d.
Manuela (Vorname) 143,d.
-mar (z.B. in: Volkmar) 139,d.
Mär, die 144,b.
Marbach am Neckar (Name) 139,c.
Marburg a. d. Lahn (Name) 139,c.
Märchen, das 144,b.

Märe, die 144,b.
mären 144,c.
Mären, die (Plural) 144,b.
Margherita (Vorname) 185,d.
Mariä Lichtmeß 153,b.
Märkte, die (Plural) 148,a.
märte (mären) 144,c.
Märte, die 144,c.
Maschine, die 197,b.
maß (messen) 149,a.
Maß, das (Plural: die Maße) 149,a.
Maß, die (Plural: die Maße oder die Maß) 149,a.
Maßnahme, die 161,b.
Mate, der 150,a.
Mate, die (Plural: die Maten) 150,a.
Maten, die (Plural) 150,a.
Maturand, der 8,a.
mausetot 242,a.
Meer, das 152,b.
Meeralpen (Name) 152,d.
Meere, die (Plural) 152,b.
Meerkatze, die 152,b.
Meerrettich, der 152,c.
Meersburg (Name) 152,d.
Meerschweinchen, das 152,b.
Mehl, das 151,a.
Mehltau, der 151,b.
Mehlwurm, der 151,a.
mehr 152,a.
mehren 152,a.
mehrere 152,a.
mehreremal 146,b.
Mehrheit, die 152,a.
mehrte (mehren) 152,a.
Meißen (Name) 144,c.
Meißner (Name) 145,c.
Meltau, der 151,c.
Merkmal, das 146,c.
merkte (merken) 148,b.

Mesner, der 153,d.
Mesnerei, die 153,d.
Meßband, das 153,a.
Messe, die 153,b.
messen 153,a.
Meßgerät, das 153,a.
Meßgewand, das 153,b.
Meßopfer, das 153,b.
Meßschnur, die 153,a.
meßt (messen) 153,a.
Meßtext, der 153,b.
Miene, die 154,a.
Mienen, die (Plural) 154,a.
Mienenspiel, das 154,a.
Millibar, das 19,c.
Miltau, der 151,b.
Mina (Vorname) 154,d.
Mine, die 154,b und c.
Mine (Vorname) 154,d.
Minen, die (Plural) 154,b und c.
Minensuchboot, das 154,b.
Minuend, der 55,a.
mißt (messen) 155,b.
Mist, der 155,a.
Mistbeet, das 155,a.
misten 155,a.
Mistfink, der 70,a und 155,a.
mistig 155,a.
Mitleid, das 133,b.
Mittagsmahl, das 146,d.
Mob, der 156,a.
Mobs, die (Plural) 156,a.
Mohr, der 157,d.
Mohra, die (Name) 157,g.
Möhre, die 157,c.
Mohren, die (Plural) 157,d.
Mohrenkopf, der 157,d.
Mohrrübe, die 157,c.
Moor, das 157,a.
Moore, die (Plural) 157,a.
moorig 157,a.
Mop, der 156,b.

Wortregister

moppen 156,b.
moppte (moppen) 156,b.
Mops, der 156,c.
Möpse, die (Plural) 156,c.
mopsen, sich 156,c.
mopsig 156,c.
mopste (mopsen) 156,c.
Mora, die 157,f.
Mora, die (Plural: die Moren) 157,e.
Morast, der 157,b.
morastig 157,b.

Moren, die (Plural) 157,e.
morgendlich 55,a.
Motorrad, das 177,c.
Mud, die (Name) 159,c.
Mühsal, die 189,b.
mühselig 206,b.
muht (muhen) 159,b.
mühte (mühen) 158,a.
muhten (muhen) 159,b.
mühten (mühen) 158,a.
Multiplikand, der 8,a.
Muselman, der 147,d.

Muselmann, der 147,d.
Musikant, der 8,b.
Mut, der 159,a.
muten 159,a.
mutig 159,a.
Muttermal, das 146,c.
Mythe, die 158,b.
Mythen, die (Plural) 158,b.
Mythos, der 158,b.
Mythus, der 158,b.

N

nachahmen 160,a.
Nachahmung, die 160,a.
nachgibt (nachgeben) 85.
nachgiebig 85.
Nachnahme, die 161,b.
Nachname, der 161,a.
Nachtmahl, das 146,d.
nachtmahlen 146,d.
Nachtmahr, der 139,b.
Nadelöhr, das 165,a.
nahm (nehmen) 161,b.
nähme (nehmen) 161,b.
-nahme (z.B. in: Nachnahme) 161,b.
nahmen (nehmen) 161,b.
nähmen (nehmen) 161,b.
nahm wahr (wahrnehmen) 259,a.

Nama, der 161,c.
Namaland, das 161,c.
Namas, die (Plural) 161,c.
Name, der 161,a.
Namen, der 161,a.
namentlich 55,b.
namhaft 161,a.
nämlich 161,a.
nämliche, der 161,a.
nasewies 267,a.
Neer, die 162,b.
Neeren, die (Plural) 162,b.
Neerstrom, der 162,b.
nehmen 161,b.
Nehrung, die 162,a.
niesen 81,a.
Niespulver, das 81,a.
Nießbrauch, der 81,b.

nieste (niesen) 81,a.
Nieswurz, die 81,a.
Nitrid, das 163.
Nitrit, das 163.
Nomen, das 161,a.
Nomina, die (Plural) 161,a.
Notenbank, die 18,c.
Numeri, die (Plural) 164.
numerieren 164.
Numerierung, die 164.
numerisch 164.
Numerus, der 164.
Nummer, die 164.
nummerisch 164.
nummern 164.
Nummern, die (Plural) 164.

O/P

Obmann, der 147,a.
Oerlinghausen (Name) 165,d.

Oersted, das 165,c.
öffentlich 55,b.
ohne das [Buch] 45,a.

ohne daß [er kommt] 45,b.
Öhr, das 165,a.

Ohre, die (Plural) 165,a.
Ore, die (Plural) 165,b.
Ore, die oder das 165,b.
Oregrund (Name) 165,d.
Orsted, das 165,c.
Pack, das 166,c.
Pack, der (Plural: die Packe oder Päcke) 166,b.
Päckchen, das 166,b
packt (packen) 166,d.
packte (packen) 166,d.
Pak, die 166,a.
Paket, das 166,e.
Paks, die (Plural) 166,a.
Pakt, der 166,f.
Pakte, die (Plural) 166,f.
Peer, der 169,b.
Peers, die (Plural) 169,b.
Persil (Warenzeichen) 213,d.
Personenname, der 161,a.
Pfalz, die (Name) 60,c.
Pfand, das 167,a.
Phantasie, die 168,a.
piekfein 170,e.
pieksauber 170,e.
Pier, der oder die 169,a.
Piere, die (Plural) 169,a.
Piers, die (Plural) 169,a.
Pik, das (Plural: die Piks) 170,c.

Pik, der 170,b.
pikant 170,d.
Pik-As, das 170,c.
Pike, die (Plural: die Piken) 170,a.
piken 170,a.
Piken, die (Plural) 170,a.
pikieren 170,d.
pikiert 170,d.
Piks, die (Plural) 170,a.
piksen 170,a.
Pils, das 171,b.
Pilsberg (Name) 171,c.
Pilsko (Name) 171,c.
Pilz, der 171,a.
Pilzno (Name) 171,c.
pißte (pissen) 172,b.
pißten (pissen) 172,b.
Piste, die 172,a.
Pisten, die (Plural) 172,a.
Pleuel, der 29,b.
Pleuelstange, die 29,b.
Pontifex, der 67,a.
Pool, der 173,a.
poolen 173,a.
Pools, die (Plural) 173,a.
poolte (poolen) 173,a.
Praktikant, der 8,b.
Präparand, der 8,a.
Priem, der 174,e.
Prieme, die (Plural) 174,e.

priemen 174,e.
priemte (priemen) 174,e.
pries (preisen) 37,d.
priesen (preisen) 37,d.
Priesen (Name) 37,g.
Prießnitz-Umschlag, der 37,f.
Priester, der 37,e.
Prim, die (Plural: die Primen) 174,a und b.
prima 174,c.
Prima, die 174,d.
Primaner, der 174,d.
Prime, die 174,a.
Primen, die (Plural) 174,a, b und d.
Prise, die 37,c.
Prisen, die (Plural) 37,c.
Prisenkommando, das 37,c.
Proband, der 8,a.
prophezeien 253,b.
prophezeit (prophezeien) 253,b.
Prophezeiung, die 253,b.
Pul, der 173,c.
pulen 173,b.
Puls, die (Plural) 173,c.
pulte (pulen) 173,b.

Q/R

Querulant, der 8,b.
rächen 175,a.
rächte (rächen) 175,a.
Rad, das 177,c.
radfahren 177,c.
Radikand, der 8,a.

radschlagen 177,c.
Radstatt (Name) 177,d.
Rain (Name) 180,f.
Rain, der 180,c.
Rainald (Vorname) 180,e.
Raine, die (Plural) 180,c.

rainen 180,c.
Rainer (Vorname) 180,e.
Rainfarn, der 180,c.
Raintal (Name) 180,f.
rainte (rainen) 180,c.
Rainung, die 180,c.

Wortregister

Rainweide, die 180,c.
Rand, der 187,c.
rang (ringen) 176,c.
Rang, der 176,b.
rank 176,a.
rankt (ranken) 176,d.
rann (rinnen) 187,b.
rannte (rennen) 187,d.
Rastatt (Name) 227,b.
Raststätte, die 227,a.
Rat, der 177,a.
Ratbert[a] (Vorname) 177,b.
Ratbod (Vorname) 177,b.
Ratburg[a] (Vorname) 177,b.
Rathaus, das 177,a.
ratsam 177,a.
Ratschlag, der 177,a.
rechen 175,b.
Rechen, der 175,b.
rechte 175,c.
rechte (rechen) 175,b.
Rede, die 178,a.
reden 178,a.
Reden, die (Plural) 178,a.
Rederei, die 178,a.
Reede, die 178,b.
Reeden, die (Plural) 178,b.
Reeder, der 178,b.
Reederei, die 178,b.
Referent, der 55,b.
Regierungsrat, der 177,a.
Rehabilitand, der 8,a.
reihe (reihen) 179,a.
Reihe, die 179,a.
reihen 179,a.
Reihen, der (Plural: die Reihen) 179,b und c.
Reihen, die (Plural) 179,a,b und c.
Reiher, der 179,d.
reihte (reihen) 182,b.
reihten (reihen) 182,b.

rein 180,a.
'rein 180,b.
Rein, die 180,d.
Rein (Name) 180,f.
Reinald (Vorname) 180,e.
Reinbold (Vorname) 180,e.
Reindel, das 180,d.
Reindl, das 180,d.
Reindling, der 180,d.
Reinen, die (Plural) 180,d.
Reiner (Vorname) 180,e.
Reinfall, der 180,b.
reinfallen 180,b.
Reinheit, die 180,a.
Reinhold (Vorname) 180,e.
reinigen 180,a.
reinigte (reinigen) 180,a.
Reinmar (Vorname) 139,d.
Reinold (Vorname) 180,e.
Reintal (Name) 180,f.
reis (reisen) 181,b.
Reis, das (Plural: die Reiser) 181,c.
Reis, der 181,d.
Reisalpe (Name) 181,e.
Reisbesen, der 181,c.
Reisbrei, der 181,d.
reisen 181,b.
Reiseroute, die 188,b.
Reisfeld, das 181,d.
Reisfink, der 181,d.
Reisholz, das 181,c.
Reisigbund, das 40,d.
Reiskäfer, der 181,d.
Reiskorn, das 181,d.
Reismotte, die 181,d.
Reisquecke, die 181,d.
Reisratte, die 181,d.
reiß (reißen) 181,a.
Reißaus 181,a.
Reißbrett, das 181,a.
Reißeck, das (Name) 181,e.

reißen 181,a.
Reißkofel, der (Name) 181,e.
reißt (reißen) 181,a.
Reissuppe, die 181,d.
Reißverschluß, der 181,a.
Reißwolle, die 181,a.
Reißzahn, der 181,a.
Reißzwecke, die 181,a.
reist (reisen) 181,b.
Reiswein, der 181,d.
reiten 182,a.
Reiter, der (Plural: die Reiter) 182,a.
Reiter, die (Plural: die Reitern) 182,c.
Reiter Alpe (Name) 182,c.
reitern 182,c.
Reitern, die (Plural) 182,c.
reiterte (reitern) 182,c.
Reither Alpe (Name) 182,c.
Reit im Winkel (Name) 182,d.
Ren, das 183,b.
Rennpferd, das 183,a.
Rennsteig (Name) 183,a.
Rennstieg (Name) 183,a.
Rennstrecke, die 183,a.
Renntier, das (falsch für: Rentier) 183,b.
Rennwagen, der 183,a.
Rennweg (Name) 183,a.
Rens, die (Plural) 183,b.
Rentier, das 183,b.
Reverend, der 55,a.
Revolte, die 256,a.
Rheda (Name) 178,c.
Rheidt (Name) 182,d.
Rhein, der (Name) 180,f.
Rheine (Name) 180,f.
Rheinfall, der (Name) 180,f.
Rheydt (Name) 182,d.
Rhus, der 184,a.

Wortregister

Ried, das 185,a.
Riede, die (Plural) 185,a.
Riedgras, das 185,a.
Ried im Innkreis (Name) 185,e.
Riedlingen (Name) 185,e.
Riegel, der 186,a.
riet (raten) 185,b.
Rietberg (Name) 185,e.
rieten (raten) 185,b.
Rigel, der 186,b.
Rind, das 187,a.
Rindfleisch, das 187,a.

Rindvieh, das 187,a.
rinnt (rinnen) 187,b.
Rita (Vorname) 185,d.
rite 185,c.
Riten, die (Plural) 185,c.
Ritus, der 185,c.
rote Bete 21,b.
Route, die 188,b.
Routen, die (Plural) 188,b.
Routine, die 188,b.
Rückgrat, das 87,a.
Rufname, der 161,a.

Ruhestatt, die 227,a.
Ruhestätte, die 227,a.
ruhte (ruhen) 188,d.
ruhten (ruhen) 188,d.
Ruß, der 184,b.
rußen 184,b.
rußte (rußen) 184,b.
Rute, die 188,a.
Ruten, die (Plural) 188,a.
Ruth (Vorname) 188,e.
Ruthard (Vorname) 188,e.
Ruthenium, das 188,c.
Ruthilde (Vorname) 188,e.

S

Saal, der 189,a.
Saale (Name) 189,f.
Saaler Bodden (Name) 189,f.
Saaltochter, die 189,a.
Saat, die 190,a.
säe (säen) 191,a.
säen 191,a.
sagte wahr (wahrsagen) 259,b.
sähe (sehen) 191,b.
sähen (sehen) 191,b.
saht (sehen) 190,b.
säht (sehen) 191,b.
Saite, die 192,a.
Saiten, die (Plural) 192,a.
Saitling, der 192,a.
sal (z.B. in: Drangsal) 189,b.
Salband, das 189,d.
Sälchen, das 189,a.
Säle, die (Plural) 189,a.
Salier, der 189,e.

Salkante, die 189,d.
Salleiste, die 189,d.
Salweide, die 189,c.
Sand, der 251,c.
Sandbank, die 18,b und 251,c.
sandte (senden) 251,b.
Sanduhr, die 249,a und 251,c.
sang (singen) 214,a.
Sang, der 214,a.
Sänge, die (Plural) 252,b.
sängen (singen) 252,b.
Sänger, der 252,b.
sank (sinken) 214,b.
sänken (sinken) 210,b.
sannt (sinnen) 251,d.
sät (säen) 191,a.
Sätze, die (Plural) 211.
schaffen 193,b.
Schaffner, der 193,b.
schafft (schaffen) 193,b.
Schaft, der 193,a.

-schaft (z.B. in: Gesellschaft) 193,c.
Schäfte, die (Plural) 193,a.
schäften 193,a.
schallt (schallen) 194,a.
schallte (schallen) 194,a.
schallten (schallen) 194,a.
schalt (schalten) 194,c.
schalt (schelten) 194,b.
schalte (schalten) 194,c.
schalten 194,c.
schalten (schelten) 194,b.
Schandmal, das 146,c.
Schänke, die (Plural) 196,b.
Scheintod, der 242,b.
scheintot 242,a.
schellen 195,b.
schellte (schellen) 195,b.
schellten (schellen) 195,b.
Schelte, die 195,a.
schelten 195,a.
Schelten, die (Plural) 195,a.

183

Wortregister

schenke (schenken) 196,a.
Schenke, die 196,a.
Schenken, die (Plural) 196,a.
Schenkwirt, der 196,a.
Schenkwirtschaft, die 196,a.
Schienbein, das 197,a.
Schiene, die 197,a.
Schild, das (Plural: die Schilder) 198,c.
Schild, der (Plural: die Schilde) 198,b.
Schildberg (Name) 198,d.
schilt (schelten) 198,a.
Schilthorn (Name) 198,d.
Schimpfname, der 161,a.
Schlafkammer, die 113,a.
schlämmen 199,b.
Schlämmkreide, die 199,b.
schlämmte (schlämmen) 199,b.
schlang (schlingen) 176,f.
schlank 176,e.
schlemmen 199,a.
Schlemmer, der 199,a.
Schlemmerei, die 199,a.
schlemmte (schlemmen) 199,a.
Schlüsselbund, das 40,d.
schmälzen 200.
schmälzte (schmälzen) 200.
schmelzen 200.
Schmutzfink, der 70,a.
Schnäuzchen, das 201.
Schnäuzlein, das 201.
Schneeschmelze, die 200.
schneuzen 201.
schneuzte (schneuzen) 201.
Schraublehre, die 131,a.
Schreibfeder, die 64,b.
Schublehre, die 131,a.

Schuhsohle, die 217,b.
Schusterlaibchen, das 132,b.
Schwabenalb, die (Name) 7,a.
Schwäbische Alb, die (Name) 7,a.
Schwaige, die 202,b.
schwaigen 202,b.
Schwaiger, der 202,b.
Schwaigern (Name) 202,c.
schwaigte (schwaigen) 202,b.
schwämme (schwimmen) 203,b.
Schwämme, die (Plural) 203,c.
schwämmen (schwimmen) 203,b.
schwang (schwingen) 204.
schwänge (schwingen) 248.
Schwank, der 204.
Schwänke, die (Plural) 204.
schwankt (schwanken) 204.
Schwarzalben, die (Plural) 7,b.
schweigen 202,a.
Schweiger, der 202,a.
Schwemme, die 203,a.
schwemmen 203,a.
schwemmte (schwemmen) 203,a.
schwenke (schwenken) 204.
schwenken 204.
Schwenker, der 204.
schwenkte (schwenken) 204.
schwieg (schweigen) 202,a.
schwingen 204.
sechs 205,a.

Sechs, die 205,a.
sechste 205,a.
See, der oder die 207,b.
Seehafen, der 91,a.
Seele, die 206,a.
Seelen, die (Plural) 206,a
seelisch 206,a.
Seen, die (Plural) 207,b.
Seetang, der 238,a.
sehen 207,a.
seid (sein) 208,b.
seien (sein) 208,b.
seihen 208,c.
seiht (seihen) 208,c.
seihte (seihen) 192,c.
seihten (seihen) 192,c.
seit 208,a.
seitdem 208,a.
Seite, die 192,b.
Seiten, die (Plural) 192,b.
seitens 192,b.
Sekundant, der 8,b.
sela 206,c.
selig 206,b.
Seligenstadt (Name) 206,d
Seligkeit, die 206,b.
Senge, die (Plural) 252,a.
sengen 252,a.
sengerig 252,a.
sengt (sengen) 209,a.
sengte (sengen) 209,a.
Senke, die 210,a.
senken 210,a.
Senken, die (Plural) 210,a.
Senker, der 210,a.
senkt (senken) 209,b.
senkte (senken) 209,b.
setze (setzen) 211.
Sex, der 205,c.
Sex-Appeal, der 205,c.
Sexta, die 205,b.
Sextant, der 205,b.
Sextanten, die (Plural) 205,b.

Wortregister

Sexte, die 205,b.
Sexten, die (Plural) 205,b.
sexual 205,c.
Sexualität, die 205,c.
sexuell 205,c.
Sexus, der 205,c.
's-Gravenhage (Name) 92,c.
Siegel, das 212,b.
siegeln 212,b.
Sieglind[e] (Vorname) 212,c.
Siel, der oder das 213,c.
Siele, die 213,b.
Siele, die (Plural) 213,c.
Sielen, die (Plural) 213,b.
Sigel, das 212,a.
Sigle, die 212,a.
Siglen, die (Plural) 212,a.
Sil (Warenzeichen) 213,d.
Silo, der 213,a.
Silos, die (Plural) 213,a.
Simulant, der 8,b.
sind (sein) 215,b.
Sindfeld (Name) 215,d.
Singrün, das 215,c.
singt (singen) 214,a.
sinkt (sinken) 214,b.
Sinn, der 215,a.
sinnt (sinnen) 215,a.
Sintfeld (Name) 215,d.
Sintflut, die 215,c.
so daß [er kam] 45,b.
Sohle, die 217,b.
sohlen 217,b.
Sohlen, die (Plural) 217,b.
sohlte (sohlen) 217,b.
Sol (Name) 217,c.
Sol, das (Plural: die Sole) 217,d.
Sol, der (Plural: die Sol[s]) 217,c.
Solbad, das 217,a.
Sold, der 216,a.

Soldbuch, das 216,a.
Sole, die 217,a.
Sole, die (Plural) 217,d.
Solei, das 217,a.
Solen, die (Plural) 217,a.
Soli, die (Plural) 217,e.
Solingen (Name) 217,g.
Solis, die (Plural) 217,e.
sollt (sollen) 216,b.
solo 217,e.
Solo, das 217,e.
Solon (Name) 217,f.
solonisch 217,f.
Solwasser, das 217,a.
sonnst (sonnen) 218,b.
sonst 218,a.
sonstig 218,a.
späht (spähen) 219,b.
spähten (spähen) 219,b.
spät 219,a.
Sperber, der 220,b.
Sperling, der 220,b.
Sperma, das 220,c.
Spermata, die (Plural) 220,c.
Spermen, die (Plural) 220,c.
Sperrgebiet, das 220,a.
Sperrholz, das 220,a.
Sperrsitz, der 220,a.
sperrte (sperren) 220,a.
Spielbank, die 18,c.
Spießrute, die 188,a.
Spind, das oder der 221,a.
spinnst (spinnen) 221,c.
spinnt (spinnen) 221,c.
Spint, der oder das 221,b.
Sportbund, der 40,c.
sprängen (springen) 222,b.
Sprengel, der 222,a.
sprengen 222,a.
Staatenbund, der 40,c.
Stadt, die 227,b.
Städter, der 227,b.

städtisch 227,b.
Stadtrat, der 177,a.
Ställe, die (Plural) 229.
Stämme, die (Plural) 223,a.
standst (stehen) 225,b.
Stängelchen, das 224.
Stänglein, das 224.
stanzt (stanzen) 225,a.
Stärke, die 226,a.
stärken 226,a.
Stärken, die (Plural) 226,a.
statt 227,a.
Statt, die 227,a.
-stätte (z.B. in: Lagerstätte) 227,a.
stattfinden 227,a.
statthaft 227,a.
Statthalter, der 227,a.
Staub, der 228,a.
stauben 228,a.
stäuben 228,a.
staubt (stauben) 228,a.
stäubt (stäuben) 228,a.
stäubte (stäuben) 228,a.
Staupe, die 228,b.
stäupen 228,b.
stäupt (stäupen) 228,b.
stäupte (stäupen) 228,b.
Stelle, die 229.
stellen 229.
Stellen, die (Plural) 229.
stellst (stellen) 230,b.
stelzt (stelzen) 230,a.
stemme (stemmen) 223,b.
Stengel, der 224.
Stengelchen, das 224.
Stenglein, das 224.
Sterke, die 226,b.
Sterken, die (Plural) 226,b.
Steuermann, der 147,a.
stiehl (stehlen) 231,c.
Stiel, der 231,b.
Stiele, die (Plural) 231,b.
Stil, der 231,a.

Wortregister

Stile, die (Plural) 231,a.
stillos 231,a.
stop 232,b.
stopp (stoppen) 232,a.
Stopp, der 232,a.
Stopplicht, das 232,a.
Stoppstraße, die 232,a.
stoppte (stoppen) 232,a.
Stoppuhr, die 232,a.

Stränge, die (Plural) 233,b.
strängte an (ansträngen) 233,b.
streng 233,a.
Strenge, die 233,a.
strengte an (anstrengen) 233,a.
strickt (stricken) 234,b.
strikt 234,a.

Strohbund, das 40,d.
Stuck, der 235,a.
Studienrat, der 177,a.
Stukkateur, der 235,b.
stupend 55,a.
Sulfid, das 236.
Sulfit, das 236.
Summand, der 8,a.
Sündflut, die 215,c.

T

Talg, der 237,a.
Talgdrüse, die 237,a.
Talisman, der 147,d.
Talk, der 237,b.
Talsohle, die 217,b.
Tang, der 238,a.
Tank, der 238,b.
tankte (tanken) 238,b.
Tanzsaal, der 189,a.
Taschenuhr, die 249,a.
Taufname, der 161,a.
tausend 55,a.
Teilnahme, die 161,b.
Theobald (Vorname) 14,a.
Thor (Name) 241,c.
Thorax, der 241,d.
Thoraxe, die (Plural) 241, d.
Thun (Name) 246,d.
Thuner See (Name) 246,d.
Thunfisch, der 246,b.
Thüringen (Name) 247,c.
Thüringer Becken (Name) 247,c.
Thüringer Wald (Name) 247,c.
Tip, der 239,a.
tippen 239,a und b.

Tippfehler, der 239,b.
Tippfräulein, das 239,b.
Tippse, die 239,b.
tippte (tippen) 239,a und b.
tipptopp 239,c.
Tippzettel, der 239,a.
Tips, die (Plural) 239,a.
Tod, der 242,b.
tod- (z.B. in: todkrank) 242,b.
Tod- (z.B. in: Todsünde) 242,b.
todelend 242,b.
tödlich 242,b.
Todsünde, die 242,b.
Toleranz, die 240,c.
tolerieren 240,c.
toll 240,a.
Tolle, die 240,b.
tollen 240,a.
Tollen, die (Plural) 240,b.
Tollhaus, das 240,a.
tollkühn 240,a.
tollte (tollen) 240,a.
Tollwut, die 240,a.
Tolpatsch, der 240,d.
tolpatschig 240,d.

Tölpel, der 240,e.
tölpelhaft 240,e.
Tor, das (Genitiv: des Tor[e]s, Plural: die Tore) 241,a.
Tor, der (Genitiv: des Toren, Plural: die Toren) 241,b.
Tore, die (Plural) 241,a.
Toren, die (Plural) 241,b.
Torheit, die 241,b.
Torhüter, der 241,a.
töricht 241,b.
Tormann, der 147,a.
Torwart, der 241,a.
tot 242,a.
tot- (z.B. in: totschlagen) 242,a.
Tot- (z.B. in: Totschläger) 242,a.
totfahren 242,a.
Totschläger, der 242,a.
totschweigen 242,a.
trefflich 244,b.
treu 243,a.
Treue, die 243,a.
Treuen (Name) 243,d.
Tribüne, die 39,d.

Wortregister

Tribünen, die (Plural) 39,d.
trifft (treffen) 244,b.
Trift, die 244,a.
triften 244,a.
Triften, die (Plural) 244,a.
triftig 244,b.
Troier, der 243,b.

Troyer, der 243,b.
Troygewicht, das 243,c.
Trübsal, die 189,b.
trübselig 206,b.
Trunkenbold, der 14,a.
tschau 245,a.
Tugend, die 55,a.
tugendlich 55,a.

tun 246,a.
Tunika, die 246,c.
Tuniken, die (Plural) 246,c.
tunlichst 246,a.
Tür, die 247,a.
Türen, die (Plural) 247,a.
Tyr (Name) 247,b.

U

Übernahme, die 161,b.
Übername, der 161,a.
Überschwang, der 248.
überschwenglich 248.
Uhr, die 249,a.
Uhrfeder, die 64,b und 249,a.
Uhrmacher, der 249,a.
Uhrwerk, das 249,a.
unendlich 54.
unentgeltlich 54 und 80,c.
unergiebig 85.

unnachgiebig 85.
Unrat, der 177,a.
Untersätze, die (Plural) 211.
untersetzen 211.
Untersetzer, der 211.
unverhohlen 107,c.
unwiderruflich 274,b.
unwiderstehlich 274,b.
unwiederbringlich 274,a.
unwirtlich 277,c.
Ur, der 249,b.

ur- (z.B. in: urkomisch) 249,c.
Ur- (z.B. in: Urlaub) 249,c.
Urach (Name) 249,d.
Ure, die (Plural) 249,b.
Urfehde, die 64,a und 249,b.
Uri (Name) 249,d.
urig 249,c.
urkomisch 249,c.
Ursache, die 249,c.

V

Vagant, der 8,b.
vage 258,e.
Vagheit, die 258,e.
Veilchen, das 250,a.
Velbert (Name) 59,d.
Vellberg (Name) 59,d.
Velten (Name) 65,f.
Velten (Vorname) 65,e.
Vera (Vorname) 272,e.
Verband (verbinden) 17,a.

Verband, der 17,a.
verbandst (verbinden) 17,a.
verbannst (verbannen) 17,e.
verbannt (verbannen) 17,e.
verbleuen 29,b.
verbleut (verbleuen) 29,b.
verbleute (verbleuen) 29,b.
verdorrt (verdorren) 49,b.
verdorrte (verdorren) 49,b.

vergällen 80,f.
vergällt (vergällen) 80,f.
vergällten (vergällen) 80,f.
vergelten 80,c.
verhallte (verhallen) 93,c.
verhallten (verhallen) 93,c.
verhalte (verhalten) 93,a.
verhalten 93,a.
verheeren 102,b.
verliehst (verleihen) 136,d.

187

Wortregister

verlies (verlesen) 136,a.
Verlies, das 136,c.
verließ (verlassen) 136,b.
verließt (verlassen) 136,b.
verliest (verlesen) 136,a.
vermählen 146,e.
vermehren 152,a.
vermuten 159,a.
Vers, der 66,c.
Versand, der 251,a.
Versandhaus, das 251,a.
versandt (versenden) 251,b.
versandte (versenden) 251,b.
versank (versinken) 214,b.
versänken (versinken) 210,b.
verschiedentlich 55,b.
Verse, die (Plural) 66,c.
versehentlich 55,b.
versengen 252,a.
versengt (versengen) 209,a.
versengte (versengen) 209,a.
versenken 210,a.
versenkt (versenken) 209,b.
versenkte (versenken) 209,b.
versiegeln 212,b.
versinkt (versinken) 214,b.
versohlen 217,b.
versprengen 222,a.
verstädtern 227,a.
verwahren 259,a.
verwaisen 266,c.
verwaist (verwaisen) 266,c.
Verwalter, der 264,a.
verwand (verwinden) 84,c.
verwandt (verwenden) 84,b.
verwandte (verwenden) 84,b.
Verwandte, der oder die 84,b.
Verwandtschaft, die 84,b.
Verweis, der 267,a.
verweisen 266,a.
verwies (verweisen) 266,a.
verwirrt (verwirren) 277,a.
verzeihen 253,a.
verzieh (verzeihen) 253,a.
verziehen (verzeihen) 253,a.
viel 254,a.
vielen (viel) 254,a.
Vielfraß, der 254,b.
vielmal 146,b.
Vlies, das 255,a.
Vogelfeder, die 64,b.
Völkerbund, der 40,c.
Volkmar (Vorname) 139,c
Volkskammer, die 113,a.
Volt, das 256,a.
Volte, die 256,b.
Volten, die (Plural) 256,b
vonstatten 227,a.
vor 75,a.
Vorarlberg (Name) 75,c.
vordere 257,a.
Vordergrund, der 257,a.
Vordermann, der 257,a.
Vorderpfalz, die (Name) 257,c.
Vorderrhein, der 257,c.
vorliebnehmen 75,a.
Vorname, der 161,a.
Vorrat, der 177,a.
Vorratskammer, die 113,a
vorsintflutlich 215,c.
Vorwitz, der 75,a.
vorwitzig 75,a.

W

Waag, die 258,d.
Waag, die (Name) 258,f.
Waage, die 258,b.
waagerecht 258,b.
Waal, die (Name) 261,c.
Wachauer Laibchen 132,b.
wagen 258,c.
Wagen, der 258,a.
Waginger See (Name) 258,f.
Wagner, der 258,a.
wagte (wagen) 258,b.
Wahl, die 261,b.
Wahlen, die (Plural) 261,b.
wählen 261,b.
Wahn, der 265,b.
wähnen 265,b.
Wahnsinn, der 265,c.
wahnsinnig 265,c.
Wahnwitz, der 265,c.
wahnwitzig 265,c.
wahr 259,b.
wahren 259,a.
währen 260,a.
Wahrenbrück (Name) 259,
während 260,a.
wahrgenommen (wahrnehmen) 259,a.
wahrgesagt (wahrsagen) 259,b.

Wortregister

wahrhaben 259,b.
wahrhaft 259,b.
wahrhaftig 259,b
Wahrheit, die 259,b.
wahrnehmen 259,a.
wahrsagen 259,b.
wahrte (wahren) 259,a.
währte (währen) 260,a.
Wahrzeichen, das 259,a.
Waid, der 268,b.
waid- (fachsprachlich für: weid-) 268,d.
Waid- (fachsprachlich für: Weid-) 268,d.
Waide, die (Plural) 268,b.
Waidhofen an der Thaya (Name) 268,e.
Waidhofen an der Ybbs (Name) 268,e.
Waise, die 266,c.
Waisen, die (Plural) 266,c.
Waisenkind, das 266,c.
Wal, der 261,a.
Walburg[a] (Vorname) 263,e.
Walchensee (Name) 263,f.
Wald, der 262,a.
Waldburg (Name) 262,f.
Waldebert (Vorname) 263,e.
Waldegund[e] (Vorname) 263,e.
Waldemar (Vorname) 263,e.
Waldhild[e] (Vorname) 262,e.
Waldschenke, die 196,a.
Waldtraut (Vorname) 262,e.
Wale, die (Plural) 261,a.
Walfang, der 261,a.
Walfisch, der 261,a.
Walfried (Vorname) 263,e.

Walhall[a], die 263,d.
Walküre, die 263,d.
Wall, der 263,a.
Wallberg (Name) 263,f.
Wälle, die (Plural) 269,b.
wallfahren 263,b.
Wallfahrer, der 263,b.
Wallfahrt, die 263,b.
wallfahrten 263,b.
wallt (wallen) 262,b und c.
wallte (wallen) 264,b und c.
wallten (wallen) 264,b und c.
Walnuß, die 263,c.
Walplatz, der 263,d.
Walram (Vorname) 263,e.
Walrat, der 261,a.
Walroß, das 261,a.
Walstatt, die 227,a und 263,d.
Walsum (Name) 263,f.
walten 264,a.
Walter (Vorname) 264,d.
Waltershausen (Name) 264,f.
waltete (walten) 264,a.
Waltharilied, das 264,e.
Walther (Vorname) 264,d.
Walthild[e] (Vorname) 262,e.
Waltraud (Vorname) 264,d.
Waltraut (Vorname) 264,d.
Waltrop (Name) 264,f.
wälz (wälzen) 270,b.
wälzt (wälzen) 270,b.
wand (winden) 84,d.
Wand, die 84,d.
wände (winden) 271,b.
Wände, die (Plural) 271,c.

wandte (wenden) 84,b.
wandten (wenden) 84,b.
Wane, der 265,a.
Wanen, die (Plural) 265,a.
wanisch 265,a.
Want, die 84,f.
Wanten, die (Plural) 84,f.
war (sein) 259,d.
Ware, die 259,c.
waren (sein) 259,d.
Waren, die (Plural) 259,c.
wären (sein) 260,b.
Warendorf (Name) 259,e.
Warenhaus, das 259,c.
Warenzeichen, das 259,c.
Wasserhahn, der 94,c.
Wassertank, der 238,b.
Weert (Name) 272,f.
Weert (Vorname) 272,e.
Weerta (Vorname) 272,e.
wegschwämme (wegschwimmen) 203,b.
wegschwemmen 203,a.
Wehr, das (Plural: die Wehre) 272,d.
Wehr, die 272,d.
Wehra (Name) 272,f.
Wehre, die (Plural) 272,d.
wehren 272,d.
wehrt (wehren) 272,d.
wehrten (wehren) 272,d.
Weide, die (Plural: die Weiden) 268,c und d.
weiden 268,d.
Weidenau (Name) 268,e.
Weidenkätzchen, das 268,c.
Weidenröschen, das 268,c.
Weiderich, der 268,c.
weidgerecht 268,d.
weidlich 268,d.
Weidmann, der 268,d.
weidmännisch 268,d.

189

Wortregister

Weidwerk, das 268,d.
Weinbrand, der 78,b.
weise 266,a.
Weise, der oder die 266,a.
Weise, die 266,b.
Weise, die (Name) 266,d.
-weise (z.B. in: klugerweise) 266,b.
Weisel, der 266,a.
weisen 266,a.
Weisen, die (Plural) 266,a und b.
weisgemacht (weismachen) 267,a.
weisgesagt (weissagen) 267,d.
Weisheit, die 267,a.
weismachen 267,a.
Weismain (Name) 267,e.
weiß 267,c.
weiß (wissen) 267,b.
weissagen 267,d.
Weissagung, die 267,d.
Weißeck (Name) 267,e.
weißlich 267,c.
Weißmacher, der 267,c.
weißt (weißen) 267,c.
weißt (wissen) 267,b.
weist (weisen) 267,a.
weit 268,a.
Weite, die 268,a.
weiten 268,a.
Weitra (Name) 268,e.
Wellblech, das 269,a.
Welle, die 269,a.
wellen 269,a.
Wellen, die (Plural) 269,a.
Wellensittich, der 269,a.
Wellfleisch, das 269,a.
wellst (wellen) 270,c.
Wels, der 270,a.
Wels (Name) 270,d.

Welzheim (Name) 270,d.
Wende, die 271,a.
wenden 271,a.
wendig 271,a.
Wera (Vorname) 272,e.
Werg, das 273,b.
Wergeld, das 272,a.
Werk, das 273,a.
Werkstatt, die 227,a.
Werkstätte, die 227,a.
werkte (werken) 273,a.
Wermut, der 272,b.
wert 272,c.
Wert, der 272,c.
Wert (Vorname) 272,e.
Werta (Vorname) 272,e.
Werte, die (Plural) 272,c.
werten 272,c.
Werther (Name) 272,f.
Werwolf, der 272,a.
wesentlich 55,b.
wider 274,b.
wider- (z.B. in: widerfahren) 274,b.
Wider- (z.B. in: Widerwille[n]) 274,b.
widerfahren 274,b.
Widerpart, der 274,b.
widrig 274,b.
wieder 274,a.
wieder- (z.B. in: wiederaufnehmen) 274,a.
Wieder- (z.B. in: Wiederaufnahme) 274,a.
wiederfinden 274,a.
Wiederwahl, die 274,a.
wiederwählen 274,a.
wies (weisen) 264,a.
Wilburg (Vorname) 274,b.
wild 275,c.
Wild, das 275,c.

Wilfried (Vorname) 275,b.
Wilhelm (Vorname) 275,b.
will (wollen) 275,a.
Will (Vorname) 275,b.
Wille, der 275,a.
willentlich 55,b.
willfahren 275,a.
Willibald (Vorname) 14,a.
willkommen 275,a.
Willkür, die 275,a.
willkürlich 275,a.
Wiltrud (Vorname) 275,b.
Wind, der 276,a.
wird (werden) 277,d.
wirr 277,a.
Wirrkopf, der 277,a.
Wirrnis, die 277,a.
Wirrwarr, der 277,a.
Wirsing, der 277,b.
Wirsingkohl, der 277,b.
Wirt, der 277,c.
Wirtschaft, die 277,c.
wissentlich 55,b.
Witzbold, der 14,a.
wöchentlich 55,b.
wog (wiegen) 278,a.
Woge, die 278,a.
wogen 278,a.
Wogen, die (Plural) 278,a.
wogte (wogen) 278,a.
wohlfeil 250,c.
wohlgemut 159,a.
wohlweislich 267,a.
Wohnstätte, die 227,a.
wollt (wollen) 256,c.
wollte (wollen) 256,c.
wollten (wollen) 256,c.
Woog, der 278,b.
Wooge, die (Plural) 278,b.
Wundmal, das 146,c.
Wünschelrute, die 188,a.

Y/Z

Yacht, die 111,c.
Zahnschmelz, der 200.
Zapfhahn, der 94,c.
zeihen 253,a.
Zementsilo, der 213,a.
zerschellen 195,c.
zerschellt(zerschellen)195,c.
zerschellte (zerschellen) 195,c.

Ziegenhain (Name) 97,c.
zieh (zeihen) 253,a.
Zimmermann, der 147,a.
Zither, die 279,a.
Zithern, die (Plural) 279,a.
Zitherspiel, das 279,a.
Zitteraal, der 279,b.
zittern 279,b.

Zitterpappel, die 279,b.
Zitterrochen, der 279,b.
Zivilkammer, die 113,a.
Zuchtrute, die 188,a.
Zunahme, die 161,b.
Zuname, der 161,a.
zustatten 227,a.
Zuwaage, die 258,b.
zuwider 274,b.